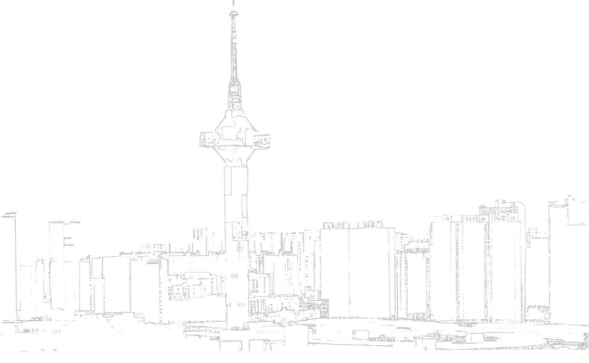

"海洋命运共同体"下
盐城市的海洋经济文化发展

孙　莉◎著

西南财经大学出版社
中国·成都

图书在版编目(CIP)数据

"海洋命运共同体"下盐城市的海洋经济文化
发展/孙莉著.--成都:西南财经大学出版社,2025.5.
ISBN 978-7-5504-6571-8

Ⅰ.P74

中国国家版本馆 CIP 数据核字第 20250Q89C7 号

"海洋命运共同体"下盐城市的海洋经济文化发展
HAIYANG MINGYUN GONGTONGTI XIA YANCHENGSHI DE HAIYANG JINGJI WENHUA FAZHAN

孙　莉　著

策划编辑:雷　静
责任编辑:雷　静
责任校对:周晓琬
封面设计:墨创文化
责任印制:朱曼丽

出版发行	西南财经大学出版社(四川省成都市光华村街 55 号)
网　址	http://cbs.swufe.edu.cn
电子邮件	bookcj@swufe.edu.cn
邮政编码	610074
电　话	028-87353785
照　排	四川胜翔数码印务设计有限公司
印　刷	成都市金雅迪彩色印刷有限公司
成品尺寸	170 mm×240 mm
印　张	16.75
字　数	290 千字
版　次	2025 年 5 月第 1 版
印　次	2025 年 5 月第 1 次印刷
书　号	ISBN 978-7-5504-6571-8
定　价	98.00 元

前言

21世纪，无疑是一个被海洋深深烙印的崭新时代，宛如一幅波澜壮阔的画卷在人类历史的长河中徐徐展开。海洋，因其广袤无垠的胸怀和深邃无尽的奥秘，宛如一颗璀璨的星，引领着人类社会迈向一个充满无限可能的全新发展阶段。在悠悠岁月的长河中，海洋始终如一地扮演着至关重要的角色，从远古时期那些勇敢无畏的航海家们怀揣着对未知世界的憧憬踏上对海洋的探索之旅，到如今全球化浪潮汹涌澎湃，海洋资源的深度开发与利用更是日新月异，海洋如同一座亟待挖掘的宝藏，不断绽放出耀眼夺目的光彩。

盐城，这座坐落在黄海之滨的魅力之城，积极响应习近平总书记提出的"海洋命运共同体"重要理念，以其独特的地理优势和深厚的历史底蕴，在海洋经济的蓬勃发展与海洋文化的传承创新之路上砥砺前行，绽放出独属于自己的绚丽光彩。从海洋资源的合理利用到海洋生态的精心呵护，盐城正以坚定不移的实际行动，生动地诠释着人与海洋和谐共生的美好愿景，宛如一颗闪耀在黄海之畔的明珠，散发着迷人的光芒。

在全球经济版图的宏大架构中，海洋资源的重要性愈发凸显，海洋犹如一座蕴藏着无尽财富的神秘宝藏。这片广袤无垠、被誉为地球生命摇篮的蓝色领域，不仅是人类赖以生存的关键生态系统，更是未来发展的广阔空间，承载着人类对美好生活的无限期许。海洋中的自然资源犹如繁星般丰富，无论是传统的化石能源，还是新兴的可再生能源，都蕴含着巨大的经济潜力，宛如一座等待开采的金矿。

石油和天然气作为海洋中最为重要的化石能源，其储量之丰富令人惊叹不已。北海油田、墨西哥湾油田等世界级油气产区，是全球能源市场中的中流砥柱，不仅为周边国家提供了稳定可靠的能源保障，而且在全球能源格局中占据着举足轻重的地位。这些油田的开发与利用，犹如一部推动经济飞速发展的引擎，不仅带动了相关国家经济的迅猛腾飞，也为全球能源市场的稳定与繁荣立下了汗马功劳。然而，随着全球能源需求的持续攀升，传统化石能源的开采与利用也面临着诸多严峻挑战，环境污染、气候恶化等问题日益凸显，犹如一片片乌云笼罩在能源发展的天空之上，迫使人们不得不踏上寻找更加清洁、环保的能源解决方案之路。海洋可再生能源的开发利用，正是在这样的时代背景下应运而生的，如同一缕希望的曙光，照亮了能源发展的新方向。潮汐能、波浪能、海流能等海洋可再生能源，以其清洁无污染、可再生等诸多优点，迅速成为人们关注的焦点，吸引着无数科研人员和企业的目光。许多国家和地区都在积极投入大量的人力、物力和财力，致力于相关技术的研发，以期早日实现海洋可再生能源的大规模利用，为全球能源转型注入强大动力。

在食品领域，海洋宛如一座取之不尽、用之不竭的天然粮仓，为人类提供了丰富多样的美食资源。全球约有 30 亿人以海鲜作为蛋白质的重要来源，这一数据足以彰显海洋在食品供应体系中的关键地位。挪威的三文鱼、中国的对虾等水产品，以其鲜美可口的独特口感和丰富全面的营养成分，赢得了全球消费者的广泛青睐，成为餐桌上的美味佳肴。而盐城，作为中国重要的海洋渔业基地之一，拥有得天独厚的海洋渔业资源。其广袤的海域、适宜的水温、丰富的饵料，孕育出了诸如东台条子泥紫菜、大丰梭子蟹等品质优良的水产品。这些水产品的养殖与捕捞，不仅为当地居民提供了大量的就业机会，成为拉动地方经济增长的重要引擎，也为全球食品市场的稳定与繁荣做出了积极贡献，让世界各地的人们都能品尝到来自盐城的鲜美海味。

除了传统的水产品外，海洋藻类等生物资源也如同一座亟待开发的神秘宝藏，具有巨大的开发潜力。这些藻类富含蛋白质、维生素和矿物质等多种营养成分，宛如大自然赐予人类的天然营养宝库，可广泛应用于食品添加剂、保健品等生产领域。随着人们对健康饮食的热情日益高涨，海洋藻类的开发利用前景愈发广阔，犹如一颗冉冉升起的新星，在海洋资源开发的舞台上绽放出耀眼的光芒。盐城在海洋藻类的开发利用方面也积极探索，不断加大科研投入，与高校和科研机构合作，致力于开发出更多高附加值的藻类产品，推动海洋生物资源的深度开发与利用。

在交通领域，海洋运输作为国际贸易的主要运输方式，承担着全球约90%的货物运输量，犹如一条连接世界各地的蓝色经济大动脉，在全球贸易体系中发挥着不可替代的重要作用。马六甲海峡、苏伊士运河等重要水道，更是全球贸易的咽喉要道，犹如一把把开启世界贸易大门的钥匙，连接着世界各地的主要港口，承载着全球贸易的繁荣与发展。随着科技的不断进步，海洋工程建设也呈现出蓬勃发展的良好态势。港口设施的现代化建设、海底隧道的修建等重大工程，犹如一座座屹立在海洋上的丰碑，为海洋交通的高效便捷发展提供了坚实有力的保障。盐城港作为江苏沿海地区的重要港口之一，近年来不断加大基础设施建设投入，提升港口的吞吐能力和服务水平，积极拓展国内外航线，加强与世界各地的贸易往来，逐渐成为盐城海洋经济发展的重要支撑和对外开放的重要窗口。

此外，随着全球旅游业的蓬勃发展，海洋旅游也日益成为人们休闲度假的热门选择，宛如一颗璀璨的明珠，在全球旅游市场中散发着迷人的魅力。马尔代夫、巴厘岛等著名的海洋旅游胜地，以其独特的自然风光和丰富的文化底蕴，吸引着数以百万计的游客纷至沓来，尽情享受阳光沙滩，体验潜水、浮潜等丰富多彩的水上活动，体验与大自然亲密接触的美妙感觉。盐城同样拥有丰富的海洋旅游资源，其漫长的海岸线、广袤的滩涂湿地、独特的海洋生态景观以及悠久的海盐文化历史，为发展海洋旅游业提供了得天独厚的条件。近年来，盐城积极打造海洋旅游品牌，开发了诸如条子泥湿地生态旅游区、黄海森林公园等一批特色旅游景点，吸引了大量游客前来观光旅游，不仅为当地带来了可观的经济收入，也促进了文化交流与环境保护的深度融合，实现了经济效益、社会效益和生态效益的有机统一。

除了上述领域，海洋在生物制药、生态调节等方面也具有不可估量的重要价值，宛如一座神秘的生物宝库，又如一台生态调节器。许多海洋生物体内蕴含着独特的生物活性物质，具有潜在的药用价值，在抗肿瘤、抗病毒、抗菌等方面展现出显著的效果，为新药研发提供了宝贵的资源，犹如一把把打开健康之门的钥匙。同时，海洋中的浮游植物通过光合作用吸收二氧化碳、释放氧气，对调节全球气候起着至关重要的作用，宛如地球的"绿色肺叶"，为全球生态系统的稳定与平衡默默贡献着自己的力量。盐城也在海洋生物制药领域积极布局，鼓励企业加大研发投入，与科研机构合作开展产学研项目，充分挖掘海洋生物的药用价值，努力打造海洋生物制药产业集群，为推动盐城海洋经济的高质量发展注入新的活力。

然而，随着人类对海洋资源的开发利用不断深入，海洋也面临着诸多严峻挑战，犹如一场突如其来的暴风雨，给海洋生态环境带来了巨大的冲击。过度捕捞、海洋污染、生态破坏等问题日益严重，犹如一把把高悬在海洋可持续发展头上的达摩克利斯之剑，对海洋资源的可持续利用和人类的生存与发展构成了严重威胁。为了应对这些挑战，国际社会积极行动，采取了一系列行之有效的措施。各国纷纷加强海洋环境保护立法，出台了一系列严格的法律法规和政策措施，犹如一道道坚固的防线，旨在规范海洋资源的开发利用行为，减少环境污染和生态破坏。同时，各国政府还加大了对海洋污染的治理力度，加强了对污染源的监管和治理，通过建设污水处理厂、实施垃圾分类等具体措施，有效减少了污染物的排放，为海洋生态环境的改善做出了积极努力。

在推进渔业可持续发展方面，各国政府也采取了一系列切实可行的措施。它们加强了渔业资源的保护和管理，建立了渔业保护区，严格限制捕捞配额，以减少过度捕捞对海洋生态系统的影响，犹如为海洋渔业资源穿上了一层坚实的"保护甲胄"。同时，它们还积极推广先进的养殖技术和设备，提高水产品的产量和质量，实现了渔业经济的可持续发展。盐城在渔业可持续发展方面更是走在前列，积极探索创新渔业发展模式，推广生态养殖技术，加强渔业资源监测和管理，严格执行伏季休渔制度，确保了渔业资源的可持续利用，实现了渔业增产、渔民增收和海洋生态保护的有机统一。

在加强国际合作方面，各国政府也积极开展了一系列丰富多彩的活动。它们签署了国际公约和协议，携手共同应对海洋面临的挑战，犹如一艘艘在海洋上同舟共济的船只，共同驶向海洋保护的彼岸。同时，它们还加强了与国际组织的合作与交流，共同推动全球海洋治理体系的完善和发展，为构建更加公平、合理、有效的海洋治理秩序贡献了自己的力量。盐城积极参与国际海洋合作与交流，与国内外沿海城市建立了友好合作关系，学习借鉴先进的海洋管理经验和技术，不断提升自身的海洋治理能力和水平，为推动海洋命运共同体建设发挥了积极作用。

在21世纪这个波澜壮阔的海洋世纪里，我们必须深刻认识到海洋的极端重要性，犹如珍视我们自己的生命一样去珍惜海洋资源、保护海洋环境。我们要以更加科学合理的方式开发利用海洋资源，实现海洋经济的可持续发展，让海洋成为人类永远的福祉。为此，我们需要加大对海洋科技的投入力度，不断提高海洋资源开发利用的技术水平，通过研发先进的勘探和开发技术、提高资源利用效率等措施，有效降低开发成本、提高资源利用效率、减少环境污染和生态破坏，为海洋经济的高质量发展提供强大的科技支撑。

　　同时，我们还需要加强海洋生态保护与修复工作，犹如守护我们的家园一样守护海洋生态系统的完整性和稳定性。通过建立海洋保护区、实施生态修复工程等具体措施，让海洋生态环境得到有效的保护和修复，重现海洋的美丽与生机。此外，我们还需要建立健全海洋生态补偿机制，通过实施生态补偿政策、鼓励企业和个人参与生态保护等措施，有效激励社会各界积极参与海洋生态保护工作，形成全社会共同保护海洋的强大合力。

　　在推动海洋产业的转型升级与新兴产业的发展壮大方面，我们也需要付出持之以恒的努力。通过优化产业结构、提高产业附加值等措施，有效推动传统海洋产业的转型升级，让传统海洋产业焕发出新的生机与活力。同时，我们还需要积极培育和发展海洋新兴产业，如海洋新能源、海洋生物医药、海洋高端装备制造等，通过加强科技创新和人才培养、完善产业链条等措施，为海洋新兴产业的茁壮成长提供肥沃的土壤和充足的阳光，使其成为海洋经济发展的新引擎和新增长点。

　　21 世纪是海洋的世纪，海洋为人类提供了广阔的发展空间和无限的发展机遇。让我们携手共进、齐心协力，像爱护自己的眼睛一样珍惜海洋资源、保护海洋环境，实现海洋经济的可持续发展；让我们共同探索海洋的奥秘、开发海洋的宝藏，为人类的繁荣与进步贡献出我们的智慧和力量，共同绘就盐城海洋经济文化发展的绚丽华章，携手构建海洋命运共同体的美好未来！

孙莉

2024 年 5 月

目录

实践篇

结　语

理论篇

第一章 马克思共同体理论
与海洋观念的深度剖析

在"海洋命运共同体"这一具有深远时代意义与全球影响力的理念引领下，为了深入探究盐城市海洋经济文化发展的内在逻辑与实践路径，我们迫切需要回溯经典理论，从马克思主义思想宝库中汲取智慧与力量。马克思的共同体思想与海洋观，恰似一座屹立不倒的思想灯塔，为我们在这一复杂而关键的研究领域提供了高屋建瓴的理论指引。

马克思以其深邃的洞察力和批判性思维，对共同体思想展开了深刻的剖析与建构。从基于自然条件而形成的原始共同体，到被特定阶级利益所操控的虚幻共同体，再到指向人类自由全面发展的真正共同体，这一思想演进脉络，深刻揭示了人类社会发展的内在规律与本质特征，为我们理解社会形态的变迁提供了坚实的理论框架。

与此同时，马克思的海洋观蕴含着丰富且深刻的内涵。在马克思的历史视野中，海洋绝非孤立存在的自然元素，而是在人类历史发展进程中扮演着不可或缺的关键角色。它不仅是连接各大洲、促进文明交流互鉴的天然纽带，也是推动人类历史车轮滚滚向前的重要动力。并且，海洋与生产力之间存在着千丝万缕的紧密联系，这种联系深刻影响着生产力的发展模式与演进方向。

在当下研究盐城市海洋经济文化发展的时代课题中，深入研习、精准把握马克思的这些经典思想与观点，无疑能为我们提供更为宏观、全面且深刻的理论视角，助力我们准确把握发展方向，探寻契合时代需求与地方特色的海洋发展新路径，为构建"海洋命运共同体"贡献盐城智慧与力量。

第一节　马克思对共同体理论的批判性重构与体系构建

马克思倾其毕生精力探索全人类的解放，他将这一目标最终归结为"建立在个人全面发展和他们共同的社会生产能力成为他们的社会财富这一基础上的自由个性"。无论是对人类解放的探索，还是对自由个性的追求，当面对现实社会和现实中的人，便必然会涉及共同体的问题。因为人的本质是"一切社会关系的总和"，个体存在于共同体之中，共同体让个体成为可能，现实生活中的个体必须结合为共同体才能生存和发展。个体与共同体构成了马克思观察人类历史的一对重要范畴。马克思的共同体思想是资本主义机器化大生产时代的产物。一方面，工业革命和科学技术的发展极大地促进了社会生产力的发展；另一方面，资本主义生产关系也发生了急剧的变化。马克思正是在反思人类的生产生活方式的过程中，开始了对共同体的探究。19世纪40年代，"三大工人运动"如火如荼，无产阶级正是在这个时候作为一种联合的政治力量登上了历史舞台。无产阶级由自身利益所进行的自觉联合取代了无组织、无意识的被动联合，在一次次的斗争中不断发展壮大。资本主义生产方式导致的原始共同体解体以及无产阶级的兴起，为马克思的共同体思想奠定了社会条件和阶级基础。马克思扬弃了从古希腊到德国古典哲学那种停留在形而上学层面的共同体思想，又批判地继承和发展了费尔巴哈和赫斯等的理论，从人的生存状况入手探究共同体思想，不仅推动了唯物史观的发展，也使蕴藏于唯物史观中的共同体思想得以浮现。

马克思通过对不同历史阶段的剖析，揭示了个体与共同体的关系及其性质特征：在前资本主义阶段，个体依附于以"血缘关系"和自然联系为基础的共同体，个体与共同体具有直接的同一关系，马克思称之为"自然的共同体"；在资本主义阶段，个体存在于以"货币—资本"为纽带的共同体中，个体与共同体构成对立关系，马克思称之为"虚幻的共同体"；在共产主义阶段，个体为"全面而自由发展的"个体，存在于以"自由联合"为基础构建的"真正的共同体"中，个体与共同体之间呈现出一种辩证统一的关系，马克思称之为"真正的共同体"。

一、自然形态下的共同体解析

在《经济学手稿（1857—1858）》中，马克思对前资本主义阶段生产方式以及所有制进行了分析。他认为在前资本主义阶段"最初人表现为种属群、部落体、群居动物"，也就是说人类最初的社会形态是以血缘、亲属关系为纽带，自然形成的、自给自足的共同体，它是先于人类历史活动的无意识的存在。这种共同体以家庭、部落以及氏族之间相互融合形成的公社等为存在形式，为了生存和繁衍其内部形成一套稳定、传统的社会关系，构成了一种"自然的共同体"或"本源的共同体"。在原始部落中，人们以血缘关系为根基聚居在一起，共同狩猎、采集果实，抵御野兽与外敌的侵袭，个体的生存完全依赖于部落集体的力量。部落成员之间分工明确，男性负责外出捕猎、战斗，女性则承担采集、养育后代等职责，这种分工基于性别、年龄等自然因素，是一种自然形成的协作模式。

在这种共同体中，个体是共同体的成员，个体的分工也仅限于在这个共同体中的自然分工，个体因这种血缘关系、家庭关系而结合在一起，同时个体的主体性被共同体内在的制度、规定所束缚，是一种不自由、不平等的社会关系。马克思认为，在前资本主义社会中，个体的生存状态与生产方式之间形成了一种"依赖关系"，呈现出强共同体、弱个体的社会特征，个体以一种依赖性的状态存在于共同体中并依附于共同体，人的生产能力被限定在一定的范围内和地点上，个体的劳动只能满足单纯的生存需求，个体毫无自由发展。但在这种社会关系中，个体与共同体之间没有利益的分化，每个个体都把自己当做所有者和共同体成员，个体劳动的目的是维持其家庭、氏族及整个共同体的生存，个体与共同体之间是一种直接同一的关系。

二、虚幻共同体的本质揭露

资本主义是一个物化的、个人主义的和利己主义的社会，呈现出强个体和弱共同体的特征。个体摆脱了原来对自然的共同体的依赖，成为有能力进行生产和交换的独立个体。个体看似获得了自由，不再具有对共同体的内部依赖性，但实则变为了对外部普遍交换的依赖。这种依赖主要体现在对物的依赖上，这里的物以财产或货币的形式存在，它们代替了人与人的社会关系，并获得了个体所失去的独立性。

工业革命后，资本主义迅速发展，社会分工日益细化，商品交换愈发频繁。在这一历史发展阶段中，个体都是利己主义者，每个个体都仅仅寻求自己的特殊利益，共同利益对个体来说是一种"虚幻的、异己的"东西。国家作为公共利益的代表，本应在特殊利益与共同利益之间起到调和作用。但在资本主义社会，这种自诩为公共利益代表的国家实质上代表的是资产阶级的利益，在资本主义经济关系的影响下打着促进人类发展的旗号反而成了统治阶级压迫人民的工具。这种基于分工、所有制和财产关系所形成的共同体实质上是一种虚幻的共同体。从表面上看，共同体代表的是普遍利益，实际上却仅是资本主义的特殊利益，体现了资本主义社会人对人的剥削关系。

在资本主义工厂中，工人每日长时间劳作，却只能获得微薄的工资，以维持基本的生存，而资本家则凭借对生产资料的占有，不断榨取工人创造的剩余价值，财富迅速积累。工人看似拥有选择雇主的自由，但在资本主义经济体系下，为了生计不得不屈从于资本家的剥削，陷入"劳动异化"的困境，个体的自由不仅受阶级身份的限制，同时也被"物"所奴役，在异化的过程中完全失去了自由，此时"个体"与"共同体"之间表现为对立关系。马克思在《黑格尔法哲学批判》《论犹太人问题》和《1844年经济学哲学手稿》等著作中，也诠释了这种资本主义社会的异化理论。

三、真正的共同体理想蓝图

基于对"自然形成的共同体"和"虚幻的共同体"的批判剖析，马克思提出了"真正的共同体"这一构想，也就是"自由人的联合体"。在《共产党宣言》中，马克思将其描绘成："在那里，每个人的自由发展是一切人的自由发展的条件。"理想的共同体被构想为自由个体的联合体，这种联合并非对个体发展的限制，而是作为实现个人成长和自由的先决条件。在真正的共同体里，人们通过扬弃强制性分工实现了人类社会发展的最后一个阶段，即"个人自由全面发展"。在这种共同体中，一方面，自然共同体的自发分工形式被保留下来；另一方面，虚幻共同体中由分工带来的高生产力同样被保留下来。

马克思和恩格斯在《德意志意识形态》中对共产主义社会中人自由全面发展作了新的论述，即在共产主义社会中，个人不再被固定于单一的劳动或职业，可以"上午打猎，下午捕鱼，傍晚从事畜牧，晚饭后从事批判"。社会生产在这一新的社会形态下变得可控，个人的劳动选择基于个人兴趣而非外部强迫，实现了多样化的个性发展和创造性的劳动。这一理想的描绘，反映了对传统分工导致的社会阶级固化的突破。人不再被强制地局限于某一分工之中，简而言之，异化的劳动问题已被解决，劳动者的劳动以自己为起点，也以自己为目的。人不是劳动的工具，而是劳动的目的。强制性分工被消灭之后，个体进入了自由全面的发展。而个体与共同体的关系也将告别过去的割裂状态，个体的自由全面发展和共同体的全面发展是相互条件和相互成果。

从实现路径来看，"真正的共同体"的达成需以生产力的高度发展为基石。只有生产力达到极高水平，社会物质财富极大丰富，才能为每个人的自由发展提供坚实物质支撑，消除因资源匮乏引发的利益纷争。在共产主义社会的初级阶段，人们利用先进科技充分开发自然资源，实现能源的高效利用与循环转化，各尽所能、按需分配，确保每个人的生活需求得到满足。同时，要彻底变革生产关系，废除私有制，消灭剥削与压迫。生产资料归全体社会成员共同所有，人们在平等互助的生产协作中，不再为追求私利而损害他人利益，劳动成为实现自我价值与服务社会的统一。无产阶级作为先进生产力的代表，肩负起推翻资本主义制度、建立共产主义社会的历史使命，通过阶级斗争打破旧有的社会秩序，为"真正的共同体"开辟道路，引领人类迈向自由、平等、和谐的理想社会。

随着生产力的发展，如金属工具的出现、农业生产技术的进步，使得个体劳动能力大幅提升，原本依赖集体协作才能完成的生产活动，逐渐能够由个体或小家庭独立承担。这就导致了共同体内部原有的紧密关系开始松动，人们不再像以往那样完全依赖部落集体才能生存，自然共同体便在其内部因素的冲击下被迫解体，社会进入资本主义阶段。

四、马克思共同体理论的当代启示与价值

马克思共同体思想在当代社会展现出诸多方面的价值，为社会发展理论与实践奠定了深厚的理论根基，指引着人类社会前进的方向，助力解决现实社会问题。

从为社会发展理论奠定基础这一维度来看，马克思对不同阶段共同体的剖析，尤其是对"自然形成的共同体""虚幻的共同体""真正的共同体"的深入研究，为理解人类社会形态演进规律提供了关键线索。在探讨社会发展阶段时，依据马克思的理论框架，能清晰洞察从原始社会基于血缘、地缘的紧密依存，到资本主义社会因私有制、分工导致个体与共同体对立，再到共产主义社会追求个体自由全面发展与共同体和谐统一的历史脉络。这一思想脉络成为众多社会发展理论的源头，如现代化理论在研究社会从传统向现代转型过程中，借鉴马克思对资本主义生产关系冲击传统共同体的分析，探究传统社会结构瓦解与新社会秩序构建的内在机制；发展社会学在剖析发展中国家面临的城乡差距、贫富分化等问题时，以马克思共同体思想为指引，挖掘其背后资本扩张、利益分配不均的深层矛盾，为制定均衡发展策略提供理论支撑，使社会发展理论得以在坚实的历史唯物主义基石上蓬勃发展。

在指引人类社会发展方向层面，马克思所构想的"真正的共同体"——自由人的联合体，宛如一座灯塔，为人类前行照亮了道路。在全球化进程中，面对跨国资本流动带来的贫富差距扩大、生态环境破坏等全球性问题，这一理念引导人们反思以单纯经济增长为导向的发展模式的弊端，促使国际社会将目光投向以人为本、可持续的发展路径。各国在制定发展战略时，愈发重视保障个体权益、促进社会公平正义，力求在经济、社会、环境多领域实现协同发展，向着消灭剥削、压迫，实现人人平等自由的理想社会奋进。国际组织倡导的包容性增长理念，强调弱势群体参与发展、共享成果，正是对马克思共同体思想核心要义的时代呼应，为人类社会迈向更高阶段提供了清晰的方向指引。

马克思共同体思想在助力解决现实社会问题方面成效显著。在社会治理领域，面对社区凝聚力弱化、公共事务参与不足等困境，借鉴自然共同体中成员紧密互助的关系模式，鼓励社区构建邻里互助网络、推动居民参与社区自治，重塑社区归属感与认同感，提升社会治理效能。从应对贫富分化问题出发，依据马克思对资本主义"虚幻共同体"下阶级剥削的批判，促使政府强化再分配调节职能，通过税收、社会保障等制度设计，缩小贫富差距，保障社会公平底线，维护社会稳定和谐。在生态保护实践中，汲取马克思人与自然辩证统一观点，强调人类作为命运共同体在全球生态系统中的共同责任，推动各国携手应对气候变化、生物多样性保护等挑战，为子孙后代守护地球家园。总之，马克思共同体思想跨越时空，持续为当代社会发展注入强大动力，提供智慧源泉，助力人类破解发展难题，迈向美好未来。

第二节　马克思主义视野下的海洋观念探析

马克思海洋观指出，海洋是人类文明起源的重要基础。它孕育了早期生命，为古埃及、古希腊等文明的兴起提供条件，促进了不同文明间的交流融合。

从近代资本主义发展看，马克思海洋观揭示了海洋推动资本主义兴起与全球扩张的本质。地理大发现借海洋开拓新市场，工业革命时期海洋运输推动世界市场形成，使资本主义生产方式得以传播。

在海洋与生产力关系上，马克思海洋观提供了理解海洋资源与经济发展联系的依据。海洋资源是生产力发展的物质支撑，海洋运输与贸易是全球经济的关键纽带，有助于促进区域经济发展与全球经济一体化。

研究盐城海洋经济文化时，马克思海洋观构建了多维度分析框架，理解其发展脉络、内在逻辑与未来走向，可以为相关研究和实践提供理论支撑。

一、海洋在历史进程中的核心地位考察

（一）海洋与人类文明起源

海洋在人类文明起源进程中占据着不可或缺的关键地位，为人类的生存繁衍与文明的孕育发展构筑了坚实根基，提供了诸多优越条件。回溯至远古时代，海洋以其广袤无垠的水体，孕育了地球上最为原始的生命形态，成为生命诞生的摇篮。历经漫长岁月的演化，海洋生物种类日趋丰富多样，为早期人类提供了源源不断的食物补给。依傍尼罗河三角洲与地中海沿岸的丰富资源，古埃及文明蓬勃兴起：尼罗河定期泛滥带来的肥沃淤泥，滋养着沿岸土地，孕育出发达的农耕文明；而地中海则为古埃及人提供了便捷的水上交通通道，他们凭借简陋却实用的船只，穿梭于沿岸各地，与周边族群开展贸易往来，互通有无，贝壳、珍珠等海产品以及制作精良的陶器、纺织品等手工制品成为交换的热门物品，促进了文化的交流与融合。

古希腊文明更是深深扎根于海洋，爱琴海地区岛屿星罗棋布，曲折蜿蜒的海岸线为古希腊人提供了天然良港。古希腊人充分发挥海洋优势，发

展起繁盛的海上贸易，葡萄酒、橄榄油等特色产品远销海外，换回了谷物、金属等稀缺资源。在频繁的海上交往中，古希腊人接触到不同地域的文化与思想，激发了自身的探索精神与创新思维，从而催生出璀璨夺目的哲学、科学、艺术成就，为西方文明奠定了深厚基石。

海洋作为天然的交通要道，极大地促进了人类文明之间的交流互通。不同沿海地区的人们通过航海相互联结，知识、技术、宗教信仰、风俗习惯等得以广泛传播扩散。东亚地区的海上丝绸之路，犹如一条绚丽纽带，串联起中国、日本、韩国以及东南亚诸国，中国的丝绸、瓷器、茶叶等精美工艺品与先进生产技术沿着这条航线远播海外，同时域外的香料、珠宝、药材等稀缺物品以及独特文化元素也纷纷传入中国，丰富了各国人民的物质文化生活，推动了沿线地区的文明进步与社会发展。

（二）海洋在近代资本主义发展中的作用

在近代资本主义发展历程中，海洋扮演了至关重要的角色，成为推动资本主义蓬勃兴起与全球扩张的强大引擎。

地理大发现堪称近代资本主义发展的关键转折点。15 世纪末至 16 世纪初，随着航海技术的突破性进步，如指南针的广泛应用、多桅帆船的改良制造，欧洲探险家们毅然踏上了远洋探险之旅。迪亚士成功绕过好望角，打开了通往印度洋的新航道；达伽马沿着这条航线继续前行，抵达印度，开辟了欧洲与亚洲之间直接贸易的新纪元；哥伦布则发现新大陆——美洲，为欧洲列强开启了殖民扩张拉开序幕。这些地理大发现使得原本相对孤立的世界各地区紧密相连，为资本主义发展开辟出全新的市场与资源供应地。欧洲国家凭借海上优势，在美洲、非洲、亚洲等地疯狂建立殖民地，大肆掠夺金银财宝、珍贵香料、稀有木材等丰富资源，为资本主义的原始积累注入了巨额财富，奠定了工业化发展的雄厚资金基础。据不完全统计，在 16—18 世纪，西班牙从美洲殖民地掠夺的黄金多达数百吨，白银更是数以万吨计，这些贵金属大量流入欧洲，引发了价格革命，加速了封建制度的解体，为资本主义的成长壮大创造了有利条件。

工业革命爆发后，海洋的作用愈发凸显。海运凭借其大运量、低成本的显著优势，成为连接工业生产与世界市场的关键枢纽。英国作为工业革命的先驱，借助强大的海军力量与先进的航海技术，构建起庞大的海上贸易网络，将本国生产的海量纺织品、机械制品等工业产品源源不断地运往世界各地，又从殖民地及其他国家运回廉价的原材料，如棉花、羊毛、铁矿石等，满足工业生产的巨大需求。在 19 世纪中叶，英国的商船队规模占据世界首位，掌控着全球海上贸易的主导权，伦敦港成为当时世界上最为繁忙的港口之一，每年货物吞吐量数以百万吨计，来自世界各地的商船穿梭如织，装卸着种类繁多的货物。海洋运输的蓬勃发展有力推动了世界市场的形成，促使资本主义生产方式在全球范围内迅速蔓延。各国为争夺海洋霸权与海外市场，展开了激烈角逐，一系列海战相继爆发。1588 年，英国海军击败西班牙无敌舰队，打破了西班牙对大西洋的长期垄断；19 世纪初的特拉法尔加海战，英国再次战胜法国与西班牙联合舰队，进一步巩固了其海上霸主地位，为英国资本主义的持续扩张与繁荣发展扫除了障碍，深刻改变了世界历史的发展格局，使得世界经济、政治重心逐渐向海洋强国倾斜。

二、海洋与生产力发展关系的辩证思考

（一）海洋资源对生产力发展的支撑

海洋作为地球上最为广阔且深邃的生态系统，蕴藏着无比丰富多样的资源，这些资源宛如一座取之不尽、用之不竭的宝库，为人类社会的生产力发展提供了坚实的物质根基，在人类历史的长河中持续发挥着举足轻重的支撑作用。

海洋渔业资源为人类的生存与繁衍提供了源源不断的食物保障。从古至今，渔业始终是沿海地区居民赖以为生的重要产业。相关统计数据显示，全球每年的海洋捕捞量高达数千万吨，各类鱼虾蟹贝等水产品不仅满足了人们日常饮食对于蛋白质的需求，还催生出了庞大的渔业加工产业链。在北欧一些国家，渔业及其相关产业对国内生产总值的贡献率可达 10%～15%，创造了大量的就业机会，从出海捕捞的渔民，到岸上从事水产品加工、冷链运输、市场营销的从业者，形成了一条紧密相连的产业链条，有力地推动了当地经济的发展。

海洋中的石油和天然气资源更是现代工业发展的强劲动力源泉。随着陆地油气资源的逐渐枯竭，海洋油气开发成为全球能源领域的焦点。据估算，全球海洋石油储量约占总储量的 30%～40%，天然气储量占比亦相当可观。在中东地区，波斯湾海域的石油开采量占据全球海洋石油开采总量的很大比重，为周边国家带来了巨额财富，支撑起了这些国家现代化建设所需的庞大资金投入，从基础设施建设到工业体系完善，无一不依赖于海

洋油气资源开发所带来的收益。北海油田的开发，使英国在20世纪七八十年代实现了能源自给自足，并一度成为石油出口国，极大地提升了其在国际经济格局中的地位，为英国的工业复兴与持续发展注入了强大动力。

海洋可再生能源，如潮汐能、波浪能、海流能等，正逐渐崭露头角，成为未来能源发展的新方向。这些清洁能源具有无污染、可再生的显著优势，对于缓解全球能源危机、应对气候变化具有至关重要的意义。以欧洲为例，英国、法国等国家纷纷加大对潮汐能发电项目的研发与投入，建设了一批具有示范意义的潮汐电站。据预测，未来几十年内，海洋可再生能源有望在全球能源结构中占据重要地位，为生产力的可持续发展提供清洁、稳定的能源保障，推动人类社会迈向绿色低碳的发展新阶段。

此外，海洋还蕴含着丰富的矿产资源，如锰结核、热液硫化物等，这些矿产富含多种稀有金属元素，是电子、航天、新能源等高科技产业不可或缺的原材料。尽管目前受开采技术与成本的限制，大规模开发尚未实现，但随着科技的不断进步，海洋矿产资源必将为未来高端制造业的腾飞提供坚实的物质支撑，开启人类生产力发展的全新篇章。

（二）海洋运输与贸易对经济增长的推动

海洋运输作为全球贸易最为主要的运输方式，在国际贸易领域中占据着绝对主导地位，宛如一条坚韧的纽带，紧密地连接着世界各国的经济脉络，为全球经济的蓬勃发展注入了源源不断的强大动力。

在全球贸易总量中，超过80%的货物依靠海运来完成运输任务，其大运量、低成本的显著优势无可替代。海运凭借着船舶巨大的载货容量，能够一次性运载海量的货物，相较于公路、铁路等运输方式，极大地降低了单位运输成本。一艘大型集装箱船的载货量可达数万标准箱，相当于数千辆卡车的载货量总和，运输成本却仅为公路运输的几分之一甚至更低。这种成本优势使得各类大宗商品，如石油、煤炭、铁矿石、粮食等，能够以最为经济高效的方式在全球范围内流通，满足各国生产生活的需求。

中国作为全球最大的货物贸易国，其沿海港口在海洋运输与贸易体系中扮演着至关重要的枢纽角色。上海港、宁波舟山港、深圳港等大型港口，年货物吞吐量均位居世界前列。上海港每年的集装箱吞吐量高达数千万标准箱，其航线网络遍及全球各大洲，与数百个港口建立了紧密的贸易往来关系。通过这些港口，中国生产的各类工业制成品，如电子产品、纺织品、机械装备等，源源不断地运往世界各地，又将国外的原材料、高端设备、奢侈品等货物引入国内市场，促进了产业的升级与多元化发展，带动了上下游产业链的协同繁荣。据不完全统计，沿海港口相关产业为中国创造了数以千万计的就业岗位，从港口装卸、物流配送、船舶修造，到贸易代理、金融服务等多个领域，吸纳了大量劳动力，为社会稳定与经济增长奠定了坚实基础。

海洋运输与贸易的繁荣发展，还对区域经济增长起到了强有力的辐射带动作用。以港口城市为核心，逐渐形成了临港经济区、自由贸易区等多种经济发展模式。新加坡凭借其优越的地理位置，扼守马六甲海峡这一全球重要的航运咽喉要道，大力发展转口贸易、航运服务、金融等产业，成为全球知名的经济中心城市，人均国内生产总值位居世界前列。青岛港所在的山东半岛地区，依托港口优势，发展起了海洋装备制造、海洋化工、海洋渔业等集群产业，带动了周边城市的协同发展，区域经济总量持续攀升，成为中国沿海地区经济增长的重要引擎之一。海洋运输与贸易不仅促进了商品的流通，更在技术交流、文化传播等方面发挥了积极作用，推动着全球经济一体化进程加速前行，为人类社会的共同繁荣搭建起广阔的舞台。

第二章 中国古代海洋认知、共同体理念及全球化视野的演变

在海洋经济文化这一交叉学科的前沿研究领域中，深入探究中国古代海洋认知、共同体观念与全球化意识，具有重要的学术价值与现实意义。以马克思主义历史唯物主义为理论基石，历史发展呈现出清晰的脉络与内在逻辑。中国古代海洋观念的发展，是一个漫长且不断演进的过程。从远古时期对海洋的初步认识与简单利用，到先秦两汉的积极探索、六朝隋唐的大规模开发，直至宋元明清海洋文化的蓬勃发展，反映了不同历史阶段的特征与需求。与此同时，中国古代传统社会中的共同体观念，涵盖了丰富的形式与深刻的文化内涵，是理解当时社会结构与价值体系的关键。而早期的海外交流与贸易活动，彰显出中国古代全球化意识的萌生与发展。对这些内容进行系统研究，不仅能填补学术空白，还能为当代海洋发展提供历史镜鉴与理论指引。

第一节 中国古代海洋观念的渐进发展轨迹

中国，作为一个拥有广袤陆地疆土的大国，同时也坐拥着辽阔且资源丰富的海洋区域。其大陆海岸线绵延1.8万多千米，海岛海岸线长达1.4万多千米，海洋国土面积约300万平方千米，这样的地理条件使中国在世界海洋版图中占据着举足轻重的地位。在当今全球化的时代背景下，海洋不仅是连接各国的纽带，更是蕴含着丰富资源、承载着巨大经济潜力的宝库。海洋经济已成为国家发展的重要驱动力，从海洋渔业、海洋运输到海洋能源开发、海洋科技研发等诸多领域，为国家的繁荣昌盛注入源源不断

的活力。

对中国古代海洋观念的研究具有多重深远意义。在国家海洋发展战略层面,通过深入挖掘古代海洋观念,能够清晰地梳理出中国海洋发展的历史脉络,探寻古人与海洋互动的智慧结晶,为当下制定科学、合理且具有前瞻性的海洋战略提供坚实的历史依据。从文化传承创新角度而言,古代海洋观念是中华民族传统文化不可或缺的一部分,它承载着先辈们对海洋的敬畏、探索与利用的精神,是民族精神家园的重要基石。对其进行研究,有助于传承这一独特的文化基因,并发扬光大,使其在现代社会中焕发出新的活力,增强民族文化自信。在经济转型发展方面,了解古代海洋经济活动的模式、理念,能为当今海洋产业的升级、转型提供有益借鉴,助力传统海洋产业向高端化、智能化、绿色化迈进,推动海洋经济实现高质量发展。因此,对中国古代海洋观念的研究,是对历史的尊重与传承,更是为了照亮当下及未来海洋发展之路。

一、远古时期人类对海洋的初步认知与利用实践

远古时期,海洋对于人类而言,是神秘而又至关重要的存在。在那个生产力极为低下的时代,海洋是人类生存与发展的重要依托。彼时的人类,以懵懂又好奇的目光审视着这片广袤水域,在与海洋的接触中开启了认识与利用的历程。从获取海洋中的食物资源,到逐渐理解海洋的自然规律,这一时期的探索虽显稚嫩,却为后世海洋观念的发展奠定了基石。透过对远古时期的人们对海洋认识与利用的探寻,能让我们更清晰地感知人类与海洋关系的起源与演进。

(一)早期人类活动与海洋接触

在人类历史的漫漫长河中,海洋与人类的互动源远流长。从全球视野来看,现代人类的史前迁徙与海洋紧密相连,大约在 5 万~6 万年前,现代人类走出非洲,沿着海岸线一路向东扩张,开启了波澜壮阔的迁徙之旅,海洋成了人类扩散的重要通道。而在中国这片古老的土地上,早期人类与海洋的接触痕迹同样深刻且久远。

沿海地区的贝丘遗址宛如一部部无字史书,静静诉说着远古的故事。贝丘遗址是史前人类在沿海地区长期居住、频繁食用贝类后遗留的贝壳堆积而成的遗迹。在中国华南和东部沿海地区,诸多贝丘遗址分布广泛,它们如同星星点点的历史坐标,见证了 8 000 年以来史前聚落形态的演变与发展。在这些遗址中，贝壳堆积如山，种类繁多，有牡蛎、蚶子、海螺、蛤蜊等，这些贝壳不仅是远古人类饮食的见证，更是他们适应海洋、依海而生的有力物证。

井头山遗址更是其中的璀璨明珠，它位于浙江省余姚市东部的三七市镇，是浙江境内迄今发现的唯一一处史前海岸贝丘遗址，也是目前中国沿海发现的最早的贝丘遗址，其年代距今达 8 000 多年，比闻名遐迩的河姆渡文化还要早 1 000 多年。遗址出土了大量先民食用后丢弃的海洋软体动物贝壳，主要包括泥蚶、海螺、牡蛎、蛏子、文蛤五大类，其中器型最大的是近江牡蛎，出土数量最多的则是泥蚶。各类渔猎动物骨骸也纷纷现世，以鹿科动物骨头为主，还有猪、狗、圣水牛、水獭等动物的骨头，以及海鱼的脊椎骨、牙齿、耳石等，这些遗存生动地展现了当时人类渔猎采集的生活场景。

遗址中出土的人工器物更是令人惊叹，陶器、石器、骨器、贝器、木器、编织物等应有尽有。陶器分为夹碳陶和夹砂陶两大类，纹饰丰富多样，炊器古朴实用，是中国沿海地区出现最早的成熟炊器之一；石器加工虽简单，但与河姆渡文化同类石器有着千丝万缕的联系；骨器数量较多，有一件带锯齿的特殊骨器，推测可能是用来刮鱼鳞的；贝器则是浙江省考古史上的首次发现，用近江牡蛎壳加工而成，功能与河姆渡文化的骨耜相近，是中国南方地区极为少见的生产工具；木器数量和种类繁多，保存完好，加工技术高超，如船桨、器柄、带销钉木器、矛形器等，其中一件加工完整的船桨，是中国沿海地区直接可用于近海岸航行的典型工具，还有一件带销钉的黑漆木器，工艺精湛，反映了中国沿海地区早熟的木构工艺技术，堪称中国南方地区干栏式建筑榫卯技术的滥觞。

井头山遗址的发现，将宁波地区人文起源的历史大幅向前推进，改写了当地的历史篇章，也为研究中国海洋文化的源头提供了至关重要的线索。它清晰地表明，早在 8 000 多年前，中国沿海地区的先民就已经熟练掌握了海洋资源的利用方式，开启了与海洋相依相伴的漫长岁月。

（二）原始海洋信仰与传说

在远古时期，当人类面对浩瀚无垠、神秘莫测的海洋时，内心涌起的不仅是对其丰富资源的向往，更多的是深深的敬畏之情。这种敬畏催生了一系列丰富多彩、奇幻瑰丽的原始海洋信仰与传说，它们如同璀璨星辰，在人类文化的苍穹中闪耀，承载着古人对海洋的最初认知与精神寄托。

精卫填海的故事，无疑是其中最为家喻户晓的经典之一。相传，精卫本是炎帝神农氏的小女儿，名唤女娃。一日，女娃怀着对大海的好奇与憧憬，前往东海游玩，却不幸溺于水中。死后，她那不屈的灵魂化作一只花脑袋、白嘴壳、红色爪子的神鸟，每日从西山衔来石头和草木，决然地投入东海，同时发出"精卫、精卫"的悲鸣，仿佛在呼唤着自己，又似在向大海宣泄着无尽的怨念。从海洋观念的角度深入剖析，这一传说深刻地反映出古人对海洋既敬又畏的矛盾心理。一方面，海洋以其广袤深邃、波涛汹涌的强大力量，轻易地吞噬了女娃年轻的生命，展现出令人恐惧的毁灭性；另一方面，精卫鸟日复一日、年复一年的填海之举，又凸显出人类试图挑战海洋、征服自然的顽强勇气与不屈决心。尽管这一抗争在现实面前或许显得渺小而悲壮，也淋漓尽致地体现了人类在面对海洋力量时不甘屈服的精神。

在《山海经》这部记录远古神话传说的奇书中，海神禺强的形象令人瞩目。《大荒东经》记载："东海之渚中有神，人面鸟身，珥两黄蛇、践两黄蛇，名曰禺猇。黄帝生禺猇……禺猇处东海，是为海神。"禺强不仅是海神，更是黄帝的后裔，他以人面鸟身的奇异模样示人，身上装饰着象征神秘力量的黄蛇，威风凛凛地统治着东海海域。这一形象的塑造，既源于古人对海洋生物的原始观察与想象，将海洋中常见的飞鸟与蛇的元素融入海神形象之中，又体现出古人对海洋神秘力量的尊崇，认为如此强大而神秘的海洋，必定由具有超凡神性的神灵主宰。海神禺强的传说，在沿海地区广泛流传，成为渔民们出海前虔诚祭拜的对象，他们祈求禺强保佑出海平安、渔业丰收。这一信仰习俗世代传承，深刻地影响着古人的海洋活动，在一定程度上约束着人们的行为规范，同时也给予了他们在波涛汹涌中前行的精神慰藉。

类似的海洋神话传说还有许多，它们如同拼图的碎片，拼凑出古人眼中神秘而多元的海洋世界。这些传说不仅是远古时期人类精神文化的瑰宝，更对后世海洋观念的发展产生了深远影响。它们奠定了古人对海洋敬畏、探索、抗争等多重情感交织的认知基调，随着时间的推移，这些情感在不同的历史时期衍生出更为丰富的内涵，持续推动着中国古代海洋文化的蓬勃发展。

二、先秦至两汉时期海洋探索的深化与拓展

在中国古代那波澜壮阔、源远流长的历史篇章里，春秋战国直至秦汉

时期，不仅是陆上政治局势风起云涌、变幻莫测的时代，亦是海洋实践探索与海洋观念逐步酝酿成熟、迈向发展的关键时期。在此期间，沿海地区的诸侯邦国及随后实现大一统的王朝，对浩瀚海洋资源的积极开发与有效利用，不仅极大地促进了海洋经济的蓬勃发展，更为后世中华海洋事业的崛起与兴盛铺设了稳固且坚实的基石。

（一）春秋战国时期沿海诸侯国的海洋实践

春秋战国时期，周王室日渐衰微，诸侯纷争四起，天下陷入一片混乱。然而，在这一动荡的历史背景下，沿海诸侯国凭借其得天独厚的海洋资源，开启了一系列丰富多彩的海洋实践，为中国古代海洋观念的发展注入了勃勃生机。

齐国，作为东方的大国，依海而兴，海洋经济成为其国家强盛的重要支柱。齐国开国君主姜太公深谙海洋之利，采取"通商工之业，便鱼盐之利"的政策，因地制宜地扶持海洋产业。海盐生产在齐国蔚然成风，政府通过"官山海"政策，将海盐生产与销售纳入国家管控，实现了盐、铁的专卖。民众积极参与海盐生产，齐国沿海盐场遍布，海盐品质上乘，畅销内陆各地，为国家积累了丰厚的财富，成为齐国富国强兵的重要经济来源。在航海技术方面，齐国同样取得了显著成就。其所造船只工艺精湛，大型船只可承载百人以上，为海上远航提供了坚实基础。齐国航海者巧妙运用天文知识，通过观测北斗星及其他星座的位置来推算航向，同时，磁石司南的发明与应用，更是极大地提升了海上航行的准确性，使得齐国商船能够穿梭于茫茫大海，远航至朝鲜半岛等地，开辟了多条繁忙的海上贸易航线，山东半岛也因此成为当时海洋贸易的重要枢纽，齐国的海洋文明盛极一时。

吴国，地处长江中下游，水系纵横，濒临东海，拥有得天独厚的水上交通条件。为了在诸侯争霸中占据优势，吴国大力发展造船业与水军。其造船技术先进，战船种类繁多，性能卓越。蒙冲斗舰便是其中的佼佼者，这种战船体型小巧灵活，船身覆盖坚固的牛皮，既能抵御敌军箭矢，又便于在狭窄水道中穿梭作战，威力巨大。据《三国志·吴书·周瑜传》记载，赤壁之战时，曹操投入数千艘新收编的蒙冲斗舰，企图凭借水军优势一举平定东吴，却被东吴老将黄盖以火攻之计大败。此外，吴国还建造了高达五层的五楼船，宛如一座移动的水上堡垒，能容纳三千多人，充分展示了其造船工艺的高超与国力的强盛。在航海探索方面，吴国同样雄心勃勃。黄龙二年（公元 230 年），孙权派遣将军卫温、诸葛直率领万名甲士出海寻找夷洲（今我国台湾）及亶洲。虽然最终未能抵达亶洲，但成功登陆夷洲，并带回数千人，这是中国历史上有明确记载的大陆政权首次对台湾的经略，意义重大，不仅拓展了吴国的势力范围，更开启了两岸交流的先河，为后世台湾地区的发展奠定了基础。

越国，位于东南沿海，与海洋的联系源远流长。越王勾践卧薪尝胆，在复兴越国的过程中，充分认识到海洋的重要性，积极发展海洋经济与军事力量。越国的海洋渔业发达，渔民们驾着小船在近海捕捞各种鱼类、贝类，为民众提供了丰富的食物来源，渔业贸易也成为越国经济的重要组成部分。同时，越国大力发展水军，其战船设计独特，船身狭长，速度快，机动性强，适合在近海作战。勾践凭借强大的水军，多次与吴国在水上展开激战，为越国的崛起立下了赫赫战功。此外，越国还频繁开展海上外交活动，与周边沿海国家保持着密切的联系，互通有无，交流文化与技术，使越国在东南沿海地区的影响力不断扩大，成为春秋战国时期海洋舞台上的一支重要力量。

（二）秦朝统一后的海洋经略

公元前 221 年，秦始皇嬴政完成华夏大地的统一大业，建立起中国历史上第一个中央集权的封建王朝——秦朝。秦朝的建立不仅重塑了陆地政治格局，更开启了海洋经略的新篇章，对中国古代海洋观念的发展产生了深远影响。

秦始皇多次东巡沿海地区，足迹遍布燕、齐、吴、越等地的海岸线。据《史记》记载，秦始皇二十八年（公元前 219 年），他东巡至琅琊郡，被此地山海相依的景致所吸引，更看到了海洋所蕴含的政治、经济与文化价值。他在此停留三月之久，下令迁徙百姓三万户至琅琊台下，并给予十二年的赋税徭役减免优惠，以充实沿海地区人口，促进当地经济发展与文化融合。同时，他还在琅琊山上刻石立碑，昭告天下："日月所照，舟舆所载……六合之内，皇帝之土。西涉流沙，南尽北户。东有东海，北过大夏。"这不仅是对陆地疆域的宣告，更是将海洋纳入帝国版图的明确宣示，彰显出秦始皇对海洋领土的重视与掌控欲。徐福东渡的故事，更为秦朝的海洋探索增添了一抹神秘色彩。秦始皇渴望长生不老，听闻海上有仙山，仙山上有仙人居住，仙人持有长生不老之药，便派遣徐福率领数千名童男童女，乘船入海求仙。徐福率领船队从琅琊郡出发，驶向茫茫大海，他们所携带的不仅是秦始皇的期望，更是秦朝先进的造船技术、航海知识以及丰富的物资储备。尽管徐福最终一去不返，但其东渡之行开辟了新的远航线路，拓展了秦朝人对海洋的认知边界，使秦朝的影响力远播海外。甚至有观点认为，徐福东渡抵达了日本，对日本的文化、农业等诸多领域发展产生了深远影响，成为中日文化交流史上的一段佳话。

在行政管理方面，秦朝实行郡县制，将沿海地区牢牢掌控在中央政权手中。在原燕地设置辽东郡，管辖今辽宁大凌河以东至朝鲜清川江下游以北地区；在齐地拆分出齐郡与琅琊郡，前者辖山东中部地区，后者涵盖山东半岛沿海地带；在原吴越之地设置会稽郡，管理长江以南沿海区域。这些沿海郡县的设置，不仅加强了中央对地方的垂直管理，确保政令畅通，还为海洋经济开发、军事防御提供了坚实的行政支撑，使得秦朝能够高效地组织人力、物力进行海洋相关活动。

为了进一步巩固南方海疆，秦始皇派军征伐百越之地，历时数年，动用五十万兵力，克服重重艰难险阻，终于在岭南地区设置桂林、象、南海三郡，打通了南方的海上交通要道，将秦朝的海岸线大幅向南延伸，使帝国的海洋疆域更为广阔。与此同时，秦始皇下令开凿灵渠，这一伟大工程连接了长江水系与珠江水系，极大地改善了内陆与岭南地区的水运交通条件，不仅有利于军队的物资补给与人员调动，更为日后海上丝绸之路的繁荣发展奠定了坚实的交通基础，促进了南北经济文化交流与海洋贸易的往来。

秦朝统一后的这些海洋经略举措，全方位展现了其对海洋探索的雄心壮志、对海疆的有效管控以及对海洋交通发展的高瞻远瞩，为后世王朝的海洋发展提供了宝贵经验与坚实基础，在中国古代海洋观念演进历程中留下了浓墨重彩的一笔。

（三）汉代海上丝绸之路的兴起

秦汉时期，中国历史翻开了崭新的一页，大一统王朝的建立为社会发展注入了强大动力，海洋领域同样迎来了重大变革，其中最为耀眼的便是海上丝绸之路的兴起，它宛如一条绚丽的纽带，将中国与世界紧密相连，开启了东西方海洋交流的新纪元。

秦始皇统一六国后，虽然主要精力集中在巩固陆地疆土、推行各项统一制度上，但在客观上为海上贸易的发展创造了有利条件。全国统一度量衡、货币，使得经济交流更为顺畅，沿海地区的商业往来不再受地域隔阂之扰，为海上贸易的初步兴起奠定了基础。秦朝大力发展道路交通，如修筑驰道等，虽主要服务于军事与政治统治，但也间接改善了沿海与内陆的交通联系，便于物资向沿海港口汇聚，为海上贸易提供了物资储备与运输的便利，一些沿海城市开始出现小规模的海上贸易活动，为日后海上丝绸之路的繁荣埋下了伏笔。

汉武帝时期，汉朝国力强盛，锐意进取，大力开拓疆土，对海洋的探索与开发也步入了新的阶段，海上丝绸之路正式兴起并蓬勃发展。据《汉书·地理志》记载，其航线从徐闻（今广东徐闻县境内）、合浦（今广西合浦县境内）出发，经南海进入马来半岛、暹罗湾、孟加拉湾，最终抵达印度半岛南部的黄支国和已程不国（今斯里兰卡）。这是目前可见的有关海上丝绸之路最早的详细文字记载，明确勾勒出了当时的贸易路线。汉武帝凭借海路拓宽海贸规模，南方南粤国与印度半岛之间的海路已通，西汉中晚期和东汉时期海上丝绸之路持续发展，成为连接东西方的重要桥梁。中国的丝绸、瓷器、茶叶等精美商品源源不断地运往海外，而来自异域的香料、珠宝、药材等稀有物品也纷至沓来，丰富了双方的物质文化生活。

为了保障海上丝绸之路的畅通，汉代造船航海技术取得了长足进步。船只的制造工艺日益精湛，船体更为坚固，载重量大幅提升，能够适应远洋航行的需求。航海技术方面，汉代航海者对季风、洋流的认识更加深入，他们巧妙利用季风规律，选择最佳出航时机，大大缩短了航行时间，提升了航行安全性。同时，天文导航技术进一步发展，航海者通过观测星辰位置来精准确定航向，确保船只在茫茫大海上不迷失方向。

海上丝绸之路的兴起，不仅促进了经济贸易的繁荣，也推动了文化的交流与融合。佛教、伊斯兰教等外来宗教通过这条海上通道传入中国，对中国的宗教、哲学、艺术等诸多领域产生了深远影响。中国的儒家思想、汉字文化等也随着商船传播到周边国家，促进了东亚文化圈的形成与发展。沿海地区的港口城市迅速崛起，广州、泉州等成为繁华的商贸中心，人口聚集，城市规模不断扩大，经济活力满满。这些城市不仅是商品的集散地，更是文化的汇聚地，不同地域、不同民族的文化在这里碰撞、交融，孕育出独具特色的海洋文化，为中国古代海洋文化的发展注入了新的活力，使得中国古代海洋观念在交流融合中不断丰富、升华，展现出更为开放、包容的时代风貌。

三、六朝至隋唐时期海洋资源的开发与利用

回望华夏历史长河，三国两晋南北朝至隋唐这段时期，陆地上政权更迭频繁，如同狂风骤雨，局势动荡，纷争四起。然而，海洋却如同另一片宁静而广阔的天地，蕴含着勃勃生机与无限可能。在这片蔚蓝之中，海洋实践与海洋文明的演进成了更为耀眼的篇章，沿海各政权在这片广阔的舞台上各展所长。

海洋经济蓬勃发展，商贸活动在碧波荡漾的海面上频繁进行，货物如同繁星点点，在海洋中穿梭往来。航海技术也在不断进步，船舶宛如巨鲸在波涛中破浪前行，开辟出一条条通往未知世界的新航线。港口建设如火如荼，码头坚固如堡垒，迎接着来自四面八方的客人与货物。同时，对外交流日益频繁，文化如同桥梁，将不同地域的人们紧密相连。这些辉煌的成就，如同一块块坚实的基石，为后世海洋事业的繁荣发展奠定了坚实的基础。

（一）三国两晋南北朝时期的海洋发展

三国两晋南北朝时期，华夏大地陷入了长期的分裂割据局面，政权更迭频繁，战乱纷争不断。然而，即便在这动荡不安的时代，海洋领域却依然呈现出独特的发展态势，沿海各政权在海洋经济、航海技术以及对外交流等诸多方面，均取得了令人瞩目的成就，为后续隋唐时期海洋文化的繁荣昌盛奠定了坚实基础。

孙吴政权傲立于江东大地，凭借其得天独厚的地理位置与丰饶的自然资源，精心培育起造船业的璀璨之花，使之在浩瀚的海洋世界中熠熠生辉。孙吴工匠以匠心独运，打造出数量庞大且工艺绝伦的船只，其中分隔舱技术的广泛应用尤为引人注目。这一智慧结晶将船舱精妙分隔，即便个别舱室不幸遭水侵袭，也能凭借其余舱室的严密封闭，确保船体整体浮力无恙，大大增强了船只在大海中的航行安全性与稳定性，为远航壮举铺设了坚实的技术基石。在孙权治下，孙吴船队扬帆远航，探索未知海域的壮举频现。黄龙二年，孙权派遣将军卫温、诸葛直率万名甲士，乘风破浪，探寻夷洲及亶洲，虽未至亶洲，却成功踏上夷洲，这一历史性的跨越不仅拉开了大陆与台湾地区广泛交流的序幕，更将孙吴的海上势力版图大幅拓展。赤乌五年，孙权再遣聂友、陆凯领三万精兵，出征珠崖、儋耳（今海南岛），进一步巩固了对南方海域的绝对掌控权。

孙吴政权鼎盛之时，大船数量竟达五千余艘之巨，它们如同银色巨龙，在江河湖海间穿梭自如，或驰骋于战场，或活跃于商路，成为孙吴雄踞江东、经略海洋不可或缺的得力助手，书写了一段段辉煌的历史。

在东晋南朝的动荡岁月里，尽管政局风云变幻，南方政权却犹如破晓之光，在继承前朝航海智慧与海洋文明的基础上，矢志不渝地推动海上贸易与海洋文化的交流，使之焕发出勃勃生机，展现出前所未有的繁荣景象。广州港，这颗南海之珠，在这一时期犹如璀璨星辰，迅速崭露头角。

随着珠江流域经济的深度耕耘与造船、航海技术的日新月异，广州凭借其得天独厚的地理位置与四通八达的交通网络，逐渐从徐闻、合浦的辉煌中脱颖而出，跃升为中国海外贸易的璀璨门户。一时间，来自东南亚的季风之舟、南亚的香料之船乃至西亚的宝石舰队，纷纷汇聚于此，广州港内千帆竞渡，万商毕至，呈现出一派空前的繁华盛景。

据史籍所载，当时穿梭于广州港的外国商船种类繁多，诸如南海舶、西南夷舶、海道贾舶、蕃舶、南海蕃舶、婆罗门宝船、西域驼铃舟、昆仑云帆、昆仑宝舶、波斯绮梦舶、师子国瑞兽舶等，它们满载着异域风情的香料、璀璨的珠宝、珍稀的药材、洁白的象牙等世间罕物，同时也将中国的丝绸织锦、瓷器瑰宝、茶叶等精致商品远销四海，广州因此成了东西方经济与文化交融的璀璨桥梁，极大地加速了中外物资的互通有无与文化的深度交融，书写了一段段跨越海洋的传奇佳话。

在对外交往的广阔舞台上，东晋南朝政权犹如一座桥梁，积极架设与海外诸国的友谊之桥，通过蜿蜒曲折的海上丝绸之路，展开了频繁且友好的贸易与文化交流。众多高僧大德，心怀虔诚与智慧，毅然踏上西行取经或东渡传法的壮阔旅程，其中，法显大师便是杰出的代表。他历经艰辛，自陆路远赴天竺求取真经，复又自东天竺繁华的海港多摩梨帝（今德姆卢克，加尔各答西南）扬帆启航，穿越波涛汹涌的海洋，途经耶婆提（或谓苏门答腊，或曰爪哇）等异域他乡，最终于山东半岛南隅的崂山畔安然登陆，再循陆路返回建康（古都南京之所在）。大师所遗《佛国记》，字里行间洋溢着对沿途诸国地理风貌、民俗风情及宗教文化的细腻描绘，为后世探寻古代海上交通脉络与中外文化交融提供了宝贵的原始见证。

与此同时，海外诸邦的使节、商贾、学者及宗教界人士亦纷纷怀揣敬仰与好奇，踏上东土之旅。他们携带着各自国度的文化精髓、科技智慧与艺术瑰宝，与中国本土文化相遇、碰撞、交融，共同绘就了一幅多元共生、绚烂多彩的海洋文化画卷。这一时期的海洋文化，恰似百川汇海，汇聚了四面八方的文明之水，为中国古代海洋文化的蓬勃发展注入了不竭的动力与灵感，使之焕发出更加璀璨夺目的光芒。

（二）隋唐盛世的海洋开拓

隋唐时代，华夏历史翻开了辉煌壮丽的盛世篇章，国家一统，政治清明，经济如日中天，文化璀璨夺目。这一系列积极因素，犹如强劲的东风，为海洋领域的蓬勃发展提供了不竭的动力，引领着造船技艺、航海商贸、港口设施及海洋文化交融等诸多方面取得了举世公认的辉煌成就，将中国古代海洋文化推向了一个崭新的高峰。在这一时期，造船工艺精益求精，航海技术日新月异，不仅船只规模宏大，结构坚固，而且航行能力显著提升，远涉重洋成为可能。港口建设亦是如火如荼，各大口岸商贸繁忙，成为连接东西方文明的纽带。同时，随着航海贸易的兴盛，不同文化在海洋的广阔舞台上相遇、碰撞、交融，孕育出丰富多彩的海洋文化景观，为中国古代海洋文明的发展史增添了浓墨重彩的一笔。

隋唐之际，造船技术犹如破茧成蝶，实现了质的飞跃，跃居当时世界之巅。隋朝在涤荡群雄、一统天下的征途中，造船业无疑扮演了至关重要的角色。杨素麾下以五牙舰为核心的水军舰队，堪称隋朝造船智慧的巅峰之作。五牙舰，这艘海上巨兽，巍峨矗立于碧波之上，船身高达百尺，五层楼阁错落有致，宛如一座水上城堡，威严而壮观。其动力澎湃，四十余柄巨桨与双橹协同作业，驾驭波涛，如履平地。五层甲板上，小巧的阁楼挺立，既是瞭望哨所，也是指挥中枢，于海战中占据地利，掌控战局，为隋朝荡平陈朝、终结南北朝纷争立下赫赫战功。

步入唐代，造船技艺在隋朝坚实的基础上，继续绽放创新之花。船只设计愈趋精妙，船首与船尾经过强化，桥面装置的增设，极大提升了船只的操控性能与航行效率。长江流域的内河船只，针对江水汹涌、浪涛翻滚的独特环境，采用了波浪状船身设计，仿佛灵动的舞者，在惊涛骇浪间翩翩起舞，确保了船只的稳健与安全。随着海洋贸易的蓬勃兴起，唐代船只的体积与规模亦随之扩张，对船体结构的稳固性与耐久性提出了更为严苛的要求。铁、铜等坚韧材质被广泛采纳，融入船体构造之中，船壳设计亦从单一的木质框架，逐步进化为木质骨架与石灰石骨架并存的多元结构，使得船只更加坚固，航行稳定性显著增强。此外，唐代航海者还巧妙地将横帆与纵帆相结合，依据风向与风力的变化灵活调整，极大地提高了航行效率，为远洋探索铺设了坚实的技术基石。

唐代海洋贸易管理领域迎来了一项里程碑式的创新——市舶司的设立，这一举措标志着中国古代海洋贸易管理体制迈向了更为成熟与完善的阶段。唐玄宗开元二年（公元714年），广州迎来了中国历史上首个专门司职对外贸易管理的官方常设机构——市舶司的诞生。市舶司的职责广泛而深远，它不仅负责向泊岸的外国舟船征收关税，对进出口货物实施严密的监管，还代表朝廷采购特定数量的海外珍品，并监督商人向皇室进献的贡品，确保每一环节皆井然有序。

市舶司的创立，不仅极大地增强了朝廷对海外贸易的调控能力，为国家的财政收入筑起了一道稳固的防线，确保了其持续稳健的增长，更为中外商贾开辟了一片相对规范、井然有序的贸易天地，犹如一座桥梁，连接着东西方，有力地催化了海外贸易的蓬勃兴盛。随后，市舶司的管理智慧与成功经验如同璀璨星火，逐渐燎原至泉州、明州（今宁波）等沿海重镇，类似机构相继涌现，犹如颗颗明珠镶嵌在中国海岸线上，进一步推动了中国沿海地区对外贸易的繁荣景象，书写了一段段辉煌的海上丝绸之路传奇。

隋唐时期，沿海港口城市犹如雨后春笋，竞相生长，迅速崛起并绽放出繁荣之花，成为当时全球海洋贸易版图上璀璨的明珠。广州，这座唐代对外贸易的璀璨门户，其地位显赫，无可替代。港内，万舸争流，巨舶耸立，构成了一幅"千帆竞渡，大舶参天"的壮丽画卷。据史籍所载，唐大历五年（公元770年），岭南节度使李勉履新之后，励精图治，对广州市舶进行了大刀阔斧的整顿，革故鼎新，使得广州港一年之中，进出商舶竟多达四千余艘，蔚为壮观。

广州的商业版图不断拓展，昔日城外的解放路一带，已悄然融入唐城的怀抱，黄埔区域更是崛起了一座规模宏大的外港，港阔水深，足可容纳千艘海舶安然停泊，蔚为壮观。为妥善管理外商，唐代于广州特设"蕃坊"，这片异域风情浓郁的聚居地，最多时曾有十三万外商在此安居乐业，从事商贸往来，使得广州成为一座融汇多元文化的国际化大都会，洋溢着浓郁的异域风情。

此外，广州还建有海神庙，这座庄严的殿堂，成为海商们祈求航行平安、商运亨通的圣地。他们在此虔诚祭祀海神，寄托着对海洋的敬畏与向往，这里也成了海洋文化交流与传承的圣地，见证着东西方文明的交融与碰撞。

扬州港，凭借其天赋异禀的地理位置，傲立于隋唐时期长江流域之巅，成为第一大港。它依偎于长江北岸，紧邻长江之口，犹如一颗璀璨的明珠，镶嵌在海、江、河交汇之处，成为内陆与海洋贸易往来的黄金枢纽。扬州港的繁荣，如春风化雨，滋润着周边地区的经济土壤，使其迅速崛起，城市商业中心的光环日益闪耀，人口稠密，建筑错落有致，宛如一幅精美的画卷，铺展在世人面前，文化艺术之花在此竞相绽放。唐代高僧鉴真和尚，正是从这座辉煌的港口启航，第六次东渡日本，开启了中日文化交流史上的一段佳话，为两国友谊的桥梁添砖加瓦。

与此同时，西亚与北非的商船，如同勇敢的探险家，穿越波涛汹涌的大海，直抵长江之口，将扬州港作为他们东方之旅的终点，使得这座港口成为东西方文化、经济交流的璀璨交汇点。异域的商品、文化与思想，在这里相互碰撞、交融，犹如万花筒般绚烂多彩，孕育出独树一帜的扬州港口文化，成为那个时代独一无二的风景。

除却广州与扬州，泉州与明州这两座港口城市，亦在隋唐时期大放异彩。泉州港，这座在唐代初期被冠以泉州之名，后更名福州港的港口，以其独特的地理位置，成为"海上丝绸之路"上的一颗璀璨明珠，与海外各国保持着密切的商贸往来。唐代诗人马戴在《送李侍御福建从事》中描绘的"宾府通兰棹，蛮僧接石梯"，生动再现了泉州港商船穿梭不息、外国传教者纷至沓来的繁荣景象，而石阶码头的建立，更为货物的装卸与人员的往来提供了极大的便利。

明州港，自唐显庆四年（公元 659 年）日本"遣唐使"首次踏足这片土地以来，便以其与日本间海流顺畅的天然优势，加之浙东运河与大运河的便捷连接，成为使团北航长安的重要中转站，逐渐在中国历代对日往来中占据举足轻重的地位。明州港，这座承载着中日文化、经济交流重任的港口，如同一位默默奉献的使者，见证了两国友谊的深厚与长远，为中日关系的史册增添了浓墨重彩的一笔。

隋唐之际，中国在蔚蓝海洋的舞台上翩翩起舞，其影响力如涟漪般向四周扩散，与邻近国度及遥远海域的交流互动日益频繁且深入。在东亚的蔚蓝天空下，中日两国的海上丝绸之路犹如一条绚烂的纽带，紧紧相连。官方的使节往来频繁，日本遣唐使犹如一群求知若渴的使者，多次横渡东海，前来汲取中国先进的政治制度、文化艺术与科学技术的甘露。与此同时，民间的商贸与文化交流亦如火如荼，中国的丝绸如流云般轻柔、瓷器如玉般温润、茶叶如泉般清香，这些精美商品漂洋过海，深受日本贵族与民众的青睐；而日本的折扇携带着和风轻拂、漆器闪烁着神秘光泽、倭刀闪烁着锋利寒光，这些特色产品也漂洋过海，为中国的物质文化生活增添了一抹异国风情。鉴真和尚的东渡壮举，更是中日文化交流史上的一座巍峨丰碑，他不仅携带着佛教经典的智慧之光、医学知识的仁爱之心、建筑技艺的匠心独运，更在日本亲手栽种下唐招提寺这颗璀璨明珠，对日本的佛教发展、文化艺术乃至社会生活都产生了深远而持久的影响。

在与东南亚、南亚乃至西亚交往的广阔天地间，隋唐凭借强大的海上实力与繁荣的贸易，与之建立起了密切的联系。通过"广州通海夷道"等海上丝绸之路，中国与这些地区的商贸往来愈发紧密。海外的香料、珠宝、药材这些奢侈品涌入中国，满足了贵族阶层的奢华追求，同时也为中国医药、饮食等领域的发展注入了新的活力；而中国的丝绸、瓷器这些手工业品则远销海外，成为中国文化的亮丽使者，深受各国人民的喜爱与追捧。在对外海战中，唐朝船队犹如一支威武之师，凭借先进的造船技艺、高超的航海智慧以及强大的战斗力，屡战屡胜，捍卫了国家的海洋权益，进一步彰显了中国在东方海洋的霸主地位，使得中国的海洋文化与影响力如春风化雨般远播海外，为世界海洋文明的发展贡献了一抹亮丽的色彩。

四、宋元明清时期海洋文化的繁荣与传承

在中国古代历史的长河中，海洋贸易的兴衰变迁犹如一面镜子，映照出不同朝代对外开放与封闭自守的抉择及其深远影响。宋元时期，中国古代海洋文化迎来了前所未有的繁荣，海洋贸易成为推动国家经济发展的关键力量，不仅为国家带来了丰厚的财富，更促进了文化的广泛交流与融合，为后世留下了宝贵的文化遗产与历史启示。然而，随着时间的推移，明代至清代，中国的海洋政策经历了显著的转变，从明初的海禁政策到永乐年间的郑和下西洋壮举，再到清代的海禁与闭关锁国政策，这一系列政策调整深刻影响了中国古代海洋文化的发展轨迹，也为中国近代史的屈辱篇章埋下了伏笔。

（一）宋元时期：海洋贸易的辉煌篇章

在宋元时期，中国古代海洋文化犹如一颗璀璨的明珠，绽放出耀眼的光芒，达到了前所未有的繁荣巅峰。这一时期，诸多因素交织在一起，共

同编织了一幅海洋贸易蓬勃发展的壮丽画卷，使之成为推动经济发展的强劲引擎。

宋代，特别是南宋年间，朝廷将海洋贸易视为国家兴衰的关键所在，明确提出"开洋裕国"的战略方针。政府不遗余力地扶持海洋经济，致力于市舶机构的建立健全。市舶司，这一负责进出口商品审查、关税厘定、专卖品经营及海商接待等重任的机构，如雨后春笋般涌现，为海外贸易的有序开展提供了坚实的制度保障。北宋元祐二年（公元 1087 年），泉州市舶司的设立，犹如一股强劲的东风，吹动北宋海外贸易的帆船，使之破浪前行，为国家带来了丰厚的税收收益。

在航海技术领域，宋代更是取得了举世瞩目的成就。海船广泛应用水密隔舱和多层舷板技术，犹如穿上了一层坚固的铠甲，大大增强了船舶的抗沉性和航行安全性；指南针的发明与运用，更是为航海事业插上了翅膀，船上专设的"火长"犹如航海的舵手，掌管着"针盘"，规划着"针路"，使得全天候深海航行成为可能，极大地提高了航海的安全系数与效率。据史籍所载，当时的中国商船队伍犹如一支勇敢的探险队，频繁穿梭于东亚、东南亚的碧波之上，甚至远涉重洋，抵达印度洋沿岸，与阿拉伯商人并肩作战，共同书写着亚洲海洋贸易的辉煌篇章。

元代在继承宋代海外贸易辉煌成果的基础上，继续扬帆远航。元朝疆域辽阔，横跨欧亚大陆，为海外贸易提供了更为广阔的市场舞台。政府对海外贸易的重视程度不减反增，采取了一系列积极的扶持政策，延续了宋代以来的开放态势。泉州，这座东方海洋贸易的璀璨明珠，以其显赫的地位，成为连接东西方贸易的桥梁与纽带。据《马可·波罗游记》的生动描绘，泉州港内千帆竞渡，商船如织，来自五湖四海的商人在此会聚一堂，交易的商品琳琅满目，从丝绸、瓷器到香料、珠宝，应有尽有。这里汇聚了不同肤色、不同语言的人群，呈现出一派繁华热闹、生机勃勃的景象，充分彰显了元代海洋贸易的繁荣与活力。

宋元时期，海洋贸易的蓬勃发展不仅为国家带来了滚滚财源，更促进了文化的广泛交流与融合。中国的丝绸、瓷器、茶叶等精美商品犹如一张张亮丽的名片，源源不断地运往海外，让世界对中国有了更加深刻的了解与认识；而外来的香料、珠宝、药材等稀有物品也纷纷涌入中国，为国内的物质文化生活增添了新的色彩与活力。在此交融互动的过程中，异域文化和本土民族智慧的火花交相辉映，彼此汲取灵感，为中国古代海洋文化带来了新鲜元素与蓬勃生机，令其内涵愈发多元且深邃，同时也为后世海洋文化的茁壮成长铺设了稳固的基石与丰富的文化土壤。

（二）明代海洋政策的转变与郑和下西洋

在明代的历史长卷中，海洋政策的演变犹如一幅波澜壮阔的画卷，展现出复杂多变而又充满戏剧性的色彩。其中，郑和下西洋的壮举，犹如夜空中最璀璨的星辰，不仅照亮了明代乃至中国古代海洋史的天空，更对中国古代海洋观念的发展产生了深远而持久的影响。

明初，面对沿海地区倭寇的频繁侵扰、政局的动荡不安以及农耕经济对海外贸易的淡漠态度，明太祖朱元璋毅然决然地推行了严苛的海禁政策，颁布"寸板不得下海"的禁令。这道禁令如同一道无形的高墙，将中国与外部世界隔绝开来，虽然在一定程度上抵御了外敌的侵扰，维护了沿海地区的安宁，但同时也扼杀了民间对外交流与贸易的活力，束缚了沿海地区的经济发展，使百姓生计陷入困境。

然而，历史的车轮总是滚滚向前，永乐年间，明朝的海洋政策迎来了翻天覆地的变化。明成祖朱棣，这位胸怀天下、志在四海的帝王，以"四海之内皆兄弟"的博大情怀，开启了大规模的海外交流新纪元。其中，最为世人瞩目的，莫过于郑和下西洋的壮举。自1405年至1433年，郑和率领着规模空前、气势磅礴的船队，七次扬帆远航，深入神秘莫测的海洋腹地。这支船队宛如一座漂浮的海上宫殿，编制严密，宝船、战舰、粮船、水船各司其职，协同作战。尤其是那些巍峨壮观的宝船，长达44.4丈①，宽达18丈，可容纳上千人，它们在大海中航行时，犹如一座座浮动的山峰，彰显着大明王朝的雄浑气魄与造船技艺的精湛绝伦。

郑和的航线纵横交错，遍及东南亚、南亚、中东乃至非洲的广阔地域，航程总计达16万海里，相当于绕地球赤道数周。他们的足迹遍布东经29°至123°，北纬32°至南纬8°的广袤空间，先后抵达亚洲、非洲的三十余个国家和地区。他们的船队最西抵达了赤道以南的非洲东海岸马林迪（今坦桑尼亚的马林迪），逼近莫桑比克海峡；最南到达爪哇岛；最北则抵达红海沿岸的天方（今沙特阿拉伯的麦加）。在这场旷日持久的远航中，郑和的船队肩负着多重使命：他们积极开展外交活动，每到一地，便宣扬明朝的国威，展示大明帝国的繁荣与强大，与各国建立友好关系，使众多海

---

① 明朝时期的1丈大致等于现在的3.33米。

外小国心悦诚服，纷纷派遣使臣前来朝贡，从而构建起庞大的宗藩体系，极大地拓展了明朝在海外的影响力。同时，他们还进行广泛的贸易往来，携带中国的丝绸、瓷器、茶叶等精美商品，与异域的香料、珠宝、药材等珍稀物品进行交换，促进了中外物资的流通与经济的繁荣。此外，郑和的船队还凭借先进的航海技术与无畏的探索精神，不断开辟新航线，绘制精确海图，记录各地的地理特征、气候条件与风土人情，为后世航海事业的发展积累了宝贵的经验与智慧。

郑和下西洋的壮举，不仅极大地开阔了中国人的海洋视野，使明朝对世界的认知达到了前所未有的高度与深度，更推动了中外文化的深度交融与互动。中国的儒家思想、科技发明与艺术审美也在海外生根发芽，对周边国家乃至世界文明的发展进程产生了深远的影响。它犹如一座横跨东西、连接海陆的桥梁，让世界看到了中国的开放姿态与大国风范，也让中国更好地融入了世界发展的潮流之中。郑和下西洋因此成为中国古代海洋文化发展史上的一座不朽丰碑，为后世留下了宝贵的精神财富与历史借鉴。

（三）清代海禁与闭关锁国之殇

清代，中国的海洋政策经历了剧变，海禁与闭关锁国如同沉重的枷锁，对中国古代海洋文化的演进产生了深远而复杂的制约，犹如一道无形的壁垒，阻碍了中国向海洋时代迈进的步伐。

清初，为阻断东南沿海与台湾郑成功反清势力的勾连，清政府推行了严苛至极的海禁政策。清顺治十二年（1655年），一纸禁海令，犹如寒冰封海，严禁沿海各省船只出海，违者严惩不贷；清顺治十八年（1661年），迁界令更是雪上加霜，浙江、福建、广东等沿海省份的居民被迫内迁数十里，甚至更远，沿海船只悉数焚毁，屋舍荡然无存，界外之地沦为荒芜，百姓流离失所，农业、渔业、手工业及海外贸易遭受重创。广东地区三度内迁，东南沿海四省中，福建省执行尤为严酷，越界者无论远近，一律斩首，无数生灵涂炭，沿海经济深陷寒冬。

清康熙二十二年（1683年），台湾郑氏政权覆灭，清政府宣布解除海禁，广州、漳州、宁波、云台山（今江苏连云港）四口岸重启，对外贸易似见曙光。然而，好景短暂，康熙五十六年（1717年），海禁再度收紧，商船赴南洋贸易被禁，海外贸易刚刚萌芽的生机再遭扼杀，规模与范围大幅萎缩。

及至清乾隆二十二年（1757年），清政府进一步收缩对外经贸，厦门、宁波、云台山三港关闭，仅余广州一口通商，且贸易管控极为严苛。广州对外贸易由"十三行"独家垄断，此官方指定之贸易机构，承销洋货、代办国货，兼管外商、征税等事宜。外商在广州行动受限，仅在特定季节、指定商馆居住，不得随意与中国民众交往，不得擅自雇佣华人，不得越冬，信息传递亦受严密监控。此高度垄断与严格管控之贸易模式，虽在一定程度上维护了清政府的统治秩序，抵御了外部势力的直接冲击，却严重阻碍了中外经济与文化的正常交流，使中国与世隔绝，错失了解世界发展潮流的良机。

彼时，西方列强正值资本主义蓬勃发展的上升期，工业革命如火如荼，科技日新月异，海外扩张步伐加速。而中国却在闭关锁国的政策下，沉醉于"天朝上国"的迷梦中，对外界变化浑然不觉。直至西方列强以坚船利炮强行打开中国国门，清政府才恍然惊醒，却发现自己已在科技、军事、经济等领域远远落后于西方，陷入了被动挨打的境地。鸦片战争的惨败，正是闭关锁国政策种下的恶果，中国被迫签订一系列不平等条约，割地赔款，国家主权惨遭践踏，海洋权益尽失，开启了百年屈辱的近代史，令人痛心疾首。

第二节　中国古代共同体理念的深度剖析：内涵、表现与文化溯源

中国古代共同体理念，是构成中华文明不可或缺的基石之一，蕴含文化精髓与历史底蕴。此理念在血缘、政治、文化等多元维度交织融合，展现出独特的文明景观。血缘上，它以宗族制度为纽带，强化了家族成员间的紧密联系；政治上，通过封建制至皇权集中的演变，体现了共同体对秩序与统一的追求；文化上，儒、道、法等诸家思想汇流，构筑了丰富的思想体系。

在历史长河中，共同体理念经由制度构建、思想传承及重大历史事件的催化，得以持续强化与升华。从秦汉郡县制的确立到唐宋科举制的推广，制度革新稳固了共同体基础；儒家思想等主流学说的流传，为共同体提供了精神支柱；历朝历代的兴衰更替，则深刻影响了共同体理念的演变

路径，其深厚的文化底蕴与历史价值，不仅塑造了中华民族独特的身份认同，也为后世留下了宝贵的精神财富与治理智慧。

一、传统社会共同体形态的多维度考察

（一）血缘共同体：以家族为核心的纽带

在中国古代社会的深邃画卷中，血缘共同体犹如一幅细腻繁复的织锦，以家族为核心纽带，精心编织出社会的基本框架。宗法制度，这一维系血缘共同体的关键经纬，自商朝晚期萌芽，至西周时期已臻成熟，稳稳地构筑起社会政治秩序的坚固基石。

宗法制度的核心精髓，在于嫡长子继承制的严谨施行。此制度明确规定，正妻所育长子为法定的王位继承人，周王朝更是将此原则奉为圭臬，确立了"传嫡不传庶，传长不传贤"的铁律。周天子，作为天下共尊的大宗，其同母兄弟与庶出兄弟被分封至四方，成为诸侯国的领袖，诸侯在其封国内亦遵循嫡长继承之制，世代相传，非嫡长子则再被分封为卿大夫，由此，一个以天子为根脉的庞大宗法体系蔚然成型。此制度不仅确保了家族政治权力与财富的平稳过渡，更通过精细的等级划分，极大地强化了家族内部的秩序与凝聚力。

在血缘共同体的精密结构中，家族成员的权利与义务被明确界定。宗子，作为家族的灵魂人物，手握军政大权，掌管家族财产，主持祭祀大典，管理家族成员，同时，亦承载着维护家族荣誉与利益的重任。其余家族成员则需遵从宗子的领导，恪守家族规矩与传统，在家族事务中积极履行义务，如参与祭祀、协助宗子管理家族产业等，共同维系家族的繁荣与稳定。

祠堂祭祀，作为家族共同体意识的重要表征，其重要性不言而喻。祠堂，这一家族祭祀祖先的神圣殿堂，被赋予了家族精神图腾的崇高地位。每逢佳节或重要时刻，家族成员皆会会聚一堂，于祠堂内举行庄严的祭祀仪式。在虔诚的追思与缅怀中，家族成员深切感受到与祖先的血脉相连，对家族的认同与归属之情油然而生。此仪式不仅极大地增强了家族的凝聚力，更在无形中传承了家族的历史与文化底蕴。

族谱的传承，则是维系血缘共同体的又一关键纽带。族谱，这部详尽记录家族世系、成员信息、家族事迹的鸿篇巨制，忠实记录了家族历史。通过族谱，家族成员得以清晰追溯自己的家族渊源与世系传承，明了家族

的发展脉络。它不仅为家族成员提供了身份认同的坚实依据，更激励着后代子孙铭记家族优良传统，捍卫家族的荣誉与尊严。诸多族谱中，家族的家训、家规被郑重记载，对家族成员的行为规范与道德准则提出了明确要求，这些家训家规成为家族成员共同遵循的行为准则，有力地促进了家族的和谐与稳定，为家族的绵延发展奠定了坚实的基础。

（二）政治共同体：国家治理体系的构建

在古代中国的历史长河中，政治共同体犹如一艘乘风破浪的巨轮，承载着国家的统一、稳定与繁荣。秦汉时期所开创的郡县制，无疑为这艘巨轮的扬帆起航铺设了坚实的基石，成为中国政治制度发展史上的一座巍峨丰碑。

公元前221年，秦始皇一统六国，鉴于西周分封制引发的诸侯割据之祸，毅然决然地摒弃旧制，在全国推行郡县制这一创新之举。全国被精心划分为三十六郡，郡下设县，各级长官均由中央直接遴选任命，断绝了世袭之念。《史记·秦始皇本纪》载："分天下以为三十六郡，郡置守、尉、监。"这一举措明确了郡县的架构与官员职责，使得中央政府得以牢牢把握地方行政的命脉，彻底打破了分封制下地方势力的割据局面，极大地强化了中央集权，为国家的统一和政治共同体的牢固构建奠定了不可动摇的基石。

及至汉代，汉承秦制，又在郡县制的基础上融入了郡国并行制。然而，封国势力的膨胀，一度对中央政权构成了严峻挑战。汉武帝审时度势，推行"推恩令"，允许诸侯王将封地分封给子弟，从而巧妙地削弱了封国的势力，进一步强化了中央对地方的控制力。这一睿智之举，使得政治共同体的稳定性得到了前所未有的巩固，国家的统一大业得以绵延不绝。

步入隋唐时期，三省六部制的创立，标志着中国古代政治制度的成熟与辉煌。中书省、门下省和尚书省三足鼎立，中书省负责诏令的草拟，门下省负责诏令的审核，尚书省则负责诏令的执行，三省长官并列为宰相，相互牵制、相互监督，形成了一套科学而高效的权力制衡机制。六部作为尚书省的下属机构，各司其职，如吏部掌管官员的选拔与考核，通过严谨的制度设计，为国家选拔出一批批英才，确保了官僚体系的稳健运行。

三省六部制的实施，使得国家政务的处理更加规范化、专业化，行政效率显著提升。同时，三省之间的权力制衡，有效避免了权力的过度集中，加强了皇权统治。在这一制度下，国家的政治决策更加科学民主，能够灵活应对各种复杂局面，有力地推动了政治共同体的稳定与发展。

在地方行政层面，隋唐时期实行州县两级制，对地方的管理更加精细入微。严格的官员考核制度，确保了地方官员能够忠实执行中央政策，维护地方的和谐稳定。这种中央与地方相互配合、相互制约的政治体制，使得政治共同体的架构更加完善，国家的统一和民族的团结得到了坚强有力的保障。

秦汉时期推行的郡县制与隋唐时期确立的三省六部制等政治制度，在国家治理体系的演进中占据了举足轻重的地位。这些制度不仅在当时有效地促进了国家的统一与稳定，而且为后世中国政治制度的发展奠定了坚实的基础，提供了深刻的启示。它们构成了中国古代政治共同体形成与发展的重要制度框架，对国家统一与民族复兴的历史进程产生了深远的影响，书写了辉煌的篇章。

（三）文化共同体：思想与价值观的传承

在中国古代社会，文化共同体的构筑深深植根于思想与价值观的传承之中，儒家思想的弘扬与汉字文化圈的拓展，尤为显著地强化了不同地域人群的文化认同与归属情感。

儒家思想，自其诞生之日起，便历经世代哲人的精心培育与发扬，蔚然成为中国古代社会的思想主流，对文化共同体的塑造起到了举足轻重的作用。孔子是儒家学派的开山鼻祖，他倡导的"仁"与"礼"，构成了儒家思想的精神内核。"仁"，即推己及人，倡导人与人之间的温情与尊重，如"己所不欲，勿施于人"，这一理念成为人们处理人际关系的黄金法则；"礼"，则侧重于社会秩序的规范，通过繁复的礼仪制度，厘清了人们的社会角色与行为规范。《礼记》详尽记载了从祭祀大典、婚丧嫁娶到日常社交的种种礼仪，这些不仅是形式上的约束，更是维系社会和谐与稳定的坚固基石。孟子，承前启后，对孔子思想进行了深化与拓展，提出了"仁政"的理念，主张君主应以仁爱之心治国理政，关怀民生疾苦，"民贵君轻"的论断，彰显了民众地位之重，进一步丰富了儒学的理论宝库。在教育领域，儒家秉持"有教无类"的原则，打破了贵族对教育的垄断，使得更多人得以沐浴儒学的光辉，儒家的智慧与价值观得以广泛传播。孔子广开门庭，弟子三千，贤者七十二，他们将儒家的火种播撒至四面八方，促进了文化的交融与共生。

汉武帝时期，董仲舒的"罢黜百家，独尊儒术"之策被采纳，儒家思想由此成为国家的正统意识形态。太学的设立，以儒家经典为教学蓝本，培育了一大批精通儒学的人才，他们步入仕途，将儒家的智慧融入国家治理的每一个环节。自此，儒家思想成为封建王朝的思想基石，深刻影响着政治、经济、文化的方方面面，构筑起中华民族文化共同体的思想支柱。

汉字文化圈的形成，则是中国古代文化共同体发展的又一重要标志。汉字，承载着悠久的历史与深厚的文化底蕴，在漫长的岁月长河中，它跨越国界，传播至朝鲜半岛、日本、越南等地，形成了一个以汉字为纽带的文化共同体。

在朝鲜半岛，汉字的传入可追溯至战国，它迅速成为官方文字与文化交流的桥梁。朝鲜的文人学士不仅精通汉字，更以其为媒介，创作出深受中国文学影响的诗歌、散文等，这些作品在展现对中国文化深刻理解的同时，也融入了朝鲜民族的独特韵味，形成了别具一格的文学风貌。

日本与中国古代的交流源远流长，汉字于公元 3 世纪左右传入日本。起初，它主要用于官方文书与佛教经典的记载。随着时间的推移，日本人逐渐掌握了汉字的精妙，并在此基础上创造了假名文字，形成了汉字与假名并行的文字体系。汉字在日本的文化、教育、艺术等领域均扮演着重要角色，如《万叶集》《源氏物语》等文学巨著，汉字的运用使其情感表达与思想深度得以彰显，这些作品既体现了日本的本土文化特色，也映射出对中国文化的学习与融合。

越南在历史上深受中国文化熏陶，汉字的使用历史可追溯至秦汉。越南的官方文件、科举考试等均以汉字为载体。越南的文人以汉字为笔，创作了丰富的诗词、散文等文学作品，这些作品不仅展现了越南的社会风情与文化传统，也体现了对中国文化的传承与创新。汉字文化圈的形成，让这些周边国家与中国在文化上紧密相连，共同构筑了坚实的文化基础与价值观念，推动了文化共同体的繁荣发展。

二、共同体理念的文化底蕴与历史积淀

(一) 儒家"大一统"思想的影响

儒家"大一统"理念的滥觞可追溯至先秦，于西周分封制推行之际，初步形成了"普天之下，莫非王土；率土之滨，莫非王臣"的普遍认知，为"大一统"思想奠定了坚实的理论基础。至春秋乱世，周王室衰微，诸

侯割据,战乱频仍,孔子怀揣重建华夏政治一统、恢复礼乐之治的宏愿,其"尊王"主张,实则是对"大一统"理想的深切呼唤。孔子明言"天无二日,土无二王",极力推崇天子至尊地位,主张周天子应作为天下共主,领导诸侯,此论为"大一统"理念提供了强有力的理论支撑。

战国时期,孟子承续孔子之学,提出"定于一"之论,认为唯有天下一统,方能终结战乱,使百姓安居乐业。孟子强调以德治国,认为"不嗜杀人者能一之",即君主通过实行仁政才能实现天下一统,这一观点极大地丰富了"大一统"思想的内涵。荀子亦秉持"一天下"之主张,认为"天下为一,诸侯为臣",主张通过礼仪制度来维系国家的统一与稳定。

西汉时期,"大一统"思想迎来了重要的发展契机。汉武帝时,国力鼎盛,然思想领域黄老之说与中央集权之需产生冲突。为强化中央集权,巩固国家一统,汉武帝采纳董仲舒之议,"罢黜百家,独尊儒术"。董仲舒系统阐发"天人感应""大一统"学说,主张"诸不在六艺之科、孔子之术者,皆绝其道,勿使并进",认为"大一统"乃天地之常理,古今之通义,只有将儒家思想确立为正统,方能实现国家的长治久安。

此举将儒家思想推上了中国社会正统思想的宝座,对"大一统"思想的传播与发展产生了深远影响。汉武帝设立太学,以儒家经典为教材,培育了一批精通儒家学说的人才。这些人才步入仕途后,将儒家的"大一统"思想融入国家治理的方方面面,使得"大一统"理念深入人心,成为维护国家统一的重要思想支柱。自此,儒家思想成为历代封建王朝的统治思想,"大一统"理念亦在此过程中不断强化,深刻塑造了中国社会的发展轨迹。

魏晋南北朝时期,尽管国家分裂,但儒家"大一统"思想依然发挥着重要作用。各少数民族政权竞相学习汉族文化,尊崇儒家学说,以期获得正统地位。北魏孝文帝推行汉化改革,迁都洛阳,改汉姓、易汉俗、习汉语、着汉服,极力推崇儒家文化。他尊儒崇经,兴办学校,恢复汉族礼乐制度,采用汉族封建统治制度,加速了北魏政权的封建化进程。此举不仅促进了民族融合,亦彰显了"大一统"思想对少数民族政权的影响,使得各民族在文化认同上渐趋一致,为隋唐时期的大一统局面奠定了坚实基础。

隋唐时期,儒家"大一统"思想得到进一步弘扬。唐朝统治者重视儒家思想的教化作用,通过科举制度选拔人才,以儒家经典为考试内容,使得儒家思想在社会上广泛传播。唐太宗李世民秉持"华夷一体"的理念，认为"王者视四海如一家，封域之内，皆朕赤子"。这一思想体现了"大一统"理念在民族关系上的拓展，促进了各民族之间的交流与融合，使唐朝成为一个疆域辽阔、民族众多、文化繁荣的大一统王朝。

宋明时期，儒家思想发展为理学，进一步强化了"大一统"思想。程颢、程颐、朱熹等理学家强调天理的至高无上性，认为封建伦理道德是天理的体现，通过维护封建伦理秩序来实现国家的统一与稳定。朱熹主张"存天理，灭人欲"，将儒家的道德规范提升至天理的高度，要求人们严格遵守，以维护社会的和谐与统一。在此时期，儒家的"大一统"思想不仅在政治领域发挥着重要作用，亦深入社会生活的各个方面，对人们的思想观念和行为方式产生了深远影响。

明清时期，儒家"大一统"思想继续巩固与发展。明朝统治者大力推崇儒家思想，朱元璋下令全国学校以儒家经典为教材，培育学生的儒家思想观念。清朝统治者亦重视儒家思想，将其作为维护统治的重要工具。康熙、雍正、乾隆等皇帝对儒家经典进行了深入研究，并大力推广儒家思想。雍正皇帝提出"中外一家"的理论，突破了传统的"华夷之辨"观念，强调天下一统，华夷一家，进一步丰富了"大一统"思想的内涵，促进了各民族之间的团结与国家的统一。

儒家"大一统"思想在中国历史的长河中不断发展，从先秦时期的萌芽，至秦汉时期的确立，再到后世各朝代的传承与发展，始终贯穿于中国古代社会。它不仅促进了国家的统一与民族的融合，更为中华民族的文化认同与凝聚力奠定了坚实基础，成为中华民族共同体意识的重要思想源泉。

（二）道家"天人合一"观念的渗透

道家"天人合一"之理念，于古代共同体思想的形成与演进中，留下了深刻的烙印。此观念着重强调人与自然、人与社会的和谐共融，为古代共同体理念中和谐关系的构筑，提供了丰厚的哲学底蕴。

道家"天人合一"之思想，其渊源与发展脉络清晰可辨。老子，道家学派之鼻祖，提出"道生一，一生二，二生三，三生万物"之宇宙生成论，认为"道"乃万物之根源，人作为万物之一员，应顺应"道"之运行法则。庄子则进一步阐发此思想，主张"天地与我并生，而万物与我为一"，凸显了人与自然的高度契合。此观念之形成，与当时社会背景紧密相连。春秋战国之时，战乱频仍，社会动荡，人们对自然之敬畏与和谐生活之向往愈发炽烈，道家"天人合一"之理念，正是在此背景下应运而生。

在人与自然和谐关系之构建上，道家"天人合一"思想展现出了独特魅力。道家认为，自然界有其固有之运行规律，人类应尊重并顺应这些规律，而非过度干预。庄子所言"牛马四足，是谓天；落马首，穿牛鼻，是谓人"，便是强调不应过度人为改变自然状态。此思想在古代农业生产中得到了充分体现。中国古代以农为本，农民深知顺应自然规律对于农业生产之重要性。他们依据二十四节气安排农事，如"春分麦起身，一刻值千金"，在春分时节及时进行春耕、施肥等农事活动，以顺应春季万物生长之规律，实现农作物之丰收。这种顺应自然的生产方式，彰显了人与自然和谐共生之道，是道家"天人合一"思想在农业生产领域的生动实践。

在资源利用方面，道家"天人合一"思想亦发挥着重要作用。古代人们秉持适度利用自然资源之原则，以实现可持续发展。例如，在森林资源利用上，人们遵循"斧斤以时入山林，材木不可胜用也"之理念，在适宜季节进山砍伐树木，不过度采伐，确保森林资源之再生与可持续利用。这种对自然资源之敬畏与合理利用，正是道家"天人合一"思想在资源管理方面的体现，它保障了人与自然和谐相处，使人类能够长期从自然界中获取所需资源。

道家"天人合一"思想对人与社会和谐关系之构建，亦有着深刻影响。道家主张人们应摒弃过多欲望与争斗，追求内心之平静与和谐。老子所言"五色令人目盲；五音令人耳聋；五味令人口爽；驰骋畋猎，令人心发狂；难得之货，令人行妨"，便是提醒人们不要被外在物质所迷惑，要保持内心之宁静。在社会生活中，此观念促使人们追求一种和谐、安宁之社会秩序。古代隐士如陶渊明，不满于官场之黑暗与世俗之纷争，选择归隐田园，追求一种"采菊东篱下，悠然见南山"之宁静生活。其行为体现了道家思想对其人生选择之影响，通过远离尘世喧嚣，回归自然，实现内心之平静与和谐。

道家"无为而治"之思想，同样对社会治理产生了深远影响。"无为而治"并非无所作为，而是不过度干预社会之自然发展。西汉初期，统治者鉴于秦朝因暴政而亡之教训，采用黄老之学，实行"无为而治"之政策。汉文帝、汉景帝时期，轻徭薄赋，与民休息，减少对百姓生活之干预，让社会经济自然恢复与发展。在此政策下，百姓安居乐业，社会经济逐渐繁荣，出现了"文景之治"之盛世局面。此历史事实充分证明了道家"无为而治"思想在促进社会和谐稳定方面之积极作用，它为构建和谐之社会关系提供了一种有效的治理理念。

道家"天人合一"思想，从人与自然、人与社会两个层面，深刻地渗透于古代共同体理念之中。它不仅为人们处理人与自然关系提供了指导原则，促进了人与自然之和谐共生，还在社会治理与个人生活选择方面发挥了重要作用，推动了人与社会之和谐发展。此观念成为中国古代共同体理念中不可或缺之要素，对中国传统文化之发展产生了深远影响。

（三）历史事件与共同体意识的强化

在中国悠久的历史长河中，诸多重大事件犹如璀璨星辰，对中华民族共同体意识的塑造与强化起到了至关重要的作用。其中，西汉时期的昭君出塞与北魏时期的孝文帝改革，便是两颗尤为耀眼的明珠，它们的光辉照亮了民族交融与团结的道路。

西汉年间，汉匈关系错综复杂，战火频仍。然而，公元前33年，随着匈奴呼韩邪单于的朝觐求亲，王昭君的挺身而出，一段传奇佳话悄然上演。她自愿远嫁塞外，此举终结了汉匈间连绵的战争阴霾，为边疆带来了久违的和平与安宁。更重要的是，昭君出塞成了汉匈文化交融的桥梁。她携带着汉族的先进文化与生产技术，如铁制农具的引进、农耕智慧的传播，极大地推动了匈奴地区的农业发展，提升了民众的生活水平。同时，汉族的纺织、刺绣等精湛技艺也在匈奴大地绽放异彩，丰富了当地人民的物质生活。在文化的深层次交流中，汉族的礼仪制度、文学艺术等逐渐渗透至匈奴社会，增进了两族人民的文化认同与情感联结。而在民族关系的层面，昭君出塞更是促进了汉匈两族的亲密交往。边境贸易的繁荣，使得汉族的丝绸、茶叶与匈奴的马匹、皮毛等物品得以互通有无，经济联系日益紧密。两族人民在频繁的交往中，相互学习、相互尊重，形成了一种休戚与共的命运共同体意识。这种跨民族的交流与融合，为中华民族共同体意识的形成注入了强大动力，深刻揭示了各民族间血脉相连、命运相依的紧密联系。

北魏孝文帝的改革，则是中国历史上少数民族政权主动融入汉族文化的典范。为了更好地统治中原，加强与汉族的融合，孝文帝推行了一系列汉化政策。在语言上，他毅然决定禁用鲜卑语，改行汉语，这一举措如同打通了民族交流的脉络，使得各民族能够畅通无阻地沟通思想、分享文

39

化，加速了民族融合的进程。在姓氏方面，孝文帝将鲜卑族的复姓简化为单姓，如拓跋改为元、独孤改为刘等，这一变革不仅简化了姓氏体系，更拉近了鲜卑族与汉族在文化心理上的距离，增强了汉族文化的认同感与归属感。在服饰上，他下令禁止鲜卑族穿着本民族服饰，改穿汉服，这一改变使得鲜卑族在外观上与中原汉族融为一体，进一步促进了民族间的相互接纳与融合。

在习俗层面，孝文帝更是鼓励鲜卑族与汉族通婚，通过婚姻纽带将两个民族紧密相连。这种跨民族的联姻政策，打破了传统的民族界限，促进了血缘上的交融与情感上的共鸣，使得鲜卑族与汉族在家庭与社会的各个层面建立起深厚的情感联系，进一步强化了民族间的凝聚力与认同感。这些汉化改革措施，不仅促进了鲜卑族与汉族在经济、文化、社会等方面的深度融合，更推动了北魏政权的封建化进程，使得鲜卑族与汉族在相互学习、相互借鉴中，逐渐形成了共同的文化认同与价值观念，为中华民族共同体意识的强化奠定了坚实基础。

可以看出昭君出塞与北魏孝文帝改革等历史事件，犹如一条条纽带，将中华民族各成员紧密相连。它们不仅促进了不同民族间的经济文化交流，更增进了民族间的相互理解与信任，使得各民族在长期交往中逐渐形成了共同的文化认同与价值观念。这些光辉的历史篇章，如同璀璨星辰般照亮了中华民族团结统一的道路，为中华民族伟大复兴注入了不竭的动力与希望。

第三节　中国古代全球化意识的萌芽与体现

一、早期海外交流的突破性事件

（一）先秦时期与周边海域的初步邂逅及其深远意义

先秦时期，尽管航海技艺尚显稚嫩，但华夏族群与周边浩瀚海域的初步交往已悄然发生。彼时，沿海居民因生计所需与探索之心，勇敢地驾驭简陋舟楫，穿梭于碧波荡漾的近海岛屿间，以物易物，互通有无。此番活动，不仅巧妙地调配了资源，更让地域各异的人们得以相遇，悄然开启了文化交流的新篇章。

齐地学者邹衍提出的"大九州"之说，虽是无限的遐想，却深刻映射出当时人们对世界地理的宏大构想。在他们心中，世界并非囿于眼前方寸，而是延展至更为辽阔的未知天地。这一思想的萌芽，拓宽了世人的认知边界，激发了探索外部世界的无限渴望。它犹如一盏明灯，照亮了后世海外交流的征途，使人们在面对茫茫大海时，不再局限于现实的桎梏，而是怀揣着探索未知的勇气与梦想。

（二）秦汉时期海上丝绸之路的壮举及其深远影响

秦汉之际，国力渐趋鼎盛，为海外交往的壮阔图景铺设了坚实的基石。秦始皇一统六国后，对海洋的探索热情也随之高涨。他屡遣船队扬帆远航，其中徐福东渡的传奇尤为世人传颂。尽管徐福之行的真正目的与最终归宿迷雾重重，但这一壮举无疑彰显了当时中国对海外世界的勇敢探索与不懈追求。

至汉武帝时，海上丝绸之路正式扬帆启航。此时，中国的造船术与航海术已有了质的飞跃。官方组织的庞大船队，自东南沿海的繁华港口出发，破浪前行，远赴东南亚、南亚等遥远之地。海上丝绸之路的开辟，不仅极大地增强了中国与沿线国家的经济联系，更促进了文化的深度交融与广泛传播。中国的丝绸、瓷器、铁器等精美制品，如潮水般涌向海外，成为各国贵族竞相追逐的瑰宝，彰显了中国古代的物质文明与精湛工艺。同时，外域的香料、珠宝、珍稀动植物等也被不断引进，为中国的物质文化生活增添了斑斓色彩。更为深远的是，通过这条海上丝绸之路，中国与世界的联系愈发紧密，为后续的全球化交流铺设了坚实的桥梁。

二、贸易网络构建中的全球化思维

（一）唐宋时期海上贸易港口的繁盛布局与紧密联结

唐宋之际，中国的海上贸易迎来了前所未有的辉煌时期，犹如璀璨星辰般闪耀的海上贸易港口纷纷涌现，编织出一幅繁荣壮丽的贸易网络。广州、泉州、明州（今宁波）等港口，宛如海上丝绸之路上的璀璨明珠，成了连接东西方的重要枢纽。

广州，这座屹立于南海之滨的港口城市，凭借其得天独厚的地理位置，成了中国通往东南亚、南亚、西亚乃至欧洲的重要门户。自古以来，它便是中国对外贸易的璀璨窗口，吸引着无数外国商船纷至沓来，共同书写着贸易的辉煌篇章。泉州，在宋代迅速崛起，以其完善的港口设施与规范的管理，赢得了"东方第一大港"的美誉。泉州港与日本、高丽以及东南亚、阿拉伯地区的贸易往来频繁，成为海上丝绸之路上一颗耀眼的明珠。而明州，则凭借其毗邻长江三角洲的优越位置，与内地经济紧密相连，成为连接东北亚与世界的桥梁。它不仅与日本、高丽等东北亚国家贸易密切，更通过海上丝绸之路，将商品远销至世界各地。

这些港口之间，犹如血脉相连，形成了一个紧密相连的贸易网络。它们通过海上航线紧密相连，货物在不同港口间流转，实现了资源的优化配置与贸易的多元化发展。同时，各港口均设有专门的管理机构，负责对外贸易的监管与协调，确保贸易活动的有序进行。

（二）贸易路线的多样化与商品流通的全球化特征

唐宋时期，海上贸易路线犹如条条彩带，将东西方紧密相连。东线、南线、西线三条主要贸易路线，如同三条经济动脉，为中国与世界各地的商品流通提供了重要通道。

东线贸易，主要通往日本与高丽，以丝绸、瓷器、茶叶等高端商品为主。这些商品在日本与高丽备受欢迎，成为当地贵族与上层社会的珍爱之物。同时，中国也从日本引进刀剑、从高丽引入人参等特产，实现了商品的双向流通。

南线贸易，则主要通往东南亚地区，商品种类繁多。除了传统的丝绸、瓷器外，还有香料、象牙、犀角等珍稀物品，自然资源丰富的东南亚地区为贸易提供了丰富的物资。中国的商船将这些商品运回国内，满足了国内市场的需求，同时也将中国的手工业品带到了东南亚，促进了当地经济的繁荣。

西线贸易，则通往南亚、西亚乃至欧洲，商品以丝绸、瓷器、茶叶等高端商品为主。这些商品在西方市场上价格不菲，成为财富与地位的象征。中国通过与阿拉伯商人的贸易往来，将商品远销至欧洲各国。同时，也从西方进口玻璃制品、香料等奢侈品，实现了东西方商品的互通有无。

通过这些贸易路线，中国的商品逐渐流向世界市场，初步融入了全球经济体系。中国商品以其卓越的品质与精湛的工艺，在世界市场上赢得了广泛的赞誉与认可，不仅为中国带来了丰厚的经济收益，更提升了中国在国际舞台上的影响力。同时，中国也从世界市场上获取了所需的物资与资源，促进了国内经济的持续繁荣与发展。

三、文化传播与交流中的全球化意识

（一）中国古代科技与文化的海外传播之道及其深远影响

中国古代的科技与文化，如同璀璨星辰，穿越历史的长河，在海外传播中绽放出耀眼的光芒。其传播途径多样，主要包括贸易交流、宗教传播及外交互动等。在商贸的繁荣中，丝绸、瓷器、茶叶等商品不仅是物质交流的媒介，更是文化传递的使者。它们以其精湛的工艺与独特的设计，赢得了海外消费者的青睐，同时也将中国的审美理念与文化精髓播撒至世界各地。例如，中国瓷器以其温润如玉的质感和繁复细腻的图案，在海外备受推崇，对当地陶瓷艺术的发展产生了深远的影响。

宗教传播，尤其是佛教的东传，成了中国文化海外传播的重要桥梁。佛教自印度传入中国后，经过本土化的发展，形成了独具中国特色的佛教文化。随后，这一文化又通过丝绸之路与海上航线，传播至东亚、东南亚等地。佛教经典、建筑艺术、雕塑绘画等文化元素，随着佛教的传播而在海外广泛流传，对当地的文化景观与社会生活产生了深刻的影响。如日本的佛教寺庙建筑，便深深烙印着中国建筑的印记，而中国的佛教思想，也对日本的文化发展与社会变迁产生了重要的推动作用。

外交活动，则是中国古代文化海外传播的又一重要途径。古代中国的统治者常派遣使节出使周边国家，以展示中国的文化、礼仪与技术。如郑和下西洋的壮举，不仅带去了丰厚的物资，更将中国的文化与价值观传播至遥远的国度。郑和的船队，每到一处，便与当地民众进行深入的交流，展示了中国的强盛与文化的博大精深，增进了中国与各国之间的友谊与相互理解。

中国古代科技与文化的海外传播，对世界文明的发展产生了深远的影响。造纸术、印刷术、火药与指南针这四大发明，传入欧洲后，为欧洲的文艺复兴、宗教改革与地理大发现等历史事件提供了重要的推动力。造纸术与印刷术的传入，使得欧洲的知识传播更加便捷，促进了文化的繁荣；火药的传入，改变了欧洲的战争面貌；而指南针的传入，则为欧洲的航海事业提供了重要的技术支持，推动了地理大发现的进程。

（二）中国对多元文化的兼容并蓄与融合之美

在向外传播自身文化的同时，中国也积极接纳与融合来自海外的多元文化。历史上，中国与西域、中亚、西亚等地的交流频繁，这些地区的文

化不断传入中国，与中国本土文化相互交融，共同铸就了中华文化的博大精深。

在音乐领域，西域音乐的传入，为中国音乐注入了新的活力。胡琴、琵琶等乐器的引入与传播，不仅丰富了中国的音乐文化，更促进了中国音乐与西域音乐的相互借鉴与融合，形成了独具特色的音乐风格。

在舞蹈艺术中，胡旋舞、胡腾舞等西域舞蹈的传入，以其独特的风格与表演形式，深受中国民众的喜爱。这些舞蹈与中国传统舞蹈相互借鉴，共同发展，为中国舞蹈艺术注入了新的元素与活力。

在饮食文化上，外来食材与烹饪方法的引入，极大地丰富了中国的饮食文化。葡萄、石榴、核桃等水果的传入，为中国的水果种类增添了新的色彩；胡椒、香料等调味品的引入，则改变了中国的烹饪口味，使中国的饮食文化更加丰富多彩。此外，随着佛教的传入，素食文化也在中国得到了广泛的发展与传播。

中国对多元文化的接纳与融合，彰显了中国文化的包容性与开放性。这种包容性与开放性，不仅使得中国文化能够不断吸收新的元素，保持其活力与创造力，更促进了不同文化之间的交流与融合，推动了人类文明的共同进步与发展。

四、政策支持与管理机制体现的全球化视野

（一）各朝代海外贸易政策的光辉篇章及其深远意图

在中国古代的历史长河中，众多朝代皆以睿智之姿，制定了旨在促进经济发展与对外交流的海外贸易政策。唐朝时期，政府以开创性的精神设立了市舶司，这一机构犹如海上的灯塔，引领着对外贸易的航向。市舶司不仅肩负着检查进出口船舶、征收关税的重任，更悉心管理着外国商人的事务，确保他们的权益得到妥善保障。通过一系列优惠政策的实施，如允许外国商人定居经商、保护其财产安全等，唐朝成功吸引了四海商贾，共襄经济繁荣之盛举。

步入宋朝，政府对海外贸易的重视程度更上层楼。增设市舶司、拓宽贸易港口、降低关税税率、鼓励船舶建造……这一系列举措犹如春风化雨，滋润着海外贸易的沃土。宋朝还派遣使者远赴海外，招徕商贾，共谋发展大计。在此背景下，宋朝的海外贸易如日中天，成了当时全球贸易版图中的璀璨明珠。

　　元朝时期，统治者以开放的姿态拥抱世界，实行宽松的对外贸易政策。外国商人在元朝境内得以自由经商、旅行，其财产与人身安全均受到法律的严格保护。与此同时，元朝政府还加强了对海外贸易的监管，设立了市舶提举司等机构，以确保贸易秩序井然。在元朝的推动下，海上丝绸之路迎来了前所未有的辉煌，中国与世界的贸易往来愈发紧密。

　　明朝初期，海禁政策曾一度限制了海外贸易的发展。明朝中后期，随着商品经济的蓬勃发展和海外贸易需求的日益增长，海禁政策终于被废除。政府设立了海关，对进出口贸易实施监管与征税，旨在增加财政收入、促进经济发展、加强对外交流，并提升国家的国际地位。

　　清朝前期，闭关锁国政策曾一度阻碍了对外贸易的步伐。然而，鸦片战争后，随着国门的被迫敞开，清朝政府逐渐觉醒，开始采取措施鼓励对外贸易。通商口岸的设立、海关的成立，标志着清朝政府正努力融入全球化的大潮。尽管由于种种原因，这些政策未能完全达到预期效果，但它们无疑为清朝的对外贸易打开了一扇新的窗户。

　　纵观中国古代史不难发现各朝代鼓励海外贸易的政策，虽各具特色，但其核心目的皆在于促进经济发展、加强对外交流、提升国家实力与影响力。这些政策犹如历史长河中的璀璨星辰，照亮了中国古代全球化进程的道路。

　　（二）管理机构的设立与运作：全球化交流的坚实基石

　　为了有效管理海外贸易，中国古代各朝代精心构建了一系列管理机构，这些机构在全球化交流中发挥了举足轻重的作用。市舶司，作为对外贸易管理的核心机构，其职责广泛而深远。在检查进出口船舶时，市舶司官员犹如海关卫士，严查违禁物品，确保国家经济安全与贸易秩序。在征收关税方面，市舶司根据货物的种类、数量与价值，精心制定税率，既为国家财政贡献了力量，又合理调节了进出口贸易的结构与规模。

　　此外，市舶司还承担着管理外国商人的重任。从安排住宿到解决纠纷，市舶司无微不至的服务让外国商人感受到了宾至如归的温暖，从而促进了贸易的顺利进行。唐朝的鸿胪寺、元朝的市舶提举司等机构，更是与市舶司相辅相成，共同构建了一个完善的管理体系。这些机构通过制定政策、规范行为、提供服务等方式，为中国与世界的经济、文化交流搭建了坚实的桥梁。

　　相关管理机构的设立与运作，犹如全球化交流中的稳固基石。它们不仅保障了海外贸易的有序进行，更促进了不同国家和地区之间的相互理解与合作。在中国古代的全球化进程中，这些机构发挥了不可磨灭的积极作用，为后世留下了宝贵的经验与启示。

五、古代全球化意识的深远回响与后世镜鉴

（一）古代全球化意识对中国社会经济发展的悠长韵律

中国古代的全球化意识，如同一股不竭的源泉，为中国社会经济的发展注入了持久的活力与深刻的变革。在经济领域，海外贸易的蓬勃发展犹如一条金色的纽带，将中国与世界各地紧密相连。丝绸、瓷器、茶叶等中华瑰宝漂洋过海，不仅为国家财政积累了丰厚的资本，更为丝绸纺织、陶瓷制造、茶叶栽培等本土产业铺设了繁荣之路。与此同时，海外商品与技术的涌入，如同异域的种子，在中国这片沃土上生根发芽，催生了产业的革新与升级，为国内经济注入了新鲜血液。

文化领域亦因全球化意识而熠熠生辉。中华文明的璀璨光芒，在对外交流中得以传播，与世界各地文化相互辉映，共同编织出多元文化的绚丽篇章。佛教文化的东渐，与儒、道文化交相辉映，不仅丰富了中国文化的内涵，更在哲学、文学、艺术等领域催生了新的灵感与创造，展现了文化交融的独特魅力。

社会层面，全球化意识如同一股强劲的风，吹拂着古老中国的每一寸土地。沿海地区的经济因海外贸易的兴盛而迅速崛起，城市面貌焕然一新，人口繁盛，社会阶层亦随之流动，商人阶层逐渐崭露头角，成为推动社会进步的重要力量。全球化意识的普及，更拓宽了人们的视野，更新了思想观念，使得中国与世界更加紧密地相连，共同迈向更加广阔的未来。

（二）中国古代在全球化进程中的历史坐标与当代启示

中国古代在全球化进程中，犹如一颗璀璨的星辰，照亮了历史的天空。自先秦时期起，中国便与周边海域建立了初步的联系，为后续的全球化交流奠定了坚实的基础。秦汉时期开辟的海上丝绸之路，如同一条穿越时空的纽带，将中国与世界紧紧相连，成为贸易与文化交流的桥梁。唐宋时期，中国的海上贸易更是达到了前所未有的高度，港口遍布沿海，贸易网络覆盖亚非欧，中华文明的璀璨光芒在世界范围内熠熠生辉，对世界文明的发展产生了深远的影响。

中国古代的全球化意识，为当今全球化进程提供了宝贵的镜鉴。开放

包容的精神，如同宽广的海洋，容纳百川，是全球化时代各国应遵循的准则。摒弃狭隘的民族主义与保护主义，积极开展国际合作，共同推动全球化的发展，方能实现共赢与繁荣。

互利共赢的原则，如同双赢的博弈，既追求自身利益，亦顾及他人福祉。在全球化的浪潮中，各国应携手并进，通过贸易往来与技术交流，促进共同发展，实现互利共赢。

创新发展的动力，如同不竭的源泉，推动全球化进程不断向前。无论是航海技术的革新，还是贸易模式的探索，都彰显了古人勇于创新的智慧与勇气。在当今全球化时代，各国更应加强科技创新，推动经济全球化朝着更加开放、包容、普惠、平衡、共赢的方向发展。

中国古代的全球化意识与实践，不仅为世界全球化进程做出了重要贡献，更为当今的全球化发展提供了宝贵的历史经验与启示。在全球化的时代背景下，我们应铭记古人的智慧与勇气，继承并发扬开放包容、互利共赢、勇于创新的全球化精神，积极推动国际合作与交流，共同应对全球性挑战，为实现人类命运共同体的美好愿景而不懈奋斗。让我们以史为鉴，携手共创更加辉煌的未来。

第三章 中国近现代海洋理论与实践的演进与探索

在中国近现代的历史长河中，海洋理论与实践的演进与探索，不仅是中国社会发展的缩影，更是国家兴衰起伏的见证。从毛泽东时期将海防提升至国家战略高度，到邓小平时期顺应时代潮流推动海洋开放，再到习近平总书记立足新时代提出构建海洋命运共同体理念，中国对海洋的认识与利用不断深化，海洋战略与实践不断创新。这一过程不仅彰显了中国共产党对海洋战略地位的深刻洞察，也反映了中国海洋治理理念的持续进步。通过系统梳理中国近现代海洋理论与实践的演进脉络，探讨其背后的历史逻辑与现实意义，并对未来中国海洋事业的发展进行展望，以期为新时代的海洋强国建设提供有益的借鉴与启示。

第一节　毛泽东关于海洋与发展的战略思考

一、历史沧桑与海洋战略的觉醒

回望历史的长廊，自 1840 年鸦片战争至 1949 年新中国诞生的百余年风雨兼程中，中国饱尝了海上外敌入侵的苦难，遭受了英、美、法、德、俄、日、奥、意八国联军的铁蹄践踏，海疆破碎，国耻难忘。这段屈辱的历程，如同警钟时刻警醒着国人勿忘国耻，振兴中华。彼时，中国虽坐拥漫长海岸线，却如同不设防的门户，任由列强长驱直入，海洋成了国家安全的软肋。

新中国成立后，以毛泽东同志为核心的党的第一代中央领导集体，以深邃的历史洞察力和战略远见，深刻汲取了百余年的惨痛教训，将目光投向了那片辽阔而深邃的海洋。他们将海防提升至国家战略的高度，明确提出"海防为我国今后主要的国防前线"这一振聋发聩的论断。在毛泽东的眼中，海洋绝非仅仅是地理上的广阔水域，而是国家防御的坚固屏障，是抵御外敌入侵的关键要塞。一旦海防失守，国家将陷入万劫不复的境地。

在此基础上，毛泽东高瞻远瞩地提出了"建设一支强大的海军"的战略方针。他深知，海军是海洋的守护者，是实现海防战略的中流砥柱。没有一支强大的海军，中国漫长的海岸防线将形同虚设，无法有效抵御外来侵略。唯有铸就一支钢铁之师，方能在浩瀚的海洋上捍卫国家主权，守护民族尊严。这一战略方针，犹如一座灯塔，照亮了新中国海洋事业发展的航程，为国家的海洋安全指明了方向。

二、海洋事业的初步奠基与蓬勃发展

（一）海军的崛起与海洋管理机构的建立

在战略方针的指引下，1949 年 4 月 23 日，一个具有里程碑意义的日子，中国人民解放军海军在江苏泰州白马庙庄严宣告成立。这一历史性的时刻，标志着中国终于拥有了一支属于自己的海上劲旅，彻底结束了有海无防的屈辱历史。海军的成立，如同为祖国的海疆筑起了一道坚不可摧的钢铁长城，守护着国家的安宁与和平。

然而，新生的海军面临着诸多挑战。舰艇匮乏，且多为老旧装备；人才短缺，专业海军人才更是凤毛麟角。面对重重困难，党中央毅然决然地采取了果断措施。一方面，从陆军中精心挑选优秀官兵，充实海军队伍，这些英勇的战士带着坚定的信念和顽强的斗志，为海军注入了勃勃生机；另一方面，大力兴办海军教育，先后创建了大连海军学校、青岛海军潜艇学校等高等学府，为海军培养了大批高素质的专业人才。

与此同时，海洋管理机构的设立也被提上了日程。1964 年 7 月，经全国人大常委会审议通过，国务院决定设立国家海洋局，由海军代管。国家海洋局的成立，标志着我国海洋管理工作步入了规范化、专业化的轨道。它肩负起海洋资源调查、海洋环境监测、海洋权益维护等重任，为海洋事业的健康发展提供了坚实的组织保障。

在这一时期，海洋科学研究与教育也迎来了春天。1959 年 1 月，新中国海洋科学研究的摇篮——中国科学院海洋研究所应运而生。这里汇聚了众多顶尖的海洋科学家，他们在海洋物理、海洋化学、海洋生物等领域开展了深入的探索与研究，取得了一系列举世瞩目的成果。同年3月，第一所海洋综合性大学——山东海洋学院也宣告成立，为海洋事业培养了大批优秀的专业人才，为海洋科学的发展注入了新的活力。

（二）海洋资源的开发与海洋产业的复兴

在加强海军建设和设立机构的同时，毛泽东同志也高度重视海洋资源的开发与海洋产业的复兴。传统海洋渔业、盐业、航运业作为海洋经济的重要支柱，得到了重点扶持与发展。

在渔业领域，1950年2月，第一届全国渔业会议在北京隆重召开。会议明确了渔业生产"先恢复后发展，集中领导、分散经营"的方针。此后，政府积极组织渔民恢复生产，发放渔业贷款，提供先进的渔具和技术支持，使渔业生产迅速焕发生机。到1956年，全国水产品产量已从新中国成立初期的45万吨跃升至264万吨，渔业在国民经济中的地位日益凸显。

盐业作为我国的古老产业，同样迎来了新的发展机遇。政府加大了对盐场的改造和建设力度，改进生产工艺，提高生产效率。到1957年，全国原盐产量达到827.6万吨，不仅满足了国内市场的需求，还实现了部分出口，为国家赚取了宝贵的外汇收入。航运业也迎来了蓬勃发展的春天。新中国成立后，政府迅速接管了旧中国的航运企业，对船舶进行修复和购置，开辟了新的航线。1951年，中国人民轮船总公司成立，标志着我国航运业开始步入规模化、专业化的发展轨道。到1957年年底，我国沿海主要港口的货物吞吐量已达到3 100万吨，较新中国成立初期有了显著增长。

为了更好地开发海洋资源，我国还积极开展海洋资源调查工作。1956年，周恩来总理亲自组织制定了《1956—1967年科学技术发展远景规划纲要》，明确提出开展海洋资源综合调查研究的任务。此后，约2 000名海洋调查人员历经3年多的艰苦努力，踏遍了我国绝大部分近海区域，完成了第一次全国海洋综合调查。这次调查获取了大量关于海洋地质、地貌、水文、气象、生物等方面的宝贵资料，为我国海洋资源的开发利用提供了科学依据。

三、海洋权益的捍卫与制度的确立

（一）坚决捍卫领海主权

新中国成立初期，领海主权面临着严峻的挑战。外国军舰频繁在我国近海游弋，严重威胁着我国的安全与主权。在毛泽东的坚定领导下，我国展开了一系列坚决捍卫领海主权的行动，向世界展示了中国人民捍卫国家主权的决心与勇气。

1949 年 4 月 20 日，一个震惊中外的日子，"紫石英"号事件爆发。当时，英国海军远东舰队"紫石英"号护卫舰无视中国主权，擅自闯入中国人民解放军的渡江作战区域，对我军造成严重威胁。面对这一挑衅行为，中国人民解放军果断开炮还击，击伤了"紫石英"号，并成功拦截了企图救援的多艘英国军舰。这一英勇行动，犹如一记重锤，有力地打击了外国侵略者的嚣张气焰，彻底终结了外国军舰在中国内河肆意横行的屈辱历史，彰显了新中国维护领海主权的坚定立场。

此后，我国又陆续收回了领水的驻军权、内河航行权、海关权等一系列长期被外国列强霸占的权益。这些权益的收回，为我国的领海主权筑起了一道道坚实的防线，使我国在海洋领域的主权得到了切实保障。在毛泽东的战略指引下，我国以坚定的意志和果敢的行动，向世界宣告了中国领海不容侵犯的神圣原则，任何企图侵犯我国领海主权的行为都将遭到坚决的回击。

（二）领海制度的科学确立

1958 年，国际形势风云变幻，我国面临着复杂的海洋安全局势。在这一关键时刻，毛泽东同志高瞻远瞩，果断决策，指示周恩来总理组织相关专家对领海宽度问题进行深入研究。

当时，国际上对于领海宽度的界定存在着诸多争议，3 海里和 12 海里两种观点针锋相对。西方军事强国为了自身的侵略扩张利益，极力主张 3 海里的领海宽度，以便其军舰能够更自由地在他国近海活动。然而，我国的海洋地理条件和国家安全需求决定了 3 海里的领海宽度远远无法满足我国的实际需要。我国海岸线漫长，近海分布着众多重要的岛屿和港湾，而且拥有丰富的海洋资源，若采用 3 海里领海宽度，我国的海洋权益将难以得到有效保障，国家安全也将面临巨大威胁。

经过深入的调研和严谨的论证，我国专家们一致认为，12 海里的领海宽度更符合我国的国情和长远利益。这一宽度不仅能够为我国提供更广阔的海洋防御纵深，有效抵御外部海上威胁，还能更好地保护我国的海洋资源和沿海经济活动。

1958 年 9 月 4 日，我国政府正式发表《中华人民共和国政府关于领海的声明》，郑重宣布我国的领海宽度为12海里。这一声明犹如一颗重磅炸弹，在国际社会引起了强烈反响。它向全世界宣告了中国对领海主权的坚定捍卫和维护海洋权益的坚定决心。这一决策不仅有力地维护了我国的海洋主权和安全，还为我国海洋事业的长远发展奠定了坚实的基础。从此，12海里领海制度成为我国海洋领域的重要基石，为我国在海洋上的发展和权益保护提供了有力的制度保障。

第二节　邓小平的海洋开放战略与思想贡献

一、海洋开放战略的提出与时代背景

20世纪70年代，国际形势风云变幻，和平与发展逐渐取代战争与对抗，成为时代的主流。与此同时，经济全球化的浪潮席卷全球，各国纷纷敞开国门，加强经济交流与合作，积极融入世界经济体系。在这一时代背景下，中国若要实现经济的快速发展和国家的繁荣富强，就必须顺应时代潮流，打破封闭状态，勇敢地走向世界。

1978年，党的十一届三中全会胜利召开，作出了实行改革开放的历史性决策，标志着中国改革开放新纪元的开启。邓小平同志，作为改革开放的总设计师，以其高瞻远瞩的战略眼光和敏锐的洞察力，深刻认识到海洋在中国经济发展和对外开放中的战略地位。中国的发展必须面向海洋，充分利用海洋资源和海洋空间，加强与世界各国的经济联系与合作。在邓小平的大力倡导和推动下，中国的海洋开放战略逐渐形成并付诸实践，为中国海洋事业的发展开辟了广阔的道路。

二、海洋经略思想的深化与实践探索

（一）沿海地区的开放浪潮与资源开发战略

在邓小平海洋开放战略的指引下，中国采取了一系列具体而有力的举措，推动沿海地区的开放与海洋资源的深度开发。1980年5月，中央决定在深圳、珠海、汕头和厦门设立经济特区，赋予这些地区特殊的经济政策，吸引外资、引进技术，大力发展外向型经济。经济特区的设立，犹如在沿海地区点燃了一把熊熊烈火，为中国的对外开放和经济发展注入了强大的动力。这些特区凭借其得天独厚的地理位置和优惠的政策环境，迅速

吸引了大量国内外投资，成为中国经济发展的前沿阵地和窗口。

1984 年，中国进一步扩大沿海地区的开放范围，将大连、秦皇岛、天津、烟台、青岛、连云港、南通、上海、宁波、温州、福州、广州、湛江、北海 14 个沿海港口城市纳入开放行列。国家对这些城市放宽了利用外资建设项目的审批权限，增加了外汇使用额度和外汇贷款，积极支持利用外资改造老企业，引进先进技术和管理经验，并对中外合资、合作经营企业及外商独资企业给予了一系列优惠待遇。这一举措极大地促进了沿海地区的经济发展，使沿海地区成为中国对外开放的重要窗口和经济发展的重要引擎。

1985 年 2 月，珠江三角洲、长江三角洲和闽南厦漳泉三角地区被开辟为沿海经济开放区。1988 年，辽东半岛、胶东半岛也相继对外开放。至此，中国沿海地区形成了从经济特区到沿海开放城市，再到沿海经济开放区的多层次、全方位的开放格局。这一格局的形成，不仅促进了沿海地区的经济繁荣，也带动了内地经济的发展，为中国海洋经济的腾飞奠定了坚实的基础。沿海地区充分利用自身的区位优势和政策优势，积极发展外向型经济，加强与国际市场的接轨，推动了中国经济的国际化进程。

在海洋资源的开发方面，中国加大了对海洋渔业、海洋油气等资源的勘探与开发力度。在渔业领域，不断引进先进的捕捞技术和养殖技术，提高渔业生产效率，同时加强了对渔业资源的保护和管理，实施休渔制度，促进渔业资源的可持续发展。在海洋油气资源开发上，中国积极与国际石油公司合作，引进先进的勘探和开采技术，先后在渤海、东海、南海等海域发现了多个大型油气田，为中国的能源供应提供了重要保障。此外，中国还积极开拓远海公土，加强对南极、北极和大洋的科学考察与研究，取得了一系列重要成果，提升了中国在国际极地事务中的地位和影响力。

（二）海洋经济的蓬勃发展与产业优化升级

广东作为中国改革开放的前沿阵地，在沿海开发和海洋战略实施方面发挥了重要的示范引领作用。1979 年，广东提出在深圳、珠海、汕头兴办出口加工区，得到中央的批准并成为首批沿海经济特区。深圳、珠海、汕头三个经济特区的成立，为广东海洋经济的发展创造了难得的历史机遇。此后，广州、湛江等沿海城市经济技术开发区的创办和农村家庭联产承包责任制在沿海农村的实施，为广东海洋经济的发展奠定了坚实的制度基础。

1992 年邓小平同志南方谈话后，广东在全国率先以省委、省政府名义召开海洋工作会议，研究制定海洋发展战略，正式吹响了向海洋进军的号角。此后，广东先后召开了七次全省海洋工作会议，并以省委、省政府的名义相继出台了一系列政策文件，对海洋开发作出了全面部署。这些政策文件的出台，为广东海洋事业的快速发展注入了强大的动力，推动了海洋经济的蓬勃发展和产业结构的优化升级。

在一系列政策的推动下，广东海洋经济取得了辉煌成就。海洋生产总值连续多年保持全国首位，海洋产业结构不断优化升级。传统海洋渔业向现代化、可持续方向发展，海洋油气、海洋船舶、海洋生物医药等新兴产业蓬勃兴起，成为广东海洋经济的重要增长点。同时，广东在海洋科技创新方面也取得了显著成果，拥有一批高水平的海洋科研机构和创新平台，为海洋经济的发展提供了有力的技术支撑。广东在海洋资源开发利用、海洋环境保护、海洋管理等方面积累了丰富的经验，为全国海洋事业的发展提供了宝贵的借鉴。

三、海洋合作的深化与国际参与的拓展

（一）海洋合作理念的倡导与实践

在海洋争端的处理上，邓小平同志以其深邃的战略眼光和非凡的政治智慧，创造性地提出了"搁置争议、共同开发"的伟大构想。这一构想的提出，有着深刻的历史背景和战略考量。当时，中国在南海、东海等海域面临着复杂的领土争端问题，这些争端不仅涉及国家主权和领土完整，还关系到地区的和平与稳定。在国际形势复杂多变的情况下，武力解决争端可能会引发更大的冲突和动荡，不利于中国的发展和国际形象。

邓小平同志高瞻远瞩地指出："有些国际上的领土争端，可以先不谈主权，先进行共同开发。"他认为，对于南沙群岛等存在争议的地区，应暂时搁置主权争议，将重点放在资源开发与合作上。通过共同开发，实现互利共赢，增进争端各方的利益交融，为最终解决主权争端创造有利条件。这一构想的核心在于通过合作来缓解矛盾，促进地区的和平与稳定，体现了邓小平同志对和平解决国际争端的坚定信念和对国家长远利益的深刻洞察。

"搁置争议、共同开发"理念的提出，为解决国际海洋争端提供了全新的思路和方法，具有重大的理论与实践意义。在理论层面，它打破了传

统的争端解决模式，不再将主权争议作为解决问题的前置条件，而是倡导通过合作来缓解矛盾，为国际关系理论的发展做出了重要贡献。在实践层面，它为中国处理海洋争端提供了灵活的策略选择，为中国与周边国家的友好合作奠定了基础，促进了地区的和平与稳定。这一理念的提出，向世界展示了中国作为一个负责任大国的形象，彰显了中国致力于通过和平方式解决国际争端的决心和诚意。

（二）积极参与极地科考等国际活动

在邓小平海洋开放战略的指引下，中国积极参与国际海洋活动，其中两极科考的开展具有里程碑式的意义。1984 年 11 月 20 日，中国首支南极考察队乘坐"向阳红 10 号"科考船，从上海出发，踏上了前往南极的征途。此次航程远达 1.2 万海里，历时 60 多天，考察队克服了重重困难和挑战，最终成功抵达南极。1985 年 2 月 20 日，中国在南极乔治王岛建成了第一个南极科考站——长城站。长城站的建成，标志着中国南极科学考察进入了一个崭新的阶段，为中国在南极地区开展科学研究、资源勘探等活动提供了重要的基地和平台。

此后，中国在南极的科考事业不断发展壮大。1989 年 2 月 26 日，中国第二个南极科考站——中山站建成。中山站的建立，进一步拓展了中国在南极的科考范围和能力，使中国能够在更广泛的领域和更深层次上开展科学研究。2009 年 1 月 27 日，中国首个南极内陆科考站——昆仑站建成。昆仑站位于南极内陆冰盖最高点冰穹 A 地区，这里的自然环境极其恶劣，但蕴含着丰富的科学研究价值和意义。昆仑站的建成，使中国在南极内陆科学研究方面取得了重大突破和进展，提升了中国在国际南极科学研究领域的地位和影响力。2014 年 2 月 8 日，泰山站建成，为中国南极科学考察提供了更为完善和先进的支撑平台和服务保障。

在北极科考方面，中国也取得了显著成就和进展。2004 年 7 月 28 日，中国在挪威斯瓦尔巴群岛建立了北极黄河站。黄河站的建立，使中国成为第八个在北极建立科考站的国家，为中国在北极地区开展科学研究、环境保护等活动提供了重要的平台和基地。通过在两极地区建立科考站，中国能够深入开展极地气象、冰川、海洋、生物等多学科的研究和探索，为全球气候变化研究、资源开发利用等提供了宝贵的数据和理论支持。

中国参与两极科考，不仅提升了自身的海洋科研水平和能力，还加强了与国际社会在海洋领域的合作与交流。在国际合作中，中国与其他国家分享科研成果和经验，共同开展科研项目和活动，为推动全球海洋科学事业的发展贡献了中国力量和智慧。中国的极地科考成果也为国际社会了解极地环境、应对气候变化等提供了重要参考和借鉴，提升了中国在国际海洋事务中的影响力和话语权。

第三节　习近平的海洋命运共同体理念的深度剖析

一、理念诞生的时代背景与战略意义

步入 21 世纪，海洋在全球发展中的战略地位愈发凸显，成为各国竞相角逐的重要领域。海洋不仅蕴藏着丰富的资源，如石油、天然气、可燃冰等能源宝藏，以及种类繁多的渔业资源，为人类社会的持续发展提供了坚实的物质基础；还以其广阔的空间，在交通运输、通信联络等方面发挥着不可替代的作用，成为国际贸易与文化交流的重要桥梁。据统计，全球超过九成的贸易运输依赖海运完成，海洋航道的畅通与否，直接关系到世界经济是否能稳定运行与繁荣。

然而，随着海洋开发利用的日益深入，一系列全球性海洋问题也愈发严峻。海洋环境污染问题日益凸显，石油泄漏、塑料垃圾排放等人为活动导致海洋生态系统遭受严重破坏，众多海洋生物的生存面临严重威胁。过度捕捞现象屡禁不止，使得渔业资源逐渐枯竭，不仅影响了沿海地区居民的生计，也对全球粮食安全构成了挑战。同时，海洋权益争端频发，各国在海域划界、岛屿归属等问题上分歧不断，给地区和平与稳定带来了巨大挑战。

更为紧迫的是，现有的全球海洋治理体系难以有效应对这些复杂问题。传统的治理模式存在诸多弊端，如治理主体单一，以主权国家为主，国际组织、非政府组织等多元主体的作用未能得到充分发挥；治理机制缺乏协调性，不同的治理机构和规则之间冲突不断，导致治理效率低下，难以形成合力。在这种背景下，国际社会迫切需要一种全新的理念和方案，来推动全球海洋治理体系的变革与完善，促进海洋的可持续发展。

正是在这样的时代背景下，习近平总书记站在人类命运共同体的高度，提出了构建海洋命运共同体的重要理念，为解决全球海洋问题提供了中国智慧和中国方案。这一理念的提出，不仅体现了中国对海洋问题的深

刻洞察与前瞻思考，也彰显了中国作为负责任大国的担当与贡献。

二、海洋命运共同体的核心理念与时代价值探析

（一）核心理念的系统阐释

"海洋命运共同体"理念的目标愿景涵盖了政治、安全、经济、文化、生态等多个维度，旨在构建一个和谐共生、可持续发展的海洋世界。

在政治层面，该理念倡导各国在海洋事务中相互尊重、平等协商，摒弃霸权主义与强权政治，遵循国际法和国际准则，共同参与海洋治理决策。各国应在国际海洋事务中享有平等的话语权，通过对话与合作解决海洋争端，共同维护海洋秩序的公平与公正，推动构建和平稳定的海洋政治新秩序。

在安全层面，该理念秉持共同、综合、合作、可持续的安全观，强调各国在海洋安全领域的共同责任。各国应携手应对海上恐怖主义、海盗活动、跨国犯罪等非传统安全威胁，以及海洋权益争端等传统安全挑战。通过加强海上军事互信、开展联合巡逻与演习等合作方式，共同维护海洋的和平与安宁，确保各国在海洋上的合法权益不受侵犯。

在经济层面，该理念与创新、协调、绿色、开放、共享的新发展理念内涵一致，推动海洋经济的可持续发展。各国应加强海洋资源开发利用的合作，共同开展海洋科研与技术创新，促进海洋产业的升级与转型。通过共建海洋基础设施、拓展海洋贸易与投资等途径，实现海洋经济的互利共赢，让海洋经济发展成果惠及更多国家和人民，共同推动全球经济的繁荣与发展。

在文化层面，该理念致力于弘扬海洋文化的多元性，促进不同国家和地区海洋文化的交流与互鉴。鼓励各国挖掘和传承自身的海洋文化遗产，分享海洋文化的智慧与魅力。通过举办海洋文化节、开展海洋文化研究合作等活动，增进各国人民对海洋文化的理解与认同，推动海洋文化的繁荣与发展，构建开放包容的海洋文化交流平台，促进人类文明的多样性与共同进步。

在生态层面，该理念倡导像对待生命一样关爱海洋，将海洋生态文明建设纳入海洋开发总体布局。各国应加强海洋环境保护与治理的合作，共同应对海洋污染、生态破坏等问题。通过实施可持续的海洋资源开发策

略、加强海洋生态系统保护与修复等措施，实现海洋生态环境的可持续发展，为子孙后代留下一片碧海蓝天，守护人类共同的蓝色家园。

（二）对传统海洋治理理念的超越与革新

"海洋命运共同体"理念的提出，在深刻洞察传统海洋治理理念弊端的基础上，为全球海洋治理提供了全新的思路与方向，实现了对"人类中心主义""国家中心主义"以及"西方中心主义"的超越与革新。

"人类中心主义"在海洋治理中过度强调人类对海洋的主宰与征服，片面追求经济利益，忽视了海洋生态系统的内在价值及其与人类的相互依存关系。这种理念导致人类对海洋资源的过度开发与掠夺，引发了海洋生态环境的恶化，如海洋污染加剧、生物多样性锐减等问题。与之不同，"海洋命运共同体"理念从人类与海洋的发展伦理出发，主张科学把握人类整体利益与海洋可持续发展的辩证统一关系，将海洋生态文明建设纳入海洋开发总体布局。它强调海洋开发应遵循合规律性与合目的性的原则，促进人类与海洋的和谐共生、协同进化，为子孙后代创造良好的海洋生态环境，实现人与海洋的和谐共生。

"国家中心主义"在海洋治理中过度突出国家行为主体的主导作用，尤其是少数西方大国凭借其强大的经济、军事和科技实力，在全球海洋治理中占据主导地位，追求本国利益的最大化，忽视了其他国家尤其是发展中国家的合理诉求。在这种理念下，全球海洋治理机制往往缺乏公正性和民主性，难以有效应对日益复杂的海洋问题。"海洋命运共同体"理念则倡导海洋治理主体的多元化，充分发挥国际组织、非政府组织、企业和社会个人等多元主体的能动性与创造性。它鼓励各国在海洋治理中平等协商、合作共赢，着眼于不同国家之间的合作互动，共同应对全球性海洋挑战，推动全球海洋治理朝着更加公正、合理、有效的方向发展，构建人类共享的海洋治理体系。

"西方中心主义"主导下的海洋治理理念，实质是西方国家凭借其海洋经济、科技和军事优势，推行资本主义海洋文明，以实现资本的逐利与扩张。这种理念加剧了西方传统海洋大国与新兴海洋国家之间的矛盾与冲突，不利于全球海洋治理的稳定与发展。"海洋命运共同体"理念则坚持在以联合国为核心的国际体系下，构建共商共建共享的海洋治理模式。它强调共商是前提，各国应充分讨论与协商海洋治理事务；共建是行动路径，海洋治理制度规则和政策主张应以《联合国海洋法公约》为基本准则；共享是目标导向，世界人民应公平公正地享有海洋资源与海洋红利。通过这种方式，促进西方海洋霸权型治理向世界海洋权利型治理转变，推动建立更加公平合理的全球海洋治理新秩序，实现海洋资源的共享与共赢。

（三）时代价值的深度挖掘

"海洋命运共同体"理念具有重大的时代价值，为推动全球海洋治理变革、促进海洋可持续发展以及构建新型国际关系提供了中国智慧和中国方案。

在推动全球海洋治理方面，该理念有助于打破传统治理模式的局限，促进治理主体的多元化与合作。倡导各国共商共建共享海洋治理事务，能够充分调动国际组织、非政府组织、企业和社会个人等多元主体的积极性，形成全球海洋治理的合力。这有利于解决当前全球海洋治理中存在的治理主体单一、治理机制缺乏协调性等问题，提高治理效率，推动全球海洋治理体系朝着更加公正、合理、有效的方向发展。例如，在海洋环境保护领域，各国可以通过共同制定海洋环境保护规则、开展联合监测与治理行动等方式，加强对海洋环境的保护与治理。在国际组织的协调下，各国可以分享海洋环境保护的经验与技术，共同应对海洋污染等全球性挑战，推动全球海洋环境的持续改善。

对于促进海洋可持续发展而言，"海洋命运共同体"理念强调经济发展与生态保护的平衡，为海洋资源的合理开发利用提供了重要指导。它促使各国在开发海洋资源时，充分考虑海洋生态环境的承载能力，采用可持续的开发方式，避免过度开发和资源浪费。这有助于保护海洋生态系统的完整性和稳定性，实现海洋资源的可持续利用，保障人类社会的长远发展。以海洋渔业为例，各国可以通过实施科学的捕捞配额制度、加强渔业资源养护等措施，实现渔业资源的可持续利用和渔业的可持续发展。同时，各国还可以加强在海洋新能源开发、海洋科技创新等领域的合作，推动海洋经济向绿色、低碳方向转型，为海洋的可持续发展注入新的活力。

从构建新型国际关系的角度看，该理念倡导各国在海洋领域秉持合作共赢的原则，有助于增进各国之间的互信与合作，减少海洋权益争端和冲突。通过加强海洋领域的合作，各国可以实现优势互补，共同发展，为构建和平、稳定、合作的新型国际关系奠定坚实基础。在"21世纪海上丝绸之路"建设中，中国与沿线国家在海洋领域开展了广泛而深入的合作，包括港口建设、海洋贸易、海洋科研等方面。这些合作不仅促进了沿线国家的经济发展与繁荣，也增进了各国之间的友好关系与相互理解，为构建新型国际关系提供了有益实践与宝贵经验。

三、海洋命运共同体理念的实施路径与现实意义探讨

（一）实施策略的系统规划

实现"海洋命运共同体"这一宏伟目标，需要从多个维度采取切实可行的策略。进一步阐释"海洋命运共同体"的内涵与外延十分必要，以提升国际社会的共识与认同。该理念源自"人类命运共同体"与"和谐海洋"的深刻内涵，蕴含着丰富的原则与精神。借助"五位一体"总体布局的分析框架，可以将其政治目标阐述为不称霸、和平发展，倡导各国在海洋事务中摒弃霸权主义，平等协商解决争端；安全目标则是各国坚守自身正当权益，同时尊重他国利益，中国奉行防御性国防政策，与各国携手维护海洋安全；经济目标是运用创新、协调、绿色、开放、共享的新发展理念，推动海洋经济不断壮大，实现合作共赢，促进各国在海洋资源开发、产业发展等方面的深度合作；文化目标是弘扬中国特色社会主义核心价值观，构建开放包容、相互借鉴的海洋文化体系，增进不同国家海洋文化的交流与理解；生态目标是保护海洋环境，构建可持续发展的海洋生态系统，守护海洋的生态平衡与生物多样性。通过深入阐释这些内容和目标，能够让各国更清晰地认识到"海洋命运共同体"的价值与意义，从而提升对这一理念的认同与支持。

依法合理地解决各类海洋争议问题，是安定海洋环境、维护海洋秩序的关键所在。随着各国对海洋开发利用的深入，海洋价值日益凸显，海洋争议问题也不断涌现。解决这些争议需遵循依法治海的原则，这里的"法"主要指国际社会普遍接受的国际法原则、规则和制度，尤其是条约和国际习惯法。当对相关内容存在争议时，各相关方应积极沟通协调，通过对话与协商达成共识后妥善解决争议。以和平方式解决海洋争议，既能确保公平公正，又能维持海洋环境的稳定与安宁，保障海洋安全与秩序的有序运行。例如，在南海争端中，中国一直主张通过和平谈判和协商，依

据国际法解决争议，与东盟国家共同推进"南海行为准则"的磋商与制定，为维护南海地区的和平与稳定发挥了积极作用。

采用多种模式合作构建"海洋命运共同体"，以实现利益共享与共赢发展。从海洋区域或空间范围来看，可分为地中海、南海、东海命运共同体以及极地（南极、北极）命运共同体等；按海洋功能分类，则包括海洋生物资源、海洋环境保护、海洋科学研究、海洋技术或海洋装备共同体等；从海洋专业领域划分，有海洋政治、海洋安全、海洋经济、海洋文化和海洋生态共同体等。各国应根据实际情况，如政经关系、难易程度、重要价值、能力建设等，分阶段、有步骤地推进合作进程。在海洋环境保护方面，各国可共同开展海洋污染监测与治理项目，分享环保技术和经验成果；在海洋经济领域，加强海洋贸易往来与合作开发海洋资源，推动海洋产业协同发展与创新升级；在海洋科研领域，各国科研团队应加强合作与交流，共享研究数据与成果资源，共同探索海洋的奥秘与未知领域。通过多方多维合作与共享共赢发展，实现人海共生的美好愿景与可持续发展目标。

（二）现实意义的深远分析

"海洋命运共同体"理念的提出，对中国乃至全球都具有深远的现实意义与战略价值。就提升中国海洋话语权而言，该理念为中国在国际海洋事务中提供了全新的话语体系与表达平台。与二战后美国主导建立的以自身利益为核心的国际海洋秩序不同，"海洋命运共同体"强调平等、合作、共享的原则与精神。中国凭借这一理念，积极参与国际海洋规则的制定与完善过程，提出符合大多数国家利益的海洋治理方案与建议，吸引了众多国家的响应与支持。在国际海洋组织中，中国基于"海洋命运共同体"理念，推动了一系列海洋合作项目的开展与实施，使得中国的海洋主张得到更广泛的传播与认可，从而有效提升了中国在国际海洋事务中的话语权与影响力。

从促进国际海洋合作层面来看，"海洋命运共同体"理念为各国开展海洋合作搭建了广阔的平台与桥梁。在海洋资源开发领域，各国依据该理念摒弃以往的恶性竞争与零和博弈思维，开展联合勘探与开发项目合作。在海洋渔业资源开发中，各国共同制定科学的捕捞规划与管理策略，合理分配捕捞配额与资源利用份额，实现渔业资源的可持续利用与保护目标。

在海洋环境保护方面，各国携手应对海洋污染、生态破坏等全球性挑战与问题。共同开展海洋垃圾清理与生态修复行动项目，加强对海洋污染源的监管与控制力度；合作研发海洋生态修复技术与保护策略方案，推动海洋生态环境的持续改善与提升。在海洋科研领域方面，各国科研团队加强合作与交流互动活动频率与质量水平；共享研究数据与成果资源信息；联合开展海洋科学考察与探索活动项目；共同推动海洋科学技术的创新与发展进程。这些合作举措不仅促进了各国在海洋领域的共同发展与进步繁荣局面形成；也增进了各国人民之间的友谊与相互理解信任程度加深；为构建和平稳定繁荣发展的新型国际关系奠定了坚实基础与广阔前景。

在推动全球海洋治理体系变革方面，"海洋命运共同体"理念发挥着重要的引领作用与推动作用。当前全球海洋治理体系存在诸多弊端与不足，亟待解决：如治理主体单一化现象严重，治理机制缺乏协调性与有效性等。"海洋命运共同体"理念倡导治理主体的多元化、发展路径的多样性；鼓励国际组织、非政府组织、企业和社会个人等多元主体积极参与到海洋治理的活动中来；共同推动全球海洋治理体系的变革与完善，加快促进目标达成，同时该理念还推动治理机制朝着更加公平、合理、有效、协调的方向发展，意义深远。

展望未来，中国海洋事业前景广阔，充满机遇与挑战。在海洋强国建设征程中，我国需持续强化海洋科技创新。加大对深海探测、海洋新能源开发、海洋生物制药等关键技术的研发投入，实现从"跟跑"向"领跑"的转变。研发更先进的深海探测器，深入探索海洋深处的奥秘，为资源开发和环境保护提供技术支撑；大力发展海洋新能源，如海上风能、潮汐能等，推动能源结构的优化升级，实现可持续发展。

在海洋经济领域，应着力优化产业结构，培育壮大海洋战略性新兴产业。推动海洋高端装备制造、海洋信息科技等产业的发展，提升海洋经济的质量与效益。加强海洋产业与其他产业的融合，拓展海洋经济的发展空间。促进海洋旅游业与文化产业的深度融合，打造具有特色的海洋文化旅游产品，提升海洋经济的附加值。

海洋生态环境保护也是未来发展的重点。要进一步加强海洋生态系统的保护与修复，严格控制海洋污染排放，推进海洋生态文明建设。实施严格的海洋生态保护红线制度，加强对海洋自然保护区的管理，保护海洋生物多样性。加强海洋污染治理，提高海洋环境质量，为海洋生物提供良好的生存环境。

全球海洋治理方面，中国将继续秉持海洋命运共同体理念，积极参与国际海洋事务，贡献中国智慧与方案。加强与各国在海洋环境保护、资源开发、安全保障等方面的合作，共同应对全球性海洋挑战。在国际海洋组织中发挥更大作用，推动建立更加公平合理的国际海洋秩序。与周边国家共同开展海洋环境保护合作项目，分享海洋治理经验，共同维护海洋的和平与稳定。

第四章 海洋经济文化融合发展的理论体系与深度剖析

随着全球人口增长、陆地资源日益紧张，海洋作为地球上最后一片尚未充分开发的资源宝库，正逐渐成为各国经济发展的重要战略方向。在科技进步的推动下，海洋开发热潮在全球范围内兴起，海洋经济迅速崛起，成为世界经济增长的新引擎。据统计，全球海洋经济总量已超过3万亿美元，并且保持着较高的增长速度。在海洋经济快速发展的同时，海洋文化也愈发受到重视。海洋文化作为人类在海洋活动中创造的物质财富和精神财富的总和，蕴含着丰富的历史、艺术、民俗等元素，具有独特的魅力和价值。海洋文化不仅是海洋经济发展的重要支撑，还能通过文化产业、旅游等形式直接创造经济效益。

我国作为海洋大国，拥有约300万平方千米的主张管辖海域和1.8万千米的大陆海岸线，海洋资源丰富，海洋经济发展潜力巨大。近年来，我国海洋经济取得了显著成就，海洋生产总值持续增长，2023年达到9.9万亿元，占国内生产总值的比重保持在8%左右，海洋经济已成为国民经济的重要组成部分。然而，在海洋经济发展过程中，也面临着一些问题和挑战。一方面，产业结构不合理，传统海洋产业如海洋渔业、海洋交通运输业等占比较大，而海洋生物医药、海洋新能源、海洋高端装备制造等新兴产业发展相对滞后，产业附加值较低，缺乏核心竞争力；另一方面，海洋经济发展与海洋文化的融合程度不够，海洋文化的价值尚未得到充分挖掘和利用，未能形成强大的文化品牌和产业优势。此外，海洋生态环境问题也日益突出，海洋污染、生态破坏等对海洋经济和海洋文化的可持续发展构成威胁。

在这样的背景下，深入研究海洋经济文化融合发展，探索两者相互促进、协同发展的有效路径，具有重要的现实意义。通过推动海洋经济与海洋文化的深度融合，不仅可以优化海洋产业结构，提升海洋经济的文化内涵和附加值，增强海洋经济的竞争力，还能促进海洋文化的传承与创新，丰富海洋文化的表现形式和传播渠道，实现海洋经济与海洋文化的良性互动和共同繁荣。

第一节　海洋经济文化融合发展的内涵、特征与动力

一、海洋经济文化的融合本质与内涵阐述

（一）海洋经济的内涵与范畴

海洋经济作为一个综合性的经济概念，其内涵丰富且范畴广泛。国务院发布的《全国海洋经济发展规划纲要》给出定义：海洋经济是开发利用海洋的各类产业及相关经济活动的总和。这一概念强调了海洋经济不仅涵盖了直接从海洋获取资源或依托海洋空间进行的生产活动，还包括与之相关联的上下游产业以及各类服务性活动。从产业类型来看，海洋经济的主要产业包括海洋渔业、海洋交通运输业、海洋船舶工业、海盐业、海洋油气业、滨海旅游业等。

海洋渔业是人类利用海洋生物资源进行捕捞和养殖的产业，是海洋经济中最古老且基础的产业之一。随着科技的发展，现代海洋渔业已从传统的捕捞方式向可持续的养殖和高效捕捞相结合的方向转变，如深海养殖技术的应用，使得鱼类等海产品的产量和质量都得到了提升。海洋交通运输业则是利用海洋航道进行货物运输和旅客运输的产业，在全球贸易中占据着举足轻重的地位。全球90%以上的国际贸易货物通过海运完成，像中国的上海港、宁波舟山港等，都是世界知名的集装箱大港，承担着大量的货物吞吐任务，推动着全球经济的交流与合作。

海洋船舶工业是为海洋开发和海洋运输提供装备的产业，其发展水平直接影响着海洋经济的其他领域。从传统的木质船舶到现代的钢铁巨轮，再到高科技的智能船舶，海洋船舶工业不断创新发展，为海洋经济的发展提供了强大的技术支持。海盐业是利用海水生产盐类产品的产业，我国是世界上海盐产量最大的国家之一，长芦盐场、布袋盐场等都是我国重要的海盐生产基地。海洋油气业是勘探、开发和生产海洋石油和天然气的产

业，随着海洋勘探技术的不断进步，海洋油气资源的开发规模不断扩大，成为保障国家能源安全的重要力量。滨海旅游业以滨海地区的自然风光、海洋文化和海洋活动为吸引物，为游客提供休闲、度假、娱乐等服务，近年来发展迅速，如三亚的亚龙湾、青岛的海滨浴场等，每年都吸引着大量游客前来体验海洋风情。

除了上述主要产业，海洋经济还涵盖了海洋生物制药、海洋新能源、海洋信息服务等新兴产业。海洋生物制药利用海洋生物中的活性物质研发药物，具有广阔的发展前景。海洋新能源包括潮汐能、波浪能、海流能等，这些清洁能源的开发利用有助于缓解全球能源危机和减少环境污染。海洋信息服务则为海洋经济活动提供数据、监测、预报等服务，如海洋气象预报、海洋环境监测等，对于保障海洋经济活动的安全和高效运行起着重要作用。

（二）海洋文化的内涵与表现形式

海洋文化是人类在与海洋长期互动过程中形成的，与海洋相关的物质财富和精神财富的总和。它不仅体现了人类对海洋的认知、利用和探索，还反映了海洋对人类社会、经济、生活等方面的深远影响。海洋文化的内涵丰富多样，涵盖了人类在海洋活动中所创造的各种文化形态，包括海洋民俗、海洋艺术、航海文化、海洋信仰等多个方面。

海洋民俗是海洋文化的重要组成部分，它反映了沿海地区居民在长期的海洋生活中形成的独特风俗习惯。例如，在一些沿海地区，渔民出海前会举行盛大的祭海仪式，祈求海神保佑出海平安、渔业丰收。这些祭海仪式通常伴随着丰富的传统表演，如舞龙、舞狮、戏曲等，体现了当地人民对海洋的敬畏和感恩之情。不同地区的海洋民俗也各具特色，像福建等地的妈祖信仰，妈祖被视为海上保护神，每年都会有大量信众前往妈祖庙朝拜，形成了独特的妈祖文化。

海洋艺术以海洋为主题，通过绘画、音乐、舞蹈、文学等多种艺术形式展现海洋的魅力和海洋文化的内涵。在绘画领域，许多艺术家以海洋为创作灵感，描绘出大海的壮丽景色、海洋生物的奇妙形态以及海上生活的场景。如画家透纳的海景画，以其独特的色彩和光影表现，展现了海洋的磅礴气势和变幻莫测。在音乐方面，一些沿海地区的渔民号子，节奏明快、富有力量，是渔民们在海上劳作时的精神寄托，也是海洋文化的生动体现。海洋文学作品更是丰富多彩，如《老人与海》《白鲸》等经典文学作品，以海洋为背景，讲述了人类与海洋的斗争、人与自然的关系，展现了海洋文化的深邃内涵。

航海文化是海洋文化的核心内容之一，它包含了人类在航海过程中积累的知识、技术、经验以及形成的价值观和精神品质。从古代的帆船航海到现代的远洋航行，航海技术的不断进步推动了人类对海洋的探索和认识。在航海文化中，勇敢、冒险、坚韧不拔的精神是其重要特征。航海家们不畏艰险，勇于挑战未知的海洋，开辟了一条条新的航线，促进了不同地区之间的经济文化交流。例如，郑和下西洋，率领庞大的船队远航至亚非多个国家和地区，不仅展示了中国古代航海技术的高超水平，还传播了中华文化，加强了中国与世界各国的友好往来。

海洋信仰是沿海地区居民对海洋神灵的崇拜和信仰，它反映了人们对海洋的敬畏和对美好生活的向往。除了前面提到的妈祖信仰，在北欧地区，人们崇拜海神波塞冬，认为他掌管着海洋的力量，能够保佑航海安全。这些海洋信仰不仅在民间流传，还对当地的建筑、艺术等产生了影响，如一些沿海地区的妈祖庙、海神雕像等，都是海洋信仰的物质载体。

（三）海洋经济与文化融合的本质

海洋经济与海洋文化的融合，本质上是一个相互渗透、相互促进的动态过程。在这一过程中，海洋经济为海洋文化的发展提供了物质基础和实践平台，而海洋文化则为海洋经济的发展注入了精神动力、文化内涵和创新元素，二者相辅相成，共同推动着海洋领域的繁荣发展。

从海洋经济对海洋文化的影响来看，随着海洋经济的发展，人们对海洋的开发和利用不断深入，这使得海洋文化的内涵和表现形式更加丰富多样。以海洋渔业为例，渔业生产的发展不仅带来了丰富的海产品，还孕育了独特的渔业文化。渔民们在长期的捕捞和养殖过程中，形成了独特的生产技艺和生活习俗，如独特的渔具制作工艺、渔船装饰风格等，这些都成为海洋文化的重要组成部分。同时，海洋经济的发展也为海洋文化的传承和传播提供了物质保障。例如，发达的海洋交通运输业使得不同地区的海洋文化得以交流和融合，促进了海洋文化的多元化发展。现代化的海洋旅游设施和服务，为游客提供了更好的海洋文化体验，使更多人能够了解和感受海洋文化的魅力。

海洋文化对海洋经济的推动作用也十分显著。海洋文化中的创新精神和冒险精神，激发了人们对海洋资源的探索和开发热情，推动了海洋经济的技术创新和产业升级。在航海文化的影响下，人们不断改进航海技术，开发新的海洋航线，促进了海洋交通运输业的发展。海洋文化中的品牌价值和文化吸引力，能够提升海洋产品和服务的附加值，增强海洋经济的竞争力。以海洋文化旅游为例，将海洋文化元素融入旅游产品中，打造具有海洋文化特色的旅游景区和项目，如海洋主题公园、海洋文化博物馆等，能够吸引更多游客，提高旅游收入。海洋文化还能够促进海洋产业的融合发展，如海洋文化与海洋渔业、海洋船舶工业等的融合，催生了海洋文化创意产品、海洋文化演艺等新兴业态，为海洋经济的发展开辟了新的增长点。

在现实中，海洋经济与文化融合的现象屡见不鲜。例如，一些沿海城市利用当地的海洋文化资源，举办海洋文化节等活动，吸引了大量游客和商家参与。在这些活动中，不仅有精彩的海洋文化表演、展览，还有海洋特色产品展销、海洋经济项目洽谈等活动，实现了海洋文化与海洋经济的有机结合。又如，一些海洋企业将海洋文化元素融入产品设计和品牌建设中，打造出具有独特海洋文化魅力的产品，提高了产品的市场竞争力。像某海洋食品企业，以海洋文化中的海洋生物形象为灵感，设计了独特的产品包装，同时在产品宣传中融入海洋文化故事，使得产品在市场上脱颖而出，取得了良好的经济效益。

二、海洋经济文化融合发展的主要特征剖析

(一) 产业关联性

海洋经济与文化产业之间存在着紧密的产业关联性，这种关联性体现在多个层面。从产业链的角度来看，海洋经济的各个产业环节为文化产业提供了丰富的素材和资源，而文化产业则通过创意、设计、营销等手段，为海洋经济产业赋予了更高的附加值和文化内涵，两者相互促进，形成了完整的产业链条。

以海洋渔业为例，海洋渔业不仅为市场提供了丰富的海产品，还衍生出了一系列与渔业相关的文化产业。在一些沿海地区，渔民们的传统捕捞技艺、独特的渔具制作工艺以及渔业节庆活动等，都成了极具吸引力的文化元素。这些文化元素被融入旅游、文化创意产品开发等领域，形成了独特的海洋渔业文化产业。游客可以参与到渔民的出海捕捞活动中，亲身体验渔业生产的过程，感受海洋文化的魅力；同时，以渔业文化为主题的手

工艺品、纪念品等也深受消费者喜爱，进一步拓展了海洋渔业的产业链。

在海洋交通运输业方面，其与文化产业的融合也十分显著。港口作为海洋交通运输的重要节点，不仅是货物运输的枢纽，还承载着丰富的历史文化内涵。许多港口城市都利用其独特的港口文化，打造了集旅游、休闲、文化展示于一体的港口文化产业。例如，上海的十六铺码头，曾经是上海重要的客运码头，如今已被改造成为一个具有历史文化特色的旅游景点。在这里，游客可以欣赏到黄浦江两岸的美丽风光，了解上海的航运历史，还可以参与各种文化活动，如码头音乐会、艺术展览等。港口文化产业的发展，不仅提升了港口的知名度和影响力，还带动了周边地区的经济发展。

海洋旅游业更是海洋经济与文化产业融合的典型代表。海洋旅游以其独特的海洋风光、丰富的海洋文化和多样的海洋活动，吸引了大量游客。在海洋旅游中，游客不仅可以欣赏到美丽的海景，还可以深入了解当地的海洋文化，如海洋民俗、海洋艺术、航海文化等。海洋旅游景区通过举办各种文化活动，如海洋文化节、海鲜美食节等，丰富了游客的旅游体验，提升了景区的文化内涵。同时，海洋旅游也带动了相关文化产业的发展，如海洋文化演艺、海洋文化创意产品开发等。一些海洋旅游景区推出了具有当地特色的海洋文化演出，将海洋文化与艺术表演相结合，深受游客喜爱；海洋文化创意产品则以海洋文化为主题，设计制作出各种具有纪念意义的产品，如海洋主题的饰品、文具、玩具等，满足了游客的购物需求。

（二）地域特色性

不同地区的海洋经济文化融合发展具有鲜明的地域特色性，这是由各地独特的海洋资源和悠久的历史文化所决定的。海洋资源的分布不均衡，使得不同地区在海洋经济发展的侧重点上存在差异，而历史文化的传承和演变则赋予了各地海洋文化独特的内涵和表现形式。

在我国，山东青岛凭借其优越的地理位置和丰富的海洋资源，形成了独具特色的海洋经济文化融合发展模式。青岛拥有漫长的海岸线和美丽的海滩，海洋旅游资源得天独厚。同时，青岛还具有深厚的海洋文化底蕴，如古老的海洋渔业文化、近代的航海文化等。在海洋经济文化融合发展过程中，青岛充分发挥自身优势，打造了一系列具有海洋文化特色的旅游项目。青岛国际啤酒节，将海洋文化与啤酒文化相结合，吸引了来自世界各地的游客。在啤酒节期间，不仅有各种品牌的啤酒供游客品尝，还有精彩的文艺表演、海洋文化展览等活动，展示了青岛独特的海洋文化魅力。青岛还建设了众多海洋主题公园和博物馆，如青岛海昌极地海洋公园、青岛海军博物馆等，为游客提供了深入了解海洋文化的场所。

福建厦门则以其独特的闽南海洋文化为核心，推动海洋经济文化的融合发展。闽南地区自古以来就有航海通商的传统，形成了独特的海洋文化。厦门利用这一文化优势，发展了海洋文化旅游、海洋文化创意等产业。鼓浪屿作为厦门的著名旅游景点，拥有众多具有海洋文化特色的建筑和历史遗迹，如菽庄花园、八卦楼等。这些建筑融合了中西方建筑风格，体现了闽南海洋文化的开放性和包容性。厦门还注重海洋文化创意产业的发展，鼓励企业和艺术家挖掘闽南海洋文化元素，开发出了一系列具有地方特色的海洋文化创意产品，如闽南海洋风情的手绘明信片、海洋主题的陶瓷工艺品等。

在国外，挪威的峡湾地区以其壮观的峡湾风光和独特的海洋文化，成为海洋经济文化融合发展的典范。挪威峡湾拥有世界上最美丽的峡湾之一，其壮丽的自然风光吸引了大量游客。同时，挪威峡湾地区还保留着古老的渔业文化和航海文化，当地居民的生活方式和传统习俗都与海洋息息相关。在海洋经济文化融合发展过程中，挪威峡湾地区充分利用这些优势，发展了高端的海洋旅游产业。游客可以乘坐游船欣赏峡湾的美景，参观当地的渔村，了解渔民的生活和传统渔业文化。挪威峡湾地区还注重海洋文化的保护和传承，通过举办各种文化活动，如海洋文化节、传统渔业比赛等，弘扬海洋文化，增强当地居民的文化认同感和自豪感。

（三）创新驱动性

创新在海洋经济文化融合发展中发挥着至关重要的作用，是推动海洋经济文化融合发展的核心动力。随着科技的不断进步和社会的发展，创新在海洋经济文化领域的应用越来越广泛，涵盖了新技术、新模式、新业态等多个方面。

在新技术应用方面，大数据、人工智能、虚拟现实等先进技术为海洋经济文化融合发展提供了新的手段和平台。大数据技术可以帮助企业深入了解市场需求和消费者偏好，从而精准开发海洋文化产品和服务。通过对游客的旅游行为数据、消费数据等进行分析，旅游企业可以了解游客的兴趣点和需求，开发出更符合市场需求的海洋旅游产品。人工智能技术则可以应用于海洋文化的传播和展示，如利用智能语音导览系统，为游客提供更加便捷、个性化的海洋文化讲解服务；利用虚拟现实技术，打造沉浸式的海洋文化体验场景，让游客身临其境地感受海洋文化的魅力。在一些海洋博物馆中，利用虚拟现实技术，游客可以仿佛置身于海底世界，与海洋生物亲密接触，深入了解海洋生态系统和海洋文化。

在新模式探索方面，海洋经济文化融合发展催生了许多新的商业模式。共享经济模式在海洋领域的应用，为海洋经济文化融合发展带来了新的机遇。共享游艇、共享潜水装备等共享海洋旅游资源的模式，降低了游客的旅游成本，提高了资源的利用效率。线上线下融合的商业模式也在海洋经济文化领域得到了广泛应用。许多海洋文化旅游企业通过建立线上平台，开展线上营销和预订服务，同时结合线下的旅游体验活动，为游客提供更加便捷、全面的服务。一些海洋文化创意产品企业也通过线上电商平台销售产品，拓展了销售渠道，提高了产品的知名度和市场占有率。

新业态的出现也是海洋经济文化融合发展创新驱动性的重要体现。海洋文化创意产业作为一种新兴业态，将海洋文化与创意设计、科技等元素相结合，开发出了一系列具有创新性和高附加值的产品和服务。海洋文化主题的动漫、游戏、影视等作品，以其独特的海洋文化魅力吸引了大量观众和玩家，不仅传播了海洋文化，还创造了巨大的经济效益。海洋科普教育产业也是近年来兴起的新业态，通过开展海洋科普展览、科普讲座、科普研学等活动，增强了公众对海洋的认识和了解，培养了人们的海洋保护意识，同时也为海洋经济文化融合发展培养了潜在的消费群体。

三、海洋经济文化融合发展的主要动力探寻

（一）政策支持与引导

国家和地方政策在海洋经济文化融合发展中发挥着关键的推动作用，为其提供了明确的方向指引、坚实的资金保障和有力的制度支撑。在国家层面，一系列战略规划和政策文件的出台，彰显了对海洋经济文化融合发展的高度重视。《"十四五"海洋经济发展规划》明确提出，要推动海洋文化与旅游、体育等产业深度融合，培育海洋文化新业态，打造一批具有国际影响力的海洋文化品牌。这一规划为海洋经济文化融合发展指明了方向，促使各地积极探索符合自身特色的融合发展路径。

国家还通过财政、税收等政策手段，为海洋经济文化融合发展提供资金支持。设立海洋经济发展专项资金，对海洋文化产业项目、海洋文化科

技创新等给予补贴和奖励。对从事海洋文化产业的企业，给予税收优惠政策，降低企业运营成本，提高企业发展积极性。在税收方面，对海洋文化创意产品的研发、生产和销售给予税收减免，鼓励企业加大创新投入，开发更多具有市场竞争力的海洋文化产品。

地方政府也纷纷出台相关政策，因地制宜地推动海洋经济文化融合发展。一些沿海城市制定了专门的海洋文化产业发展规划，明确了发展目标和重点任务。青岛市发布了《青岛市海洋文化产业发展规划（2021—2025年)》，提出要打造海洋文化产业高地，培育海洋文化旅游、海洋文化创意、海洋影视等重点产业，通过政策引导和资金扶持，吸引了众多海洋文化企业落户青岛，推动了海洋经济文化的快速融合发展。

地方政府还通过举办各类海洋文化活动，营造良好的发展氛围。举办海洋文化节、海洋文化博览会等活动，为海洋文化企业搭建展示和交流的平台，促进海洋文化产业的资源整合和协同发展。如厦门举办的海洋文化节，吸引了来自全国各地的海洋文化企业和艺术家参与，展示了丰富多样的海洋文化产品和艺术作品，提升了厦门海洋文化的知名度和影响力。

政策支持与引导还体现在对海洋文化遗产保护和传承的重视上。政府加大对海洋文化遗产的保护力度，制定相关法律法规，加强对海洋文化遗址、古建筑、传统技艺等的保护和修复。设立海洋文化遗产保护专项资金，支持海洋文化遗产的保护和研究工作。通过保护和传承海洋文化遗产，为海洋经济文化融合发展提供了深厚的文化底蕴。

（二）市场需求拉动

随着人们生活水平的提高和消费观念的转变，消费者对海洋文化产品和服务的需求日益增长，这种市场需求成为推动海洋经济文化融合发展的重要动力。在旅游市场，海洋文化旅游受到越来越多游客的青睐。游客不再满足于传统的观光旅游，而是更追求具有文化内涵和独特体验的旅游产品。海洋文化旅游正好满足了游客的这一需求，它将海洋文化与旅游活动相结合，让游客在欣赏海洋美景的同时，深入了解海洋文化的内涵。

以三亚为例，作为我国著名的海滨旅游城市，三亚充分利用其丰富的海洋文化资源，开发了一系列海洋文化旅游产品。游客可以参观南山文化旅游区，感受海洋佛教文化的博大精深；可以前往蜈支洲岛，体验潜水、海钓等海洋休闲活动，同时了解海岛文化；还可以参加三亚国际海洋文化节，欣赏海洋文化表演、品尝海鲜美食，全方位感受海洋文化的魅力。这些海洋文化旅游产品吸引了大量游客前来三亚旅游。据统计，2023 年三亚接待游客数量超过 2 000 万人次，旅游总收入达到 300 多亿元，海洋文化旅游成为三亚经济发展的重要支柱产业。

在文化消费市场，海洋文化创意产品也备受消费者喜爱。海洋文化创意产品以海洋文化为主题，通过创意设计和现代工艺，将海洋文化元素融入各种产品中，如饰品、文具、玩具、家居用品等。这些产品不仅具有实用价值，还蕴含着丰富的海洋文化内涵，满足了消费者对个性化、文化化产品的需求。某海洋文化创意公司推出的海洋主题饰品，以海洋生物、海洋元素为设计灵感，采用独特的工艺制作而成，产品一经推出便受到市场的热烈追捧，年销售额达到数千万元。该公司还不断创新，推出了海洋文化主题的文具、玩具等产品，进一步拓展了市场份额。

海洋文化演艺市场也呈现出蓬勃发展的态势。海洋文化演艺将音乐、舞蹈、戏剧等艺术形式与海洋文化相结合，打造出具有震撼力和感染力的演出作品。如大连的《蓝色梦幻》海洋主题演出，通过精彩的舞蹈编排、绚丽的舞台效果和富有海洋文化特色的音乐，展现了海洋的神秘与美丽，吸引了众多观众前来观看。许多海洋文化演艺作品还融入了当地的海洋民俗文化，让观众在欣赏演出的同时，深入了解当地的海洋文化传统。

市场需求的拉动还促使企业不断创新，开发出更多符合市场需求的海洋文化产品和服务。企业通过市场调研，了解消费者的需求和偏好，结合海洋文化资源，进行产品和服务的创新设计。一些旅游企业针对亲子家庭推出了海洋科普研学旅游产品，让孩子们在游玩中学习海洋知识，培养对海洋的热爱之情；一些文化企业开发了海洋文化主题的虚拟现实（VR）、增强现实（AR）体验产品，为消费者提供了更加沉浸式的海洋文化体验。

（三）技术创新推动

海洋科技和信息技术的飞速发展，为海洋经济文化融合发展提供了强大的技术支撑，成为推动海洋经济文化融合发展的重要动力。在海洋科技方面，先进的海洋探测技术、海洋资源开发技术等为海洋经济文化融合发展提供了新的机遇和可能性。海洋探测技术的进步，使得人们对海洋的认识更加深入，为开发海洋文化资源提供了科学依据。通过深海探测技术，许多海底文化遗址和海洋生物新物种被发现，这些都成了海洋文化开发的重要素材。

海洋资源开发技术的创新，推动了海洋产业的升级和发展，也为海洋文化与海洋产业的融合创造了条件。在海洋渔业领域，智能化养殖技术的应用，提高了渔业生产效率和产品质量，同时也为发展海洋渔业文化旅游提供了基础。游客可以参观智能化渔业养殖基地，了解现代渔业生产技术，体验渔业文化。在海洋能源领域，海上风力发电技术的发展，不仅为能源供应提供了新的途径，还成了海洋文化旅游的新景点。一些海上风力发电场成了游客参观的热门地点，游客可以近距离感受海洋能源的魅力。

信息技术的发展，尤其是大数据、人工智能、虚拟现实（VR）、增强现实（AR）等技术的广泛应用，为海洋经济文化融合发展带来了新的变革。大数据技术可以帮助企业深入了解市场需求和消费者行为，为海洋文化产品和服务的开发提供精准的市场定位。通过对游客的旅游偏好、消费习惯等数据进行分析，旅游企业可以开发出更符合市场需求的海洋文化旅游产品。人工智能技术可以应用于海洋文化的传播和展示，如智能语音导览系统、虚拟讲解员等，为游客提供更加便捷、个性化的服务。

VR 和 AR 技术的应用，为海洋文化体验带来了全新的方式。通过 VR 技术，游客可以身临其境地感受海底世界的奇妙，参观海洋文化遗址，仿佛置身于历史的长河中。一些海洋博物馆利用 VR 技术，打造了虚拟展厅，游客可以通过佩戴 VR 设备，全方位参观博物馆的展品，了解海洋文化的历史和内涵。AR 技术则可以将海洋文化元素与现实场景相结合，创造出更加生动有趣的体验。在一些海洋主题公园，游客可以通过手机 APP 扫描特定的区域，就可以看到虚拟的海洋生物、海洋文化场景等，增加了游玩的趣味性和互动性。

技术创新还促进了海洋文化产业的数字化发展。海洋文化企业通过数字化技术，将海洋文化资源转化为数字产品，如数字图书、数字音乐、数字影视等，拓宽了海洋文化的传播渠道和市场空间。一些海洋文化企业开发了海洋文化主题的手机游戏，将海洋文化知识融入游戏中，让玩家在游戏中学习海洋文化，受到了广大玩家的喜爱。

第二节　海洋经济文化融合发展的理论源流与演进

一、国内外海洋经济文化融合理论的发展历程回顾

（一）国外理论发展历程

国外对海洋经济的研究起步较早，早期主要集中在海洋资源开发与利用的经济层面。19 世纪末 20 世纪初，随着工业革命的推进，海洋资源的经济价值日益凸显，学者们开始关注海洋渔业、海洋运输等传统海洋产业的经济规律。亚当·斯密在《国富论》中虽未直接提及海洋经济，但他关于劳动分工和市场机制的理论，为海洋经济产业分工和贸易发展提供了理论基础。在海洋渔业领域，学者们研究了渔业资源的可持续利用与经济效益之间的关系，提出了合理捕捞、渔业养殖等理念，以实现渔业资源的最大化利用和经济效益的提升。

20 世纪中叶以后，随着海洋开发技术的不断进步，海洋经济的研究范围逐渐扩大，涵盖了海洋油气、海洋矿产等新兴领域。美国学者拉尔德·J. 曼贡在《美国海洋政策》中最早提出"海洋经济"的概念，随后，海洋经济的核算方式、产业结构等成为研究热点。在海洋油气开发方面，学者们研究了油气资源的勘探、开采成本与收益，以及对地区经济发展的带动作用。这一时期的研究主要侧重于海洋经济的产业分析和经济增长贡献，为海洋经济的发展提供了初步的理论框架。

海洋文化与经济融合的理论形成于 20 世纪后期，随着文化产业的兴起和人们对文化价值的重新认识，海洋文化在经济发展中的作用逐渐受到关注。学者们开始研究海洋文化与海洋经济之间的相互关系，认为海洋文化不仅是海洋经济发展的精神动力，还能通过文化产业、旅游等形式直接创造经济效益。挪威学者对该国峡湾地区的研究发现，峡湾独特的海洋文化吸引了大量游客，推动了当地旅游业的发展，进而带动了相关服务业和制造业的繁荣。海洋文化中的航海传统、渔业习俗等元素被融入旅游产品中，增加了旅游的文化内涵和吸引力。

进入 21 世纪，随着全球化进程的加速和知识经济的兴起，国外海洋经济文化融合理论进一步发展，更加注重创新驱动和可持续发展。学者们研究了如何利用现代科技和创新理念，推动海洋文化产业的升级和创新，实

现海洋经济与文化的深度融合。在海洋文化创意产业方面，利用数字技术、虚拟现实等手段，开发出具有创新性的海洋文化产品，如海洋主题的数字游戏、虚拟展览等，拓展了海洋文化的传播渠道和市场空间。对海洋经济文化融合发展的可持续性研究也日益深入，关注海洋生态环境保护、文化遗产保护与经济发展的平衡，提出了可持续发展的战略和模式。

（二）国内理论发展历程

我国古代就有丰富的海洋经济思想，早在秦汉时期，海洋渔业和海洋贸易就已兴起。《史记·货殖列传》中记载了沿海地区的渔业生产和贸易活动，反映了当时人们对海洋资源的利用和海洋经济的初步认识。唐宋时期，海上丝绸之路的繁荣进一步推动了海洋贸易的发展，广州、泉州等港口成为重要的贸易枢纽，海洋经济在国家经济中的地位日益重要。这一时期的海洋经济思想主要体现在对海洋贸易的重视和管理上，如设立市舶司管理对外贸易，制定相关的贸易政策和税收制度。

明清时期，虽然实行了海禁政策，但海洋经济仍在一定程度上发展。沿海地区的渔业、盐业等传统海洋产业不断壮大，同时，民间的海上贸易也时有发生。在这一时期，海洋文化与海洋经济的联系逐渐显现，如渔民的海洋信仰、航海习俗等文化元素与渔业生产和贸易活动相互交融。妈祖信仰在沿海地区广泛传播，成为渔民们出海的精神寄托，同时也促进了沿海地区的文化交流和经济发展。

现代海洋经济文化融合理论的发展始于 20 世纪 80 年代，随着改革开放的推进，我国海洋经济迎来了快速发展的机遇。学者们开始系统研究海洋经济的理论和实践问题，借鉴国外先进经验，结合我国国情，提出了一系列发展海洋经济的战略和政策建议。在海洋经济产业结构调整方面，提出了优化传统海洋产业、培育新兴海洋产业的发展思路，推动海洋经济向多元化、高端化方向发展。

随着对海洋文化价值的深入挖掘，海洋经济与文化融合的研究逐渐成为热点。学者们认为，海洋文化是海洋经济发展的重要支撑，具有丰富的内涵和独特的魅力。将海洋文化元素融入海洋经济产业中，可以提升产业的文化附加值和竞争力。在海洋文化旅游方面，各地纷纷开发具有海洋文化特色的旅游产品，如海洋主题公园、海洋文化博物馆等，吸引了大量游客，促进了当地经济的发展。在海洋文化产业方面，鼓励发展海洋文化创意、海洋影视、海洋音乐等产业，推动海洋文化的创新和传播。

近年来，国内海洋经济文化融合理论不断完善，更加注重多学科交叉研究和实践应用。运用经济学、文化学、生态学等多学科的理论和方法，深入研究海洋经济文化融合发展的内在规律和机制。在实践应用方面，通过开展海洋经济文化融合发展示范区建设、举办海洋文化节庆活动等，探索海洋经济文化融合发展的新模式和新路径，为我国海洋经济文化的繁荣发展提供了理论支持和实践经验。

二、海洋经济文化融合发展的理论框架构建

（一）融合发展的理论基础

产业融合理论：产业融合理论认为，随着技术进步和市场需求的变化，不同产业之间的边界逐渐模糊，通过产业间的相互渗透、交叉和重组，形成新的产业形态和商业模式。在海洋经济文化融合发展中，产业融合理论具有重要的指导意义。以海洋文化旅游产业为例，它是海洋经济中的旅游业与海洋文化产业相互融合的产物。传统的海洋旅游业主要以观光为主，而随着海洋文化产业的发展，海洋文化元素如海洋民俗、海洋艺术、航海文化等被融入海洋旅游中，形成了海洋文化旅游这一新兴产业形态。游客在海洋文化旅游中，不仅可以欣赏到美丽的海洋风光，还能深入了解海洋文化的内涵，参与各种具有海洋文化特色的活动，如海洋文化节、海洋民俗体验等。这种融合不仅丰富了海洋旅游的产品和服务，提升了游客的旅游体验，还促进了海洋文化的传承和传播，实现了海洋经济与文化的协同发展。在海洋文化创意产业中，也体现了产业融合的趋势。海洋文化创意产业将海洋文化与创意设计、科技等产业相结合，利用现代信息技术和创新理念，开发出一系列具有创新性和高附加值的海洋文化产品，如海洋主题的动漫、游戏、影视、文创产品等。这些产品不仅具有文化价值，还具有经济价值，推动了海洋经济的多元化发展。

文化经济学理论：文化经济学理论研究文化与经济之间的相互关系，认为文化不仅具有意识形态属性，还具有经济属性，能够通过文化产业、文化消费等形式创造经济效益。在海洋经济文化融合发展中，文化经济学理论为挖掘海洋文化的经济价值提供了理论依据。海洋文化具有丰富的内涵和独特的魅力，通过文化经济学的视角，可以将海洋文化转化为经济资源，实现其经济价值的最大化。以海洋文化遗产的开发利用为例，文化经济学理论强调对海洋文化遗产的保护和传承，同时也注重其经济价值的挖

掘。通过对海洋文化遗产进行合理的开发和利用，如建设海洋文化博物馆、开发海洋文化旅游线路等，可以吸引游客前来参观和体验，带动相关产业的发展，创造经济效益。一些古老的渔村、灯塔等海洋文化遗产，经过保护性开发，成了具有吸引力的旅游景点，不仅保护了海洋文化遗产，还促进了当地经济的发展。在海洋文化产品的开发和营销中，文化经济学理论也发挥着重要作用。根据文化经济学的原理，消费者对文化产品的需求不仅取决于产品的实用性，还取决于其文化内涵和审美价值。因此，在开发海洋文化产品时，应注重挖掘海洋文化的内涵，提升产品的文化附加值，以满足消费者对文化产品的需求。通过创新营销手段，如利用社交媒体、网络平台等进行宣传推广，提高海洋文化产品的知名度和市场占有率，实现其经济价值。

可持续发展理论：可持续发展理论强调经济、社会和环境的协调发展，追求代际公平和资源的可持续利用。在海洋经济文化融合发展中，可持续发展理论是实现海洋经济文化长期稳定发展的重要保障。海洋生态环境是海洋经济和文化发展的基础，然而，随着海洋经济的快速发展，海洋生态环境面临着诸多挑战，如海洋污染、生态破坏等。因此，在海洋经济文化融合发展中，必须遵循可持续发展理论，注重海洋生态环境保护，实现海洋经济、文化与生态环境的协调发展。在海洋渔业发展中，应采用可持续的渔业养殖和捕捞方式，保护海洋渔业资源，避免过度捕捞和生态破坏。推广生态养殖技术，减少养殖过程中对海洋环境的污染；加强渔业资源的管理和监测，制定合理的捕捞配额，确保渔业资源的可持续利用。在海洋旅游开发中，也应注重生态环境保护，合理规划旅游项目，避免过度开发对海洋生态环境造成破坏。建设生态旅游景区，推广绿色旅游理念，引导游客文明旅游，减少对海洋环境的负面影响。可持续发展理论还强调海洋文化的传承和保护，认为海洋文化是人类文明的重要组成部分，应加以保护和传承，为后代留下宝贵的文化遗产。通过加强对海洋文化的研究、保护和传承，培养人们的海洋文化意识，促进海洋文化的可持续发展。

（二）理论框架的构成要素

海洋经济要素：海洋经济是海洋经济文化融合发展的重要基础，涵盖了众多产业领域。海洋渔业作为传统的海洋产业，在海洋经济中占据着重要地位。随着科技的进步，现代海洋渔业不断创新发展，养殖技术日益先进，如深海养殖、智能化养殖等，提高了渔业的产量和质量。海洋交通运输业是连接世界各国的重要纽带，全球贸易的大部分货物通过海运完成。我国拥有众多大型港口，如上海港、宁波舟山港等，这些港口的货物吞吐量巨大，为海洋经济的发展提供了强大的物流支持。海洋船舶工业是海洋经济的重要支撑产业，它为海洋开发和海洋运输提供了必要的装备。从传统的木质船舶到现代的高科技船舶，海洋船舶工业不断升级换代，推动了海洋经济的发展。海洋油气业是海洋经济的新兴产业，随着海洋勘探技术的不断进步，海洋油气资源的开发规模不断扩大，成为保障国家能源安全的重要力量。海洋新能源产业如潮汐能、波浪能、海流能等的开发利用，为海洋经济的可持续发展提供了新的动力。这些海洋经济产业之间相互关联、相互促进，构成了海洋经济的产业体系。海洋渔业的发展需要海洋交通运输业将渔产品运往各地市场，海洋油气业的开发需要海洋船舶工业提供勘探和开采设备，海洋新能源产业的发展则为其他海洋产业提供了清洁能源。

海洋文化要素：海洋文化是海洋经济文化融合发展的核心要素，具有丰富的内涵和多样的表现形式。海洋民俗文化是海洋文化的重要组成部分，它反映了沿海地区居民在长期的海洋生活中形成的独特风俗习惯。不同地区的海洋民俗文化各具特色，如福建等地的妈祖信仰，妈祖被视为海上保护神，每年都有大量信众前往妈祖庙朝拜，形成了独特的妈祖文化。渔民的出海仪式、渔业节庆等也是海洋民俗文化的重要内容，这些民俗活动不仅体现了渔民对海洋的敬畏和感恩之情，还传承了海洋文化的传统。海洋艺术文化以海洋为主题，通过绘画、音乐、舞蹈、文学等艺术形式展现海洋的魅力和海洋文化的内涵。许多画家以海洋为创作灵感，描绘出大海的壮丽景色和海洋生物的奇妙形态；音乐家创作的海洋主题音乐，如海浪声、海鸥声等元素融入其中，营造出独特的海洋氛围；舞蹈家通过舞蹈动作展现海洋的波涛汹涌和渔民的生活场景；海洋文学作品则以海洋为背景，讲述人类与海洋的故事，展现海洋文化的深邃内涵。航海文化是海洋文化的重要特征，它包含了人类在航海过程中积累的知识、技术、经验以及形成的价值观和精神品质。航海家们勇敢无畏，勇于挑战未知的海洋，开辟了一条条新的航线，促进了不同地区之间的经济文化交流。郑和下西洋就是航海文化的典型代表，它展示了中国古代航海技术的高超水平，传播了中华文化，加强了中国与世界各国的友好往来。

融合机制要素：海洋经济文化融合发展需要有效的融合机制来推动，包括政策引导机制、市场驱动机制和技术创新机制。政策引导机制是政府通过制定相关政策和规划，为海洋经济文化融合发展提供政策支持和方向指引。政府可以出台财政补贴、税收优惠等政策，鼓励企业参与海洋经济文化融合项目的开发；制定海洋经济文化融合发展的规划，明确发展目标和重点任务，引导资源向海洋经济文化融合领域集聚。国家出台的《"十四五"海洋经济发展规划》中明确提出要推动海洋文化与旅游、体育等产业深度融合，为海洋经济文化融合发展提供了政策依据。市场驱动机制是通过市场需求和竞争机制，引导企业和社会资本参与海洋经济文化融合发展。随着人们生活水平的提高，对海洋文化产品和服务的需求日益增长，市场需求成为推动海洋经济文化融合发展的重要动力。企业为了满足市场需求，不断创新产品和服务，将海洋文化元素融入海洋经济产业中，提升产品的附加值和市场竞争力。一些旅游企业开发出具有海洋文化特色的旅游产品，如海洋主题公园、海洋文化民宿等，受到了游客的欢迎。技术创新机制是通过科技创新为海洋经济文化融合发展提供技术支持和创新动力。海洋科技的发展，如海洋探测技术、海洋资源开发技术等，为海洋经济文化融合发展提供了新的机遇和可能性。信息技术的发展，如大数据、人工智能、虚拟现实等技术的应用，为海洋文化的传播和展示提供了新的手段，促进了海洋经济文化的融合发展。利用虚拟现实技术，游客可以身临其境地感受海底世界的奇妙，参观海洋文化遗址，增强了海洋文化的体验感和吸引力。

环境支撑要素：海洋生态环境是海洋经济文化融合发展的重要支撑，良好的海洋生态环境是海洋经济文化可持续发展的基础。海洋生态系统具有丰富的生物多样性，为海洋经济提供了丰富的资源，如渔业资源、海洋能源资源等。海洋生态环境还为海洋文化提供了独特的自然景观和文化背景，如美丽的海滩、神秘的海岛等，这些都是海洋文化的重要载体。然而，当前海洋生态环境面临着诸多挑战，如海洋污染、海洋生态破坏等。海洋污染主要来自工业废水、生活污水、农业面源污染以及海上石油泄漏等，这些污染物对海洋生态系统造成了严重破坏，影响了海洋生物的生存和繁衍。海洋生态破坏主要表现为珊瑚礁退化、红树林减少、海洋生物栖息地丧失等，这些问题不仅影响了海洋生态系统的平衡，还对海洋经济和文化的发展造成了不利影响。为了保护海洋生态环境，实现海洋经济文化的可持续发展，需要加强海洋环境保护和治理。政府应加强对海洋污染的监管，制定严格的环保标准和法律法规，加大对海洋污染行为的处罚力度；加强海洋生态保护和修复，通过建立海洋自然保护区、开展海洋生态修复工程等措施，保护海洋生物的栖息地，恢复海洋生态系统的功能。社会各界也应增强海洋环保意识，积极参与海洋环境保护行动，共同推动海洋经济文化与海洋生态环境的协调发展。

第三节　经济学、文化学与生态学视角下的融合理论

一、经济学视角下的海洋经济融合发展

（一）产业融合理论在海洋经济中的应用

产业融合理论认为，随着技术进步、市场需求变化以及政策法规的调整，不同产业之间的边界逐渐模糊，产业间通过相互渗透、交叉和重组，形成新的产业形态和商业模式。在海洋经济领域，产业融合已成为推动海洋经济发展的重要趋势。

海洋渔业与旅游、文化产业的融合是产业融合理论在海洋经济中的典型应用。传统的海洋渔业主要以捕捞和养殖为主，产业附加值较低。随着人们对休闲旅游和文化体验需求的增加，海洋渔业开始与旅游、文化产业融合，形成了海洋渔业文化旅游这一新兴产业形态。在一些沿海地区，渔民利用自家的渔船和渔业资源，开展"渔家乐"旅游项目，游客可以跟随渔民出海捕鱼，体验传统的渔业生产方式，品尝新鲜的海产品，同时还能了解当地的渔业文化和民俗风情。这种融合不仅为游客提供了独特的旅游体验，也为渔民增加了收入来源，拓展了海洋渔业的产业链。一些地区还以海洋渔业为主题，举办渔业文化节、海鲜美食节等活动，吸引了大量游客前来参与，进一步推动了海洋渔业与文化产业的融合发展。

海洋交通运输业与物流、信息产业的融合也体现了产业融合理论在海洋经济中的应用。随着全球贸易的不断发展，海洋交通运输业的重要性日益凸显。为了提高运输效率和服务质量，海洋交通运输业开始与物流、信息产业融合。通过建立智能化的物流信息平台，实现了货物运输的实时跟踪和管理，提高了物流配送的效率和准确性。一些港口还引入了自动化装卸设备和智能仓储系统，提高了港口的作业效率和货物处理能力。海洋交

通运输业与金融、保险等服务业的融合也在不断深化，为海洋运输提供了更加完善的金融服务和风险保障。

海洋油气业与新能源、制造业的融合也是产业融合理论在海洋经济中的重要体现。随着全球对能源需求的不断增长和对环境保护的日益重视，海洋油气业开始向多元化、绿色化方向发展。海洋油气企业积极开展新能源业务，如海上风电、潮汐能发电等，实现了能源的多元化供应。海洋油气业与制造业的融合也在不断加强，通过技术创新和产业升级，提高了海洋油气勘探、开采和生产设备的国产化水平，降低了生产成本，增强了海洋油气业的竞争力。

（二）海洋经济文化融合的经济效应分析

海洋经济文化融合发展对产业结构优化、经济增长和就业等方面都产生了积极的影响。

在产业结构优化方面，海洋经济文化融合促进了海洋产业的多元化发展，推动了产业结构的升级和优化。传统的海洋产业主要以海洋渔业、海洋交通运输业等为主，产业结构相对单一。随着海洋经济文化的融合发展，海洋文化旅游、海洋文化创意、海洋文化演艺等新兴产业不断涌现，丰富了海洋产业的业态，增加了海洋产业的附加值。这些新兴产业的发展，不仅带动了相关产业的发展，如餐饮、住宿、交通、购物等，还促进了海洋产业与其他产业的融合，形成了更加完整的产业链条。海洋文化旅游产业的发展，带动了海洋交通运输业、海洋渔业、海洋工艺品制造业等相关产业的发展，同时也促进了海洋文化与旅游、文化、体育等产业的融合，推动了产业结构的优化升级。

在经济增长方面，海洋经济文化融合为经济增长注入了新的动力。海洋文化旅游、海洋文化创意等产业的发展，吸引了大量的游客和消费者，增加了旅游收入和文化消费支出，带动了相关产业的发展，促进了经济增长。据统计，某沿海城市在发展海洋文化旅游产业后，旅游收入逐年增长，对当地经济增长的贡献率不断提高。海洋经济文化融合还促进了科技创新和技术进步，提高了生产效率和产品质量，进一步推动了经济增长。海洋文化创意产业的发展，需要运用现代科技手段进行创意设计和产品开发，这促进了科技创新和技术进步，提高了海洋文化产品的附加值和市场竞争力。

在就业方面，海洋经济文化融合创造了大量的就业机会。海洋文化旅游、海洋文化演艺等产业的发展，需要大量的服务人员、导游、演员、策划人员等，为社会提供了丰富的就业岗位。海洋文化创意产业的发展，也需要大量的创意设计人才、市场营销人才、技术研发人才等，为高校毕业生和专业人才提供了广阔的就业空间。一些沿海地区在发展海洋文化旅游产业后，当地居民的就业机会明显增加，就业结构得到了优化，促进了社会的稳定和发展。

二、文化学视角下的海洋文化融合发展

（一）文化传承与创新在海洋文化融合中的作用

海洋文化传承是海洋文化融合发展的根基，它承载着人类在海洋活动中积累的丰富历史、传统和价值观。海洋文化的传承不仅有助于保护海洋文化的多样性，还能为海洋文化的创新提供源泉和动力。在许多沿海地区，古老的海洋民俗文化代代相传，成为海洋文化的重要组成部分。福建等地的妈祖信仰，历经千年传承，至今仍在沿海地区广泛传播。这种信仰不仅是一种宗教仪式，更是海洋文化的一种象征，它体现了渔民们对海洋的敬畏和对美好生活的向往。妈祖信仰还衍生出了一系列的文化活动，如妈祖文化节、妈祖巡游等，这些活动吸引了大量的信众和游客，促进了海洋文化的传播和交流。

海洋文化的传承还体现在海洋艺术、航海文化等方面。海洋艺术作品如绘画、音乐、舞蹈等，以海洋为主题，展现了海洋的美丽和神秘，传承了海洋文化的独特魅力。一些沿海地区的渔民号子，节奏明快、富有力量，是渔民们在海上劳作时的精神寄托，也是海洋文化的生动体现。这些渔民号子通过口口相传的方式，传承至今，成为海洋文化的珍贵遗产。航海文化也是海洋文化传承的重要内容，古代航海家们的航海技术、航海经验和航海精神，通过航海日志、传说故事等形式得以传承，为现代航海事业的发展提供了宝贵的借鉴。

创新是海洋文化融合发展的核心动力，它推动着海洋文化不断适应时代的发展和变化，焕发出新的活力。在科技飞速发展的今天，创新为海洋文化的融合发展带来了新的机遇和挑战。利用现代科技手段，如虚拟现实（VR）、增强现实（AR）、人工智能等，能够为海洋文化的展示和传播提供全新的方式。通过 VR 技术，游客可以身临其境地感受海底世界的奇妙，参观海洋文化遗址，仿佛置身于历史的长河中。一些海洋博物馆利用 VR

技术，打造了虚拟展厅，游客可以通过佩戴 VR 设备，全方位参观博物馆的展品，了解海洋文化的历史和内涵。AR 技术则可以将海洋文化元素与现实场景相结合，创造出更加生动有趣的体验。在一些海洋主题公园，游客可以通过手机 APP 扫描特定的区域，就可以看到虚拟的海洋生物、海洋文化场景等，增加了游玩的趣味性和互动性。

创新还体现在海洋文化产品和服务的开发上。随着人们对海洋文化需求的不断增加，创新海洋文化产品和服务，能够满足不同人群的需求，增强海洋文化的市场竞争力。开发具有海洋文化特色的文创产品，如海洋主题的饰品、文具、玩具等，将海洋文化元素融入日常生活用品中，让人们在使用这些产品的同时，感受到海洋文化的魅力。发展海洋文化旅游服务，推出个性化的旅游线路和项目，如海洋文化深度游、海洋文化体验游等，满足游客对海洋文化的深入了解和体验需求。创新海洋文化演艺形式，将音乐、舞蹈、戏剧等艺术形式与海洋文化相结合，打造出具有震撼力和感染力的演出作品，吸引更多观众。

文化传承与创新在海洋文化融合中相互促进、相辅相成。传承为创新提供了基础和源泉，创新则为传承注入了新的活力和动力。只有在传承的基础上创新，在创新的过程中传承，才能实现海洋文化的融合发展，让海洋文化在现代社会中焕发出更加耀眼的光芒。在一些沿海地区，将传统的海洋渔业文化与现代旅游产业相结合，开发出了"渔家乐"旅游项目。游客可以跟随渔民出海捕鱼，体验传统的渔业生产方式，品尝新鲜的海产品，同时还能了解当地的渔业文化和民俗风情。这种将传承与创新相结合的方式，不仅保护了海洋渔业文化，还为当地经济发展带来了新的机遇。

（二）海洋文化对海洋经济发展的文化支撑作用

海洋文化作为海洋经济发展的重要精神动力，深刻影响着海洋经济活动中的主体意识和行为方式。海洋文化所蕴含的冒险精神、开拓精神和创新精神，激发了海洋从业者的积极性和创造力。在古代，航海家们凭借着对海洋的探索欲望和冒险精神，勇敢地驶向未知的海域，开辟了新的航线，促进了国际贸易的发展。这种冒险精神在现代海洋经济中依然发挥着重要作用，激励着海洋科技工作者不断探索海洋的奥秘，开发新的海洋资源和技术。

海洋文化中的团队合作精神也对海洋经济发展至关重要。在海洋渔业、海洋运输等行业中，团队成员之间的紧密合作是确保生产活动顺利进行的关键。渔民们在出海捕捞时，需要相互协作，共同应对海上的各种挑战；船员们在远洋航行中，也需要密切配合，保障船舶的安全航行。这种团队合作精神不仅提高了生产效率，还增强了海洋经济从业者的凝聚力和归属感。

海洋文化中的诚信观念和契约精神，为海洋经济活动提供了良好的道德规范和行为准则。在海洋贸易中，诚信是建立商业关系的基础，契约精神则保障了交易的公平和合法性。这种文化观念有助于营造良好的市场环境，促进海洋经济的健康发展。

海洋文化在海洋经济品牌塑造方面具有独特的价值，能够赋予海洋产品和服务丰富的文化内涵，提升其市场竞争力。以海洋渔业产品为例，一些具有地域特色的海产品，如舟山带鱼、大连海参等，因其产地独特的海洋文化背景而备受消费者青睐。这些海产品不仅具有高品质的特点，还承载着当地的海洋文化和历史记忆，成了具有文化价值的品牌产品。通过挖掘和传播海洋文化，将海洋文化元素融入产品包装、宣传推广中，能够提高产品的附加值，吸引更多消费者。

在海洋旅游领域，海洋文化更是塑造旅游品牌的核心要素。拥有独特海洋文化的旅游目的地，如青岛、厦门等，以其美丽的海滨风光、丰富的海洋文化和独特的海洋民俗，吸引了大量游客。这些城市通过打造海洋文化旅游品牌，举办各种海洋文化节庆活动，如青岛国际啤酒节、厦门国际海洋周等，提升了城市的知名度和美誉度，促进了海洋旅游业的发展。海洋文化还能够为海洋旅游产品和服务提供差异化竞争优势，如海洋文化主题的民宿、海洋文化体验项目等，满足了游客对个性化旅游的需求。

三、生态学视角下的海洋经济文化可持续发展

（一）海洋生态系统与海洋经济文化的相互关系

海洋生态系统是海洋经济和文化发展的重要基础，对海洋经济文化具有多方面的支撑作用。海洋生态系统为海洋经济提供了丰富的资源，是海洋渔业、海洋能源、海洋矿产等产业的物质基础。海洋渔业依赖于海洋中的鱼类、贝类等生物资源，这些资源的丰富程度直接影响着渔业的产量和经济效益。据统计，全球海洋渔业每年为人类提供了大量的蛋白质，是许多沿海地区居民的重要食物来源和经济支柱。海洋能源如潮汐能、波浪能、海流能等，也依赖于海洋生态系统的自然特性而存在，为海洋经济的

可持续发展提供了清洁能源。海洋矿产资源如石油、天然气、锰结核等，是海洋经济发展的重要战略资源，对国家的能源安全和经济发展具有重要意义。

海洋生态系统的多样性和稳定性对海洋经济的可持续发展至关重要。健康的海洋生态系统能够维持生物多样性，保障海洋资源的可持续利用。珊瑚礁、红树林等海洋生态系统，不仅为众多海洋生物提供了栖息和繁殖的场所，还能保护海岸线免受海浪侵蚀，维护海洋生态平衡。如果海洋生态系统遭到破坏，生物多样性减少，将会导致海洋资源的枯竭，影响海洋经济的可持续发展。过度捕捞会导致某些鱼类种群数量急剧减少，甚至灭绝，破坏海洋生态系统的食物链，进而影响整个海洋经济的发展。海洋污染也会对海洋生态系统造成严重破坏，影响海洋生物的生存和繁殖，降低海洋资源的质量和数量。

海洋生态系统还为海洋文化提供了独特的自然景观和文化背景。美丽的海滩、神秘的海岛、壮观的海洋生物等，都是海洋文化的重要载体，激发了人们对海洋的热爱和探索欲望。许多沿海地区的海洋文化，如海洋民俗、海洋艺术、航海文化等，都与海洋生态系统密切相关。渔民的出海仪式、海洋神话传说等，都体现了人们对海洋生态系统的敬畏和依赖。海洋生态系统中的自然景观，如三亚的亚龙湾、马尔代夫的海岛等，成了吸引游客的重要旅游资源，促进了海洋文化旅游的发展。

人类活动对海洋生态的影响也不容忽视，过度捕捞、海洋污染、海岸带开发等活动对海洋生态系统造成了严重破坏。过度捕捞是导致海洋生物资源减少的主要原因之一。随着全球人口的增长和对海产品需求的增加，许多地区的渔业捕捞强度不断加大，超过了海洋生物资源的再生能力。一些大型拖网渔船在捕捞过程中，不仅捕捞目标鱼类，还会误捕大量其他海洋生物，对海洋生态系统造成了极大的破坏。据统计，全球每年有数百万吨的非目标海洋生物被误捕后丢弃，造成了资源的浪费和生态的破坏。

海洋污染也是威胁海洋生态系统的重要因素。工业废水、生活污水、农业面源污染以及海上石油泄漏等，都导致了海洋水质的恶化。工业废水中含有大量的重金属、化学物质等，会对海洋生物造成毒害，影响其生长和繁殖。生活污水中的营养物质会导致海洋水体富营养化，引发赤潮等生态灾害，破坏海洋生态平衡。海上石油泄漏会在海面形成大面积的油膜，阻碍海水与空气的交换，导致海洋生物缺氧死亡，同时还会对海洋生态系统的食物链造成严重破坏。

海岸带开发活动如填海造陆、港口建设、滨海旅游开发等，也对海洋生态系统产生了负面影响。填海造陆会破坏海洋生物的栖息地，改变海洋水流和潮汐规律，影响海洋生态系统的稳定性。港口建设会导致海洋水体的污染和生态破坏，同时还会对海洋生物的洄游通道造成阻碍。滨海旅游开发如果不合理，会导致海滩侵蚀、海洋生物栖息地破坏等问题，影响海洋生态环境的质量。

（二）可持续发展理论在海洋经济文化融合中的应用

可持续发展理论强调经济、社会和环境的协调发展，追求代际公平和资源的可持续利用。在海洋经济文化融合发展中，应用可持续发展理论具有重要意义。

在海洋经济发展方面，应注重资源的可持续利用，推动海洋产业的绿色转型。在海洋渔业领域，推广可持续渔业养殖和捕捞技术，如采用生态养殖模式，减少养殖过程中对海洋环境的污染；实行科学的捕捞配额制度，控制捕捞强度，确保渔业资源的可持续利用。发展海洋新能源产业，如潮汐能、波浪能、海流能等，减少对传统化石能源的依赖，降低碳排放，实现海洋经济的绿色发展。加强海洋资源的综合管理，提高资源利用效率，避免资源的浪费和过度开发。

在海洋文化保护方面，应注重海洋文化遗产的保护和传承，促进海洋文化的可持续发展。加强对海洋文化遗址、古建筑、传统技艺等的保护，制定相关法律法规，加大保护力度。通过数字化技术等手段，对海洋文化遗产进行记录和保存，以便后人能够了解和传承海洋文化。鼓励开展海洋文化研究和教育活动，培养人们对海洋文化的认同感和保护意识。设立海洋文化研究机构，深入挖掘海洋文化的内涵和价值；在学校教育中，增加海洋文化课程，普及海洋文化知识，培养学生对海洋文化的兴趣和热爱。

在海洋生态环境保护方面，应加强海洋生态系统的保护和修复，实现海洋经济文化与生态环境的协调发展。建立海洋自然保护区，保护海洋生物的栖息地和生物多样性。加强对海洋污染的治理，严格控制陆源污染和海上污染排放，提高海洋水质。开展海洋生态修复工程，如珊瑚礁修复、红树林种植等，恢复受损的海洋生态系统。加强海洋生态环境监测和评估，及时掌握海洋生态环境的变化情况，为海洋经济文化融合发展提供科学依据。

为实现海洋经济文化可持续发展，还需加强国际合作与交流。海洋是全球公共资源，海洋生态环境问题具有全球性，需要各国共同努力。通过国际合作，分享海洋经济文化发展的经验和技术，共同应对海洋生态环境挑战。参与国际海洋保护公约和协定，履行国际责任和义务，共同推动全球海洋经济文化的可持续发展。加强与国际组织和其他国家的合作，开展海洋生态环境监测、保护和修复等方面的合作项目，共同探索海洋经济文化可持续发展的新模式和新路径。

第四节　海洋经济文化融合发展的策略路径与理论支撑

一、海洋经济文化融合发展的战略规划

（一）战略目标的确定

海洋经济文化融合发展的战略目标应具有明确性、前瞻性和可操作性，分为短期、中期和长期目标，以全面推动海洋经济与文化的深度融合，实现可持续发展。

短期目标（1~3年）主要聚焦于海洋经济文化融合发展的基础构建。在产业发展方面，加大对海洋文化旅游、海洋文化创意等新兴产业的扶持力度，培育一批具有示范效应的海洋经济文化融合项目。设立海洋经济文化融合发展专项资金，每年投入一定金额，用于支持海洋文化旅游景区的基础设施建设、海洋文化创意产品的研发等项目。力争在短期内，使海洋文化旅游产业的游客接待量增长20%，海洋文化创意产品的销售额增长30%。在文化传承与保护方面，加强对海洋文化遗产的普查和保护工作，建立海洋文化遗产数据库。组织专业团队对沿海地区的海洋文化遗产进行全面普查，记录其地理位置、历史背景、文化价值等信息，建立详细的数据库，为后续的保护和开发提供依据。计划在1~2年内完成对重点海洋文化遗产的普查工作，并逐步完善数据库。

中期目标（3~5年）侧重于产业升级和品牌建设。在产业升级方面，推动海洋产业与文化产业的深度融合，形成完整的产业链条。引导海洋渔业与海洋文化旅游、海洋文化创意产业相结合，开发具有海洋文化特色的渔业旅游产品和渔业文化创意产品。鼓励渔民开展"渔家乐"旅游项目，让游客体验海上捕捞、渔家生活等；支持企业开发以海洋渔业为主题的手

工艺品、纪念品等。培育10个以上具有较强竞争力的海洋经济文化融合产业集群，提高产业的规模化和集约化水平。在品牌建设方面，打造具有国际影响力的海洋文化品牌。举办国际海洋文化节、海洋文化博览会等大型活动，提升海洋文化的知名度和影响力。通过这些活动，展示海洋文化的魅力，吸引国内外游客和企业参与，促进海洋文化的交流与合作。力争在3~5年内，使至少3个海洋文化品牌在国际上具有较高的知名度和美誉度。

长期目标（5~10年）致力于实现海洋经济文化的可持续发展和国际化发展。在可持续发展方面，建立健全海洋经济文化融合发展的可持续发展机制，实现经济、社会和环境的协调发展。加强海洋生态环境保护，推动海洋经济向绿色、低碳方向发展。制定严格的海洋环境保护法规，加大对海洋污染的治理力度；鼓励企业采用环保技术和设备，减少对海洋环境的影响。促进海洋文化的传承与创新，培养具有海洋文化素养的人才队伍。加强海洋文化教育，在学校开设海洋文化课程，培养学生对海洋文化的兴趣和热爱；建立海洋文化研究机构，加强对海洋文化的研究和创新。在国际化发展方面，加强与国际海洋经济文化组织的合作与交流，提升我国海洋经济文化在国际上的地位和影响力。积极参与国际海洋经济文化合作项目，分享我国海洋经济文化融合发展的经验和成果；引进国外先进的技术和理念，促进我国海洋经济文化的发展。推动我国海洋文化产品和服务走向国际市场，实现海洋经济文化的国际化发展。

（二）战略布局的优化

我国沿海地区从北到南跨越多个纬度，拥有丰富多样的海洋资源和各具特色的海洋文化。在海洋经济文化融合发展的战略布局中，应充分考虑各地区的资源优势和文化特色，实现差异化发展，避免同质化竞争。

环渤海地区拥有丰富的海洋油气资源、渔业资源和深厚的海洋文化底蕴。在海洋经济文化融合发展中，应重点发展海洋油气产业与海洋文化的融合，打造海洋油气文化产业。利用海洋油气开采的历史和技术，开发海洋油气文化旅游项目，如建设海洋油气博物馆，展示海洋油气的勘探、开采过程和相关技术；开展海洋油气工业旅游，让游客参观海上油气平台，了解海洋油气生产的实际情况。该地区还应加强海洋渔业与海洋文化旅游的融合，发展休闲渔业。在大连等地，建设休闲渔业示范基地，提供海钓、渔家乐等旅游项目，让游客在体验渔业活动的同时，感受海洋文化的魅力。环渤海地区还应发挥其在海洋科技和教育方面的优势，加强海洋文化创意产业的发展，培育海洋文化创意人才，打造海洋文化创意产业集群。

长江三角洲地区经济发达，交通便利，海洋科技实力雄厚，海洋文化旅游资源丰富。在海洋经济文化融合发展中，应重点发展海洋文化旅游产业，打造国际知名的海洋文化旅游目的地。以上海为例，充分利用其国际化大都市的优势，结合黄浦江、外滩等海洋文化景观，开发具有国际影响力的海洋文化旅游产品。建设海洋主题公园，如上海海昌海洋公园，集海洋动物展示、表演、科普教育等功能于一体，吸引了大量游客；举办国际海洋文化节等活动，展示海洋文化的多元魅力，提升上海海洋文化的国际知名度。长江三角洲地区还应加强海洋科技与海洋文化的融合，发展海洋文化科技产业。利用先进的信息技术，开发海洋文化数字化产品，如海洋文化虚拟现实体验项目、海洋文化数字博物馆等，为游客提供更加丰富的海洋文化体验。

珠江三角洲地区毗邻港澳，与东南亚地区联系紧密，具有独特的区位优势和海洋文化特色。在海洋经济文化融合发展中，应重点发展海洋文化创意产业和海洋文化贸易。利用其开放的经济环境和创新的文化氛围，吸引国内外优秀的文化创意人才和企业，打造海洋文化创意产业中心。在深圳等地，建设海洋文化创意产业园区，聚集海洋文化创意企业、设计工作室等，形成产业集聚效应。鼓励企业开发具有海洋文化特色的创意产品，如海洋主题的动漫、游戏、影视等，通过文化贸易将这些产品推向国际市场。珠江三角洲地区还应加强海洋文化与海洋经济其他产业的融合，如海洋交通运输业与海洋文化旅游的融合，打造海上旅游航线，将海洋文化景点串联起来，为游客提供便捷的旅游服务。

除了上述三大区域，我国其他沿海地区也应根据自身的资源和文化特色，找准海洋经济文化融合发展的定位。福建地区应充分发挥其妈祖文化的优势，打造妈祖文化旅游品牌，举办妈祖文化节等活动，吸引全球妈祖信众前来朝拜和旅游；山东地区应进一步挖掘海洋民俗文化，发展海洋民俗文化旅游，如青岛的海洋啤酒节、蓬莱的八仙文化旅游等，丰富海洋文化旅游产品。通过优化战略布局，实现各地区海洋经济文化的差异化、特色化发展，形成优势互补、协同发展的良好局面。

二、海洋经济文化融合发展的政策支持体系

（一）财政政策支持

财政补贴是财政政策支持海洋经济文化融合发展的重要手段之一。政府可以通过设立专项补贴资金，对海洋文化旅游项目、海洋文化创意产品研发等给予直接的资金支持。对于新建的海洋文化主题公园，政府可以给予一定比例的建设补贴，以降低企业的投资成本，鼓励企业积极参与海洋文化旅游项目的开发。政府还可以对海洋文化旅游企业的运营成本进行补贴，如对景区的维护费用、旅游设施的更新费用等给予一定的补贴，提高企业的运营效益。在海洋文化创意产品研发方面，政府可以对企业的研发费用给予补贴，鼓励企业加大对海洋文化创意产品的研发投入，开发出更多具有创新性和市场竞争力的产品。

税收优惠政策也是财政政策支持海洋经济文化融合发展的重要组成部分。政府可以对从事海洋经济文化融合发展的企业给予税收减免、税收优惠等政策；对海洋文化旅游企业的门票收入、餐饮收入等给予一定的税收减免，降低企业的经营成本，提高企业的盈利能力；对海洋文化创意企业的产品销售收入、版权收入等给予税收优惠，鼓励企业积极开展海洋文化创意产品的生产和销售。政府还可以对海洋经济文化融合发展的相关产业给予税收优惠，如对海洋交通运输业、海洋渔业等产业，在与海洋文化融合发展的项目中，给予税收优惠政策，促进产业的融合发展。

财政政策支持还体现在对海洋经济文化融合发展的基础设施建设的投入上。政府可以加大对海洋文化旅游景区的交通、水电、通信等基础设施建设的投入，改善景区的接待条件，提高游客的旅游体验。建设通往海洋文化旅游景区的高速公路、铁路等交通设施，方便游客的出行；加强景区的水电供应和通信网络建设，确保景区的正常运营。政府还可以对海洋文化场馆、海洋文化遗址保护等项目给予资金支持，加强海洋文化的保护和传承。

（二）金融政策支持

金融机构在海洋经济文化融合发展中发挥着重要的融资支持作用。银行等金融机构可以为海洋经济文化融合项目提供多样化的信贷产品和服务。对于海洋文化旅游项目，银行可以提供项目贷款，根据项目的规模、预期收益等因素，为项目提供相应的资金支持。某海洋文化旅游景区计划

建设一个新的海洋主题游乐设施，银行可以通过评估项目的可行性和预期收益，为景区提供建设所需的贷款资金。银行还可以为海洋文化企业提供流动资金贷款，满足企业日常运营的资金需求。对于海洋文化创意企业，在产品研发、生产和销售过程中，可能需要大量的流动资金，银行可以根据企业的信用状况和经营情况，为企业提供流动资金贷款，帮助企业解决资金周转问题。

除了信贷产品，金融机构还可以开展金融创新，为海洋经济文化融合发展提供更多的融资渠道。发行海洋经济文化融合发展专项债券，吸引社会资本参与海洋经济文化融合项目的投资。专项债券可以用于海洋文化旅游景区的建设、海洋文化创意产业园区的开发等项目，通过债券融资，为项目筹集资金。开展海洋文化资产证券化业务，将海洋文化企业的知识产权、文化资产等进行证券化，转化为可交易的金融产品，为企业提供融资渠道。某海洋文化企业拥有一部具有较高市场价值的海洋文化影视作品，通过资产证券化，将该作品的版权收益权进行证券化，发行证券产品，吸引投资者购买，从而为企业筹集资金。

金融机构还可以加强与政府、企业的合作，共同推动海洋经济文化融合发展。与政府合作设立海洋经济文化融合发展基金，由政府和金融机构共同出资，吸引社会资本参与，为海洋经济文化融合项目提供资金支持。该基金可以投资于海洋文化旅游、海洋文化创意等领域的优质项目，推动这些项目的发展。金融机构还可以与企业合作，为企业提供财务咨询、风险管理等服务，帮助企业提高财务管理水平和风险应对能力。为海洋文化企业提供财务咨询服务，帮助企业制定合理的财务规划，优化资金配置；为企业提供风险管理服务，帮助企业识别和应对市场风险、信用风险等，保障企业的稳健发展。

（三）产业政策支持

产业规划是产业政策支持海洋经济文化融合发展的重要体现。政府可以通过制定海洋经济文化融合发展的专项规划，明确发展目标、重点任务和保障措施，引导资源向海洋经济文化融合领域集聚。在规划中，确定海洋文化旅游、海洋文化创意、海洋文化演艺等产业为重点发展产业，明确各产业的发展定位和发展方向。对于海洋文化旅游产业，规划可以提出打造一批具有国际影响力的海洋文化旅游目的地，开发一系列具有海洋文化特色的旅游产品和线路；对于海洋文化创意产业，规划可以提出培育一批具有创新能力的海洋文化创意企业，打造一批具有海洋文化特色的创意产品品牌。

产业扶持政策也是产业政策支持海洋经济文化融合发展的重要手段。政府可以通过设立产业扶持资金、给予土地优惠等政策，支持海洋经济文化融合产业的发展。设立海洋文化产业发展专项资金，每年投入一定金额，用于支持海洋文化企业的发展、海洋文化项目的开发等。对符合条件的海洋文化企业，给予资金补贴、贷款贴息等扶持政策，降低企业的发展成本，提高企业的发展积极性。政府还可以在土地供应方面给予海洋经济文化融合产业优惠政策，优先保障海洋文化旅游景区、海洋文化创意产业园区等项目的土地需求，为产业的发展提供土地保障。

产业政策支持还体现在对海洋经济文化融合产业的规范和引导上。政府可以制定相关的行业标准和规范，加强对海洋经济文化融合产业的监管，保障产业的健康发展。制定海洋文化旅游景区的服务质量标准，规范景区的服务行为，提高游客的满意度；制定海洋文化创意产品的质量标准，保障产品的质量和安全。政府还可以引导海洋经济文化融合产业加强品牌建设，提高产业的知名度和美誉度。通过举办海洋文化产业品牌评选活动，对优秀的海洋文化品牌进行表彰和宣传，引导企业加强品牌建设，提升品牌价值。

三、海洋经济文化融合发展的理论创新与实践启示

（一）理论创新的方向与重点

在多学科交叉融合方面，海洋经济文化融合发展需要进一步打破学科壁垒，加强经济学、文化学、生态学、社会学等多学科的深度融合。在研究海洋经济文化融合发展的可持续性时，不仅要运用经济学中的生态经济理论，分析海洋经济活动的成本效益和资源配置效率，还要结合生态学中的生态系统平衡理论，研究海洋生态环境的承载能力和保护策略，以及文化学中的文化生态理论，探讨海洋文化在生态保护中的作用和价值。通过多学科的协同研究，构建更加完善的海洋经济文化融合发展理论体系，为实践提供更全面、更科学的指导。

在融合机制创新方面，需要深入研究海洋经济与文化融合的内在机制和规律，探索新的融合模式和路径。除了传统的产业融合模式，还应关注海洋文化与科技创新、金融服务等领域的融合，拓展海洋经济文化融合发

展的空间。利用区块链技术，实现海洋文化资产的数字化管理和交易，为海洋文化产业的发展提供新的金融支持；通过大数据分析，精准把握消费者对海洋文化产品和服务的需求，推动海洋文化产业的创新发展。加强海洋经济文化融合发展的政策创新，完善政策支持体系，为融合发展创造良好的政策环境。

在理论创新过程中，还应注重结合实际案例进行研究，通过对国内外海洋经济文化融合发展成功案例的深入分析，总结经验教训，提炼出具有普遍适用性的理论和方法。以青岛海洋文化旅游产业的发展为例，研究其如何通过整合海洋文化资源、创新旅游产品和服务、加强品牌建设等措施，实现海洋经济与文化的深度融合，为其他地区提供借鉴和参考。加强理论与实践的互动，根据实践中出现的新问题和新需求，及时调整和完善理论研究，使理论更好地指导实践。

（二）实践案例的启示与借鉴

青岛在海洋经济文化融合发展方面取得了显著成效，为其他地区提供了宝贵的经验。在海洋文化旅游方面，青岛充分利用其丰富的海洋文化资源，打造了一系列具有海洋文化特色的旅游景点和项目。青岛国际啤酒节将海洋文化与啤酒文化相结合，成为青岛的一张亮丽名片。每年啤酒节期间，吸引了大量国内外游客，不仅促进了旅游业的发展，还提升了青岛的城市知名度和影响力。青岛还建设了众多海洋主题公园和博物馆，如青岛海昌极地海洋公园、青岛海军博物馆等，为游客提供了丰富的海洋文化体验。这些景点和项目的成功经验在于，注重文化内涵的挖掘和展示，通过创新的展示方式和互动体验，吸引游客的参与和关注。

挪威峡湾地区在海洋经济文化融合发展方面也有很多值得借鉴的地方。挪威峡湾以其壮丽的自然风光和独特的海洋文化而闻名于世。在海洋旅游开发中，挪威峡湾地区注重生态环境保护，采用可持续的旅游发展模式。在景区建设和运营过程中，严格控制游客数量，减少对环境的破坏；推广清洁能源的使用，降低碳排放。挪威峡湾地区还注重海洋文化的传承和弘扬，通过举办各种海洋文化活动，如海洋文化节、传统渔业比赛等，增强当地居民的文化认同感和自豪感，同时也吸引了更多游客前来体验海洋文化。这些经验启示我们，在海洋经济文化融合发展中，要坚持生态优先的原则，实现经济发展与环境保护的良性互动；要重视文化的传承和保护，让文化成为海洋经济发展的灵魂。

　　从国内外成功案例中可以总结出一些具有普遍性的经验教训：要注重资源整合，充分挖掘和利用当地的海洋经济和文化资源，实现资源的优化配置；要加强品牌建设，打造具有特色和影响力的海洋经济文化品牌，提高市场竞争力；要重视创新，不断推出新的产品和服务，满足消费者日益多样化的需求；要加强合作与交流，促进海洋经济文化融合发展的区域协同和国际合作；在实践中，还应根据不同地区的实际情况，因地制宜地制定发展策略，避免盲目跟风和同质化竞争。

实践篇

第五章　我国海洋经济文化发展的现状审视与战略研究

　　在人类发展的漫长进程中，海洋始终占据着举足轻重的地位。回溯到远古时期，早期人类因生存所需，开始利用海洋进行简单的渔猎活动，那是人类与海洋最初的亲密接触，也是人类探索海洋经济活动的萌芽阶段。随着时间的推移，人类的智慧不断发展，从简陋的木筏捕鱼，到后来建造起更大更坚固的船只打捞，海洋渔业规模逐步扩大。

　　时光流转至如今，海洋经济已然成为国家经济发展的重要引擎。在当今全球化的时代背景下，海洋经济文化的发展不仅关乎国家的经济利益，其与国家的文化软实力、国际竞争力也紧密相连。海洋经济的繁荣能为国家带来源源不断的财富，推动基础设施建设，提升国民生活水平。独特的海洋文化传播出去，能让世界更好地认识一个国家，增强国家在国际舞台上的吸引力和影响力。

　　海洋，这片广袤无垠的蓝色领域，蕴含着丰富的自然资源和巨大的经济潜力。海洋经济作为开发、利用和保护海洋的各类产业活动，以及与之相关联活动的总和，涵盖了众多领域。就拿海洋渔业来说，从近海捕捞到远洋渔业，各种先进的捕捞技术和设备不断涌现，像声呐探测鱼群位置，大型拖网渔船高效作业，同时水产养殖技术也在不断革新，工厂化循环水养殖、深水网箱养殖等方式让渔业产量大幅提升。海洋交通运输业更是全球贸易的重要纽带，巨型集装箱货轮穿梭于各大洋之间，连接着世界各国的港口，如中国的上海港、宁波舟山港，每年货物吞吐量惊人，促进了全球商品的流通。海洋油气业在深海勘探技术不断突破的情况下，开采出大量的石油和天然气，为国家能源安全提供重要保障。滨海旅游业也在蓬勃发展，从传统的海滩度假，到如今融合了海洋文化体验、海上运动项目等多元化的旅游模式，如三亚的蜈支洲岛，不仅有美丽的海景，还提供潜水、帆船等海上娱乐项目，吸引着大量游客。

同时，海洋经济还包括海洋新能源、海洋生物医药、海水综合利用等新兴产业。在海洋新能源领域，风力发电场在海上兴起，即利用海风稳定的特点，将风能转化为电能，为沿海地区提供清洁电力；潮汐能发电也在逐步探索和应用中。在海洋生物医药产业中，科学家们从海洋生物中提取具有药用价值的物质，研发治疗癌症、心血管疾病等疑难病症的药物。在海水综合利用方面，海水淡化技术不断进步，解决了许多沿海地区淡水短缺的问题，同时还能从海水中提取镁、溴等重要化学元素。这些产业的发展，不仅为国家提供了大量的就业机会，创造了可观的经济价值，还推动了科技的进步和创新，对国家的经济发展起到了重要的支撑作用。

与此同时，海洋文化作为人类在海洋实践活动中创造的物质财富和精神财富的总和，承载着人类对海洋的认知、情感和价值观。它包括海洋民俗、海洋艺术、海洋科技、海洋历史等多个方面，是海洋经济发展的重要精神动力和文化支撑。在海洋民俗方面，不同沿海地区有着独特的祭海仪式，如山东荣成的渔民节，人们通过盛大的庆典祈求出海平安、渔业丰收；海洋艺术更是丰富多彩，从古老的海洋题材绘画，到现代的海洋主题雕塑，还有渔民们传唱的渔歌，都展现着海洋的魅力。海洋科技的发展历程也是海洋文化的重要组成部分，从指南针的发明用于航海导航，到如今的卫星遥感监测海洋环境，每一次科技突破都推动着人类对海洋更深入的探索。海洋历史记录着人类航海的伟大征程，像郑和下西洋，开辟了海上丝绸之路，促进了中外文化交流和贸易往来。海洋文化的独特魅力，吸引着人们探索海洋、亲近海洋，促进了海洋经济的发展。例如，滨海旅游业的兴起，正是得益于海洋文化的吸引力，让人们在欣赏海洋风光的同时，也能感受到海洋文化的独特魅力。

在全球经济一体化的大趋势下，海洋经济文化的发展已成为世界各国关注的焦点。许多沿海国家纷纷制定海洋发展战略，加大对海洋经济的投入，加强海洋文化的传承与创新，以提升国家的海洋竞争力。美国通过不断研发先进的海洋探测技术和海洋军事装备，巩固其在海洋领域的霸主地位；日本则注重海洋资源的高效利用，发展高端的海洋产业。我国作为一个拥有1.8万千米大陆海岸线和约300万平方千米主张管辖海域的海洋大国，海洋经济文化的发展对实现中华民族伟大复兴的中国梦具有重要意义。它不仅是推动我国经济持续健康发展的重要力量，通过发展海洋产业带动沿海地区经济增长，促进区域协调发展；也是提升我国文化软实力、增强民族凝聚力的重要途径，让中华海洋文化在世界舞台上绽放光彩，增强国民对海洋的热爱和保护意识。

然而，当前我国海洋经济文化的发展仍面临着诸多挑战和问题。如海洋经济结构不够优化，传统产业占比较大，新兴产业发展相对滞后。在一些沿海地区，海洋渔业仍以粗放式捕捞为主，对海洋生态环境造成较大压力，而海洋新能源、海洋生物医药等新兴产业规模较小，未能充分发挥其潜力。海洋科技创新能力不足，关键核心技术受制于人，在深海勘探、海洋生物基因研究等方面，与发达国家相比还有较大差距。海洋文化传承与创新面临困境，许多珍贵的海洋民俗文化正在逐渐消失，海洋文化资源的挖掘和利用还不够充分，一些海洋文化遗址缺乏有效的保护和开发。因此，对我国海洋经济文化发展的现状进行审视，并制定相应的战略，具有重要的现实意义。通过深入分析我国海洋经济文化发展的现状，找出存在的问题和不足，提出具有针对性的战略建议，有助于推动我国海洋经济文化的高质量发展，实现海洋强国的战略目标。

第一节　我国海洋经济文化发展的重要意义

在全球经济深度融合与海洋开发热度日盛的大背景下，海洋经济文化已成为衡量国家发展潜力与竞争力的关键指标。我国凭借漫长的海岸线、广袤的海域以及深厚的海洋文化底蕴，在海洋经济文化发展上独具优势。

海洋经济，作为国民经济的重要增长极，不仅推动着传统产业的转型升级，还孕育出众多新兴业态，为经济高质量发展注入源源不断的活力。海洋文化，作为中华民族多元文化的璀璨篇章，承载着先辈们的智慧与勇气，是增强民族凝聚力、传播中华文化的重要力量。

深入探究我国海洋经济文化发展的重要意义，是全面认识海洋在国家发展中战略地位的"瞭望塔"，是精准把握海洋经济文化发展现状的"探测仪"，是有效解决海洋领域现存问题的"手术刀"，是科学谋划海洋发展未来战略的"指南针"。

一、海洋经济对国民经济的重要作用

(一) 经济增长新引擎

海洋经济作为国民经济的关键构成部分,于推动经济增长进程中发挥着极为重要的作用。近年来,我国海洋经济规模呈持续扩张态势,海洋生产总值亦不断上升。2023 年,我国海洋生产总值达 99 097 亿元,占国内生产总值的 7.9%,较上年增长 6.0%,增速高于国内生产总值 0.8 个百分点,海洋经济的增长速率显著高于同期国民经济的平均增速,已然成为拉动经济增长的重要力量。依据最新数据 (数据来源:国家海洋信息中心发布的《2024 年中国海洋经济统计公报》),2024 年我国海洋生产总值达到 104 568 亿元,占国内生产总值的 8.1%,较上年增长 6.3%,增速高于国内生产总值 0.9 个百分点,海洋经济的增长速度显著高于同期国民经济的平均增速,成为拉动经济增长的重要力量。

在海洋经济的众多细分领域中,海洋油气、渔业、航运等传统产业表现突出,为经济增长作出了重要贡献。海洋油气产业作为海洋经济的支柱产业之一,在维护国家能源安全方面发挥着关键作用。我国海洋油气资源储量丰富,伴随勘探开发技术的持续进步,海洋油气产量稳步增长。以天津为例,渤海油田作为我国海上规模最大的油田,近年来持续加大勘探开发力度。2023 年,我国海洋原油、天然气产量同比分别增长 5.8%、9.1%,海洋原油增产量连续 4 年占全国原油总增量的 60% 以上,渤海油田的稳定增产为国家能源供应提供了坚实保障。

海洋渔业作为海洋经济的基础产业,在满足民众食物需求、促进渔业经济发展方面发挥了重要作用。我国是全球最大的渔业生产国,海洋渔业资源丰富,渔业生产技术不断革新。舟山作为我国知名的渔业城市,凭借其得天独厚的渔业资源,在海洋渔业发展方面成果显著。2023 年,我国海洋水产品产量超 3 500 万吨,同比增长近 3%,舟山的优质海产品供给能力不断增强,不仅满足了国内市场需求,还出口至世界各地,为国家创造了可观的外汇收入。

海洋航运业作为连接国内外市场的重要纽带,在国际贸易中发挥着不可替代的作用。我国拥有众多优良港口,海运航线遍布全球,海洋运输能力持续提升。上海港作为全球最大的港口之一,在海洋航运领域占据重要地位。2023 年,我国沿海港口货物吞吐量近 110 亿吨,沿海港口国际航线集装箱吞吐量同比增长超 4%，沿海港口完成外贸货物吞吐量同比增长近10%。上海港货物吞吐量持续增长，海洋航运业的发展，促进了国内外贸易的繁荣，有力推动了经济增长。

（二）产业结构优化助力

海洋经济的发展对促进产业结构调整和推动新兴产业发展具有重要意义。随着海洋经济的快速发展，海洋产业结构不断优化升级，新兴海洋产业如海洋新能源、海洋装备制造、海洋生物医药等蓬勃发展，成为推动海洋经济高质量发展的新动能。

海洋新能源产业作为战略性新兴产业，具有清洁、可再生等优点，对缓解能源危机和应对气候变化具有重要意义。我国海洋新能源资源丰富，具备良好的发展条件。近年来，我国在海上风电、潮汐能、波浪能等领域取得了显著进展。例如，位于江苏如东的海上风电场，装机规模不断扩大，为当地输送了大量清洁电能。2023 年，我国海上风电发电量同比增长超 17%，全球最大功率 20 兆瓦半直驱永磁风力发电机成功下线，自主研发设计的 2 500 吨自航自升式风电安装平台"海峰 1001"正式交付，标志着我国海洋新能源产业正朝着规模化、高端化方向发展。

海洋装备制造业是海洋经济的重要支撑产业，对提升我国海洋开发能力和保障海洋权益具有重要作用。我国海洋装备制造业经过多年的发展，已具备一定的规模和技术水平。2023 年，海洋工程装备制造业发展良好，国际市场份额继续保持全球领先，全年实现增加值 872 亿元，比上年增长5.9%。船舶制造高端化、智能化、绿色化发展扎实推进，已进入产品全谱系发展新时期，海洋船舶工业增加值 1 150 亿元，比上年增长 17.6%。像中国船舶集团建造的大型液化天然气运输船，技术先进，在国际市场上备受青睐，充分展示了我国海洋装备制造业的实力。我国海洋装备制造业在国际市场上的竞争力不断提升，为海洋经济的发展提供了有力保障。

海洋生物医药产业是利用海洋生物资源进行药物研发和生产的新兴产业，具有广阔的发展前景。我国海洋生物资源丰富，海洋生物医药研究取得了一系列重要成果。目前，我国已成功研发出多种海洋药物和生物制品，部分产品已进入市场并取得良好的经济效益。比如，由中国海洋大学、青岛海洋生物医药研究院、青岛华大基因研究院等单位共同完成的科研成果"海洋特征寡糖的制备技术（糖库构建）与应用开发"荣获国家技术发明一等奖，相关成果转化的多个海洋寡糖创新药物和大健康产品，为心血管疾病、糖尿病等重大疾病的防治提供了新的解决方案，取得了良好的社会效益和经济效益。海洋生物医药产业的发展，不仅为人类健康提供了新的治疗手段，也为海洋经济的发展注入了新的活力。

（三）区域经济协调发展

海洋经济在促进区域经济协调发展进程中发挥着极为关键且不可替代的作用。我国沿海地区具有得天独厚的条件，不仅坐拥极为丰富的海洋资源，涵盖从珍稀的海洋生物资源到储量巨大的海底矿产资源等诸多类别，还具备十分优越的地理位置条件，天然的深水良港、绵长的海岸线等优势尽显。正因如此，海洋经济已然成为沿海地区经济发展的核心重要支撑力量。以环渤海、长三角、珠三角等极具代表性的区域为例，在环渤海地区，其海洋经济的蓬勃发展，有效带动了区域内海洋油气、船舶制造、海洋化工等产业实现技术革新与规模扩张，还促使相关服务业如港口物流，从传统的货物装卸运输模式逐步向现代化、智能化的综合物流服务模式转变。海洋金融也在不断创新产品与服务，为海洋产业发展提供更有力的资金支持，有力推动了区域经济的全面繁荣发展。

环渤海地区作为我国重要的经济区域之一，海洋经济在其经济发展格局中占据着举足轻重的地位。该区域拥有丰富多样的海洋资源，在海洋油气领域，拥有多个大型海上油气田，其勘探与开采技术不断进步，产量稳步增长；渔业领域，凭借广阔的海域和优良的渔业资源，形成了集养殖、捕捞、加工为一体的完整产业链；港口领域，大连港、天津港等众多港口，以其先进的基础设施和高效的运营管理，成为连接国内外市场的重要枢纽；海洋金融领域，各类金融机构纷纷推出针对海洋产业的专属信贷产品、保险服务等，海洋产业发展态势极为成熟。海洋经济的发展，不仅直接拉动了区域内海洋油气、船舶制造、海洋化工等产业在技术研发、生产工艺改进等方面的显著进步，而且通过产业关联效应，推动了相关服务业的兴盛，诸如港口物流，依托先进的信息技术，实现了货物运输的全程跟踪与高效调配。凭借海洋经济的发展，环渤海地区通过港口与内陆地区构建起便捷的交通物流网络，强化了与内陆地区的经济关联，达成了区域经济在产业协同、资源共享等方面的发展目标。

长三角地区是我国经济最为发达的区域之一，海洋经济亦是该地区经济发展的重要驱动力。长三角地区拥有众多举世闻名的优良港口，如吞吐量常年位居世界前列的上海港，以及整合了宁波和舟山两港优势资源、协同发展成效显著的宁波舟山港等，海洋航运业凭借先进的船舶技术、完善的航线网络和高效的运营管理，十分发达。海洋经济的发展促进了区域内制造业从传统的劳动密集型向高端智能制造转型升级，贸易业借助港口优势，不断拓展国内外市场，进出口规模持续扩大，金融业也在海洋经济的带动下，开展了跨境金融服务、航运金融衍生品创新等业务，各产业协同发展，构建起了涵盖研发、生产、销售、服务等各个环节的较为完备的产业体系。与此同时，长三角地区借助海洋经济的发展，积极参与共建"一带一路"等国际经济合作，通过举办各类国际经贸展会、与国际金融机构合作等方式，加强了与国内外其他地区的经济合作，提升了区域在全球产业链、供应链中的地位，增强了区域的国际竞争力。

珠三角地区作为我国改革开放的前沿地带，海洋经济在其经济发展中发挥着至关重要的作用。珠三角地区拥有发达的制造业与外向型经济，海洋经济的发展为其开拓了更为广阔的发展空间。该地区的海洋产业包括海洋交通运输业，拥有现代化的集装箱码头、高效的航运物流服务，成为连接全球市场的重要通道；海洋装备制造业，在船舶制造、海洋工程装备等领域掌握了多项核心技术，产品远销海外；滨海旅游业，凭借独特的滨海风光和丰富的旅游项目，吸引了大量国内外游客。珠三角地区通过发展海洋经济带动了区域内相关产业的升级与转型。珠三角地区与港澳地区在港口运营、物流配送、金融服务等领域开展了深度合作，密切了与港澳地区的经济联系，促进了区域经济在市场融合、产业对接等方面的一体化发展。

二、海洋文化的价值体现

（一）文化传承与创新

海洋文化在历史传承脉络中占据关键地位，是人类文明体系不可或缺的重要构成。从文化学与历史学的交叉视角审视，其承载着人类在漫长海洋活动进程中积累的智慧、经验及价值观念，成为连接过去、现在与未来的关键精神纽带。我国海洋文化历史源远流长，其发展轨迹自古代航海活动贯穿至现代海洋开发，历经数千年传承与演变，逐步形成独具特色的文化内涵，深深植根于中华传统文化的深厚土壤。

妈祖文化作为我国海洋文化的典型代表，具有深厚的历史渊源与广泛的社会影响力。妈祖，原名林默，系北宋时期出生于福建湄洲的民间女子。其自幼聪慧，深谙水性，常出没于波涛汹涌的海面，救助遇险渔民与商船，深受当地民众爱戴与敬仰。妈祖逝世后，民众出于缅怀与感恩之情，在湄洲岛修建妈祖庙，供奉妈祖神像，祈愿其庇佑海上航行安全。从文化传承角度分析，妈祖信仰的传播过程与我国传统文化中的神灵崇拜、民间信仰体系的发展紧密相关。随着时间推移，妈祖信仰不仅在我国沿海地区广泛流传，还远播至海外诸多国家和地区。目前，全球妈祖信众已达3亿多人，妈祖庙遍布世界各地。妈祖文化蕴含的"立德、行善、大爱"精神，高度契合中华民族传统美德的核心价值，成为凝聚海内外华人的强大精神力量。在新时代背景下，妈祖文化在传承基础上不断创新发展，通过举办妈祖文化旅游节、妈祖祭典等文化活动，吸引众多游客和信众参与，进一步弘扬其精神内涵；同时，借助现代科技手段，如网络、新媒体等进行传播推广，使更多人认识和深入了解妈祖文化，极大地增强了其影响力和吸引力。

海丝文化亦是我国海洋文化的重要组成部分，见证了我国古代海上丝绸之路的辉煌历史。海上丝绸之路作为古代中国与外国开展交通贸易和文化交流的重要海上通道，从中国东南沿海出发，途经南海、印度洋，最终抵达非洲、欧洲等地。从经济史和文化交流史的角度考察，在这条贸易通道上，中国的丝绸、瓷器、茶叶等特色商品源源不断输往海外，同时引进国外的香料、珠宝、药材等商品，有力地促进了中外经济贸易的繁荣。更为重要的是，海丝文化推动了不同文化之间的交流与融合，这一过程与我国传统文化中"和而不同""海纳百川"的理念相呼应。在海丝文化的长期熏陶下，我国沿海地区逐渐形成独特的商业文化和海洋贸易传统。以福建泉州为例，作为古代海上丝绸之路的重要起点，泉州曾是世界上最大的港口之一，商业繁荣、手工业发达，其海外贸易历史悠久，与众多国家和地区建立了紧密的经济联系。在长期贸易交往中，泉州广泛吸收来自不同国家和地区的文化元素，形成了多元包容的文化氛围。这一现象与我国传统文化中对外来文化的包容接纳态度一脉相承。如今，泉州仍保留众多与海丝文化相关的历史遗迹和文化景观，如开元寺、清净寺、洛阳桥等，这些都是海丝文化的重要见证。为传承和弘扬海丝文化，泉州市积极开展海丝文化研究和保护工作，举办海上丝绸之路国际艺术节、海丝之路国际茶文化论坛等一系列活动，加强与沿线国家和地区的文化交流与合作，推动海丝文化在新时代的创新发展。

（二）增强民族认同感

海洋文化于增强民族凝聚力与认同感层面发挥着关键作用，是推动民族团结和国家统一的重要力量。海洋文化所蕴含的开拓进取、团结协作、勇于创新等精神特质，与中华优秀传统文化高度契合，能够有效激发人们的爱国热忱与民族自豪感。

我国作为多民族国家，沿海地区分布着众多民族，他们在长期的海洋生活实践中，形成了各具特色的海洋文化。这些海洋文化不仅是各民族文化的关键构成部分，更是中华民族文化多样性的生动体现。以生活在海南的黎族为例，其拥有独特的海洋文化传统。黎族人民擅长航海与捕鱼，他们所使用的独木舟是黎族海洋文化的重要标识。独木舟的制作工艺独特，需历经多道工序，充分彰显了黎族人民的智慧与创造力。黎族人民在海上捕鱼时，会举行各类祭祀仪式，以祈求海神庇佑。这些祭祀仪式不仅是一种宗教信仰表达，更是黎族人民传承海洋文化的重要途径。通过这些海洋文化活动，黎族人民强化了彼此之间的联系与团结，同时深化了对中华民族的认同感与归属感。

还有生活在我国东南沿海的疍民，同样有着独特的海洋文化。疍民以船为家，长期漂泊在海上，他们的生活与海洋紧密相连。疍民的传统渔船构造精巧，适合在近海作业，这是他们在长期海洋生活中积累的智慧结晶。在出海前，疍民会举行独特的祭海仪式，他们会准备丰盛的祭品，向大海之神表达敬畏与感恩，期望能在海上平安顺利、满载而归。这种祭海仪式世代相传，承载着疍民对海洋的深厚情感，也成为维系疍民群体的重要文化纽带，增强了他们之间的凝聚力，也让他们对中华民族大家庭有着强烈的认同感与归属感。

"乡愁是一湾浅浅的海峡，我在这头，大陆在那头。"余光中先生笔下的这湾海峡，表面上看似浅淡，实则承载着厚重的历史与深沉的情感。台湾作为中国领土不可分割的一部分，与大陆同宗同源，这是不容置疑的客观事实。台湾海峡作为连接两岸的重要海域，宛如一条纽带，紧密维系着两岸人民的情感，承载着千百年传承下来的深厚情谊。

妈祖文化在台湾地区广泛传播，成为两岸文化同根同源的生动例证。台湾民众对妈祖的信仰极为虔诚，据统计，台湾地区拥有近千座妈祖庙，妈祖信众超过 1 600 万人。每年，大量台湾信众怀着崇敬之情，跨越海峡，前往福建湄洲岛妈祖祖庙进香朝拜，并积极参与妈祖祭典等活动。这些文化交流活动，犹如一座桥梁跨越海峡的距离，拉近了两岸同胞的心理距离，不仅增进了彼此间的情感，更使台湾同胞深切感受到自身与中华民族血脉相连，强化了对中华民族的认同感与归属感。

在新时代背景下，两岸在海洋经济、海洋科技、海洋文化等领域的交流与合作不断深入。从海洋资源的协同开发，到海洋科技成果的共享，再到海洋文化的共同传承，每一次合作与交流，都是两岸同胞心灵的交融。通过这些交流合作，两岸同胞得以更深入地相互了解，增进彼此间的信任与理解。

两岸统一是大势所趋，是历史发展的必然走向。从文化的紧密关联，到经济、科技等多领域的深度合作，两岸同胞正以实际行动谱写中华民族的新篇章。在追求统一的进程中，任何企图分裂的行径都将被历史的潮流所淘汰。两岸同胞必将携手前行，共同推动祖国的完全统一，共创中华民族更加辉煌的未来。

（三）提升国家软实力

从国际文化交流维度审视，海洋文化于提升国家文化影响力与软实力而言，具备关键作用。在全球化语境下，海洋文化作为一种呈现开放性与包容性特质的文化形态，能够有力促进不同国家和地区间的文化交流与合作，进而增进彼此间的理解与信任。而"海洋命运共同体"理念正是海洋文化内涵与价值的生动体现，在国际舞台上广泛传播。

我国踊跃投身国际海洋文化交流活动，借由举办各类海洋文化节、国际海洋学术会议等形式，向世界彰显我国海洋文化的独特魅力与特色，并积极传播"海洋命运共同体"理念。以青岛国际海洋节为例，其是我国规模庞大、影响力广泛的海洋文化节庆活动之一，自 1999 年创办以来，已成功举办多届。青岛国际海洋节以"拥抱海洋世纪，共铸蓝色辉煌"为主题，活动范畴涵盖海洋文化、海洋科技、海洋经济、海洋体育等多个领域。在活动中，不仅展示了青岛丰饶的海洋文化资源与独特的城市魅力，吸引众多国内外游客与企业参与其中，强化了青岛与世界各国在海洋领域的交流合作，提升了青岛的国际知名度与影响力；还积极宣传"海洋命运共同体"理念，让更多国家和地区深入了解这一理念的内涵与意义。与此同时，我国积极推动海洋文化产品对外输出，诸如海洋题材的影视作品、文学作品、艺术品等，在这些作品中融入"海洋命运共同体"理念，使世界能更好地认知中国海洋文化的同时，也对这一理念有更深刻的感悟。这些海洋文化产品不仅具备艺术价值，还蕴含着中国的价值观与文化理念，在国际文化交流进程中，让"海洋命运共同体"理念得以更广泛地传播。

海洋文化亦是构建人类命运共同体的重要文化支撑。全球海洋问题日益凸显，诸如海洋资源开发、海洋环境保护、海洋权益争端等，亟待各国协同努力、加强合作，共同应对。海洋文化所倡导的开放、包容、合作、共赢理念，与构建人类命运共同体的目标高度契合。我国提出的"海洋命运共同体"理念，通过官方外交活动、国际合作项目、学术交流研讨等多种途径进行传播。在国际会议上，我国代表积极阐述这一理念的重要性与实施路径；在海洋科研合作、海洋环保项目等实际合作中，切实践行"海洋命运共同体"理念，让各国看到其在解决实际海洋问题中的积极作用。通过推进"海洋命运共同体"建设，我国在国际海洋事务中发挥了积极作用，提升了国家的国际影响力与话语权，为世界和平与发展贡献了力量，也让"海洋命运共同体"理念在全球范围内深入人心。

第二节　我国海洋经济文化发展现状剖析

人类文明滥觞，海洋就以其丰饶资源、便捷通途与能源宝藏，成为经济文化活动拓展的重要基石。从早期近海捕捞、短途航海贸易，到如今工业化海洋开发与全球化海运网络，海洋经济持续演进，深度融入全球经济体系。相伴相生的海洋文化，在人类与海洋长期互动中得以孕育，涵盖航海传统、海洋艺术、渔家习俗与信仰等，映射出不同地域民族对海洋的认知与情感，是人类文化多样性的生动注脚。

我国坐拥 1.8 万多千米大陆海岸线、1.4 万多千米岛屿海岸线和约 300 万平方千米主张管辖海域，发展海洋经济文化禀赋优异、潜力巨大。在时代发展的壮阔进程中，我国海洋经济文化发展态势备受瞩目。深入剖析其现状，对全面把握我国海洋事业发展格局意义重大。

一、海洋经济发展现状

（一）总体规模与增长趋势

近年来，我国海洋经济宛如一颗在经济领域中冉冉升起的璀璨明星，呈现出极为蓬勃的发展态势，总体规模犹如春日里不断生长的藤蔓，持续且稳步地扩大，增长趋势更是彰显出令人瞩目的稳定性。依据权威发布的《2023年中国海洋经济统计公报》，我国海洋生产总值实现了跨越式的增长，从2013年的54 313亿元，历经十年的砥砺前行，一路攀升至2023年的99 097亿元，在这10年间，年均增长幅度约达6.7%。其占国内生产总值的比重，虽从数值上看有所下降，从2013年的9.5%到2023年的7.9%，但这一稳定的占比充分凸显了海洋经济在我国整体经济格局中占据着不可忽视的重要地位。

从增长趋势的细致维度来深入剖析，尽管我国海洋经济在发展进程中遭遇了全球经济形势复杂多变的严峻挑战，以及突如其来的新冠疫情这一"黑天鹅"事件的猛烈冲击，但它依然顽强地展现出超乎寻常的韧性和蓬勃的活力。回溯至2020年，新冠疫情如一场汹涌的风暴，迅速席卷全球，致使全球经济陷入深度低迷的泥沼，我国海洋经济自然也难以独善其身，受到了一定程度的波及，海洋生产总值的增速出现了明显的放缓迹象。然而，令人振奋的是，随着我国凭借高效有力的防控举措，在疫情防控方面取得了举世瞩目的显著成效，经济宛如复苏的春芽，迅速恢复生机，我国海洋经济也紧跟步伐，快速回归增长的轨道。在2021—2023年这关键的发展阶段，海洋经济增速强劲分别达到7.5%、3.9%、6.0%，其增速显著高于同期国内生产总值的平均增速。我国的海洋经济宛如坚实的支柱，为国民经济的稳健发展提供了极为有力的支撑。

在海洋经济持续增长这一令人欣喜成果的背后，有着一系列深层次的驱动因素，主要源于政策支持与市场需求的双重动力推动。国家高瞻远瞩，出台了一系列极具针对性和前瞻性的鼓励海洋经济发展的政策，其中《"十四五"海洋经济发展规划》是典型代表。这份规划全面且深入地明确了海洋经济发展的长远目标和重点任务，从宏观战略布局到微观具体实施，为海洋经济的稳健前行提供了坚实可靠的政策保障，犹如为海洋经济这艘巨轮指明了前行的航向。与此同时，随着社会的不断进步，人们生活水平得到了显著提升，消费观念也发生了深刻的转变。在这样的时代背景下，民众对海洋产品和服务的需求呈现出井喷式的增长态势。例如，充满浪漫与奇幻色彩的海洋旅游，承载着人们对海洋深处探索欲望的海洋渔业，以及作为全球贸易重要纽带的海洋交通运输等行业，市场需求一路高歌猛进，持续保持着旺盛的增长势头，从而有力地促进了海洋经济的繁荣发展。

（二）产业结构与布局

我国海洋产业结构不断优化，传统产业与新兴产业协同发展。在传统产业方面，海洋渔业、海洋交通运输业、海洋船舶工业等依然是海洋经济的重要支柱。海洋渔业作为基础产业，不断推进转型升级，实现了从传统捕捞向生态养殖、远洋渔业的转变。2023 年，我国海洋水产品产量超3 500 万吨，同比增长近 3%，国家级海洋牧场示范区数量达到 169 个，比2022 年增加 16 个，深远海养殖装备制造和投产运营不断取得新进展，渔业现代化水平不断提高。海洋交通运输业在全球贸易中发挥着重要作用，我国沿海港口货物吞吐量持续增长，2023 年近 110 亿吨，沿海港口国际航线集装箱吞吐量同比增长超 4%，沿海港口完成外贸货物吞吐量同比增长近 10%，港口的智能化、绿色化水平也在不断提升。海洋船舶工业在高端化、智能化、绿色化发展方面取得显著进展，2023 年海洋船舶工业增加值1 150 亿元，比上年增长 17.6%，船舶制造已进入产品全谱系发展新时期。

新兴海洋产业发展迅速，成为海洋经济新的增长点。海洋新能源、海洋生物医药、海洋高端装备制造等产业发展势头强劲。在海洋新能源领域，海上风电发展迅猛，2023 年我国海上风电发电量同比增长超 17%，全球最大功率 20 兆瓦半直驱永磁风力发电机成功下线，自主研发设计的2 500 吨自航自升式风电安装平台"海峰 1001"正式交付，标志着我国海上风电产业向更高水平迈进。海洋生物医药产业不断取得新突破，我国自主研发的治疗老年痴呆的海洋药物甘露特钠胶囊有条件获批上市，填补了17 年来全球抗阿尔茨海默病治疗领域无新药上市的空白，成为全球第 14种海洋药物。海洋高端装备制造产业在国际市场份额中继续保持全球领先，2023 年海洋工程装备制造业实现增加值 872 亿元，比上年增长 5.9%。

从产业布局来看，我国海洋经济呈现出明显的区域集聚特征。环渤海、长三角、珠三角等地区是我国海洋经济的核心区域，这些地区凭借优越的地理位置、雄厚的经济基础和完善的产业配套，吸引了大量的海洋产业集聚。环渤海地区在海洋油气、船舶制造、海洋化工等领域具有较强的优势；长三角地区的海洋交通运输、海洋科技研发等产业发达；珠三角地区的海洋装备制造、滨海旅游等产业发展突出。此外，福建、山东、辽宁等沿海省份也在积极发展海洋经济，如福建的海洋渔业、海洋航运，山东的海洋生物医药、海洋新能源，辽宁的海洋船舶工业等，形成了各具特色的海洋产业集群。

（三）科技创新成果

在海洋科技领域，我国凭借着科研人员持之以恒的钻研精神与不懈努力，取得了一系列令人瞩目的创新成果，这些成果犹如坚固基石，为海洋经济的蓬勃发展提供了强大且稳固的技术支撑。

在深海探测技术方面，我国实现了具有里程碑意义的重大突破。"奋斗者"号全海深载人潜水器历经无数次严苛测试与技术优化，成功坐底马里亚纳海沟这一世界海洋最深处，创造了 10 909 米的中国载人深潜新纪录，这一深度相当于将埃菲尔铁塔竖着放入海底还绰绰有余。这一壮举使我国成为世界上第二个实现万米载人深潜的国家，在深海探测领域书写了浓墨重彩的一笔。这一成果不仅标志着我国的深海探测技术达到了世界领先水平，更像是一把钥匙，为我国开展深海资源勘探、深海科学研究等打开了全新的大门，提供了极为重要的技术手段。通过"奋斗者"号，我国科学家能够深入漆黑且神秘的海底，运用高精度的探测设备，对深海生物的独特生态系统、复杂的地质构造、丰富的矿产资源等进行细致入微的探测和研究，为深海资源的开发利用奠定了坚实的基础。

海洋资源开发技术不断创新，持续焕发新的活力。我国在海洋油气勘探开发方面取得了重要进展，通过采用先进的地震勘探技术、高精度的测井技术以及智能化的开采设备，海洋油气产量持续稳步增长。2023 年，海洋原油、天然气产量同比分别增长 5.8%、9.1%，海洋原油增产量自 2020 年到 2023 年连续 4 年占全国原油总增量的 60%以上，这一数据彰显了我国在海洋油气开发领域的卓越实力。在海上风电技术方面，我国也处于世界前列，科研团队不断攻坚克难，研发出新型的风力发电机组，其叶片设计更加科学合理，能够更高效地捕获风能；同时研发出的海上风电安装平台，如自主研发设计的 2 500 吨自航自升式风电安装平台"海峰 1001"，具备高度自动化的安装设备，大大提升了海上风电的开发效率和稳定性。全球最大功率 20 兆瓦半直驱永磁风力发电机成功下线，其先进的永磁技术和高效的发电系统，进一步推动了我国海上风电产业的快速发展。

海洋信息技术也取得了显著进步。我国建立了完善且全面的海洋环境监测体系，综合运用卫星遥感，通过高分辨率的卫星对广袤的海洋进行大面积扫描，获取海洋表面温度、海色等信息；利用海洋浮标，它们如同海上的"哨兵"，实时监测海水温度、盐度、海流等参数；还有岸基监测站，对近岸海域进行近距离、精细化的监测，通过多种手段协同作业，对海洋环境进行实时监测和数据采集。这些海量的数据经过专业的分析处理,为海洋灾害预警提供了精准的信息,使我们能够提前做好防范措施;为海洋资源管理提供了科学依据,助力资源的合理开发;为海洋生态保护提供了关键支撑,守护海洋生态平衡。我国在海洋大数据、人工智能等领域的应用也不断拓展,通过对海洋数据的深度分析和挖掘,实现了海洋资源的精准开发和利用,借助人工智能算法优化资源开采方案,提高了海洋经济的运行效率。

这些科技创新成果极大地推动了海洋经济的发展。一方面,提高了海洋资源的开发利用效率,降低了开发成本。先进的海洋油气勘探开发技术能够利用三维地震成像等技术更准确地定位油气资源,降低勘探的盲目性,提高开采效率;新型的海上风电技术通过优化叶片材料和结构,提高风能的捕获效率,同时智能化的运维系统降低了发电成本。另一方面,促进了海洋新兴产业的发展,培育了新的经济增长点。海洋生物医药、海洋新能源等新兴产业的发展离不开科技创新的支持,科技创新为这些产业的发展提供了技术保障和创新动力,例如,在海洋生物医药领域,通过对深海生物的研究,提取出具有药用价值的成分,为新药研发开辟了新途径。

二、海洋文化发展现状

(一)海洋文化资源挖掘与保护

我国拥有丰富多样的海洋文化资源,在挖掘与保护方面取得了一定的成果。在海洋文化遗址方面,众多历史悠久的港口遗址、沉船遗址等见证了我国古代海洋贸易和航海活动的辉煌。例如,泉州作为古代海上丝绸之路的重要起点,留存了大量与海丝文化相关的遗址,如刺桐港遗址、德济门遗址等。这些遗址不仅是珍贵的历史文化遗产,也是研究我国古代海洋文化的重要实物资料。为了加强对这些遗址的保护,政府加大了资金投入,制定了严格的保护规划和措施。对刺桐港遗址进行了考古发掘和保护展示,建设了遗址公园,向公众展示了古代港口的繁荣景象;同时,加强了对遗址周边环境的整治和管理,确保遗址的安全和完整性。

在民俗文化方面,沿海地区的渔民文化、妈祖文化等独具特色。渔民文化中,渔民们的生产生活方式、传统的渔业技艺、独特的海洋信仰等都体现了海洋文化的魅力。例如,在一些沿海渔村,渔民们传承着古老的造船技艺,这些技艺不仅是一种生产技能,更是海洋文化的重要组成部分。

为了保护和传承这些民俗文化，各地政府和社会组织积极开展相关工作。举办渔民文化节，展示渔民的传统技艺、民俗风情和海洋文化特色；建立民俗文化博物馆，收藏和展示与渔民文化相关的文物和资料；开展民俗文化传承活动，培养年轻一代对民俗文化的兴趣和热爱。

妈祖文化作为我国海洋文化的重要代表，在国内外都有着广泛的影响力。妈祖信仰起源于福建湄洲岛，经过千年的传承和发展，已经成为全球华人共同的精神信仰。为了保护和传承妈祖文化，福建湄洲岛建立了妈祖祖庙，成为全球妈祖信众的朝拜圣地。每年都有大量的信众前往湄洲岛妈祖祖庙进香朝拜，参加妈祖祭典等活动。各地还成立了妈祖文化研究机构，深入研究妈祖文化的内涵和价值，推动妈祖文化的传承和发展。通过举办妈祖文化论坛、出版妈祖文化研究著作等方式，加深了人们对妈祖文化的了解和认识。

（二）海洋文化产业发展

在时代浪潮的推动下，我国海洋文化产业正以蓬勃之势迅猛发展，其规模持续扩大，市场竞争力也在稳步增强。在海洋旅游领域，滨海旅游与海岛旅游已然成为炙手可热的旅游项目。据权威统计数据表明，2023年沿海城市接待国内旅游人数同比增长幅度超过60%，海洋旅游融合业态如雨后春笋般不断涌现，"演艺+海洋旅游""博物馆+海洋旅游"等创新模式更是成为当下旅游市场的新热点。海南三亚凭借其得天独厚的海洋资源，精心打造了众多声名远扬的滨海旅游景区，亚龙湾、海棠湾等景区宛如一颗颗璀璨的明珠，吸引着来自五湖四海的大量国内外游客前来观光度假。这些景区不仅拥有细腻迷人的海滩、澄澈如镜的海水，还为游客提供了丰富多元的海上娱乐项目，潜水、冲浪、帆船等应有尽有，全方位满足了游客多样化的旅游需求。与此同时，三亚极为注重海洋文化的深度融入，精心举办了一系列精彩纷呈的海洋文化主题活动，海洋文化节、海鲜美食节等活动不仅丰富了游客的旅游体验，更让游客在游玩过程中深切感受到海洋文化的独特魅力。

海洋文化创意产业同样呈现出一片繁荣的发展景象。以海洋为灵感源泉的文化创意产品如潮水般不断涌现，广泛涵盖艺术设计、影视动漫、文化演艺等多个领域。部分国内海洋主题动漫作品在市场上收获了极高的人气，就像动漫《叶罗丽精灵梦》中的部分剧情，生动展现了神秘莫测的海底世界，通过奇幻有趣的故事和精美绝伦的画面，将海洋世界的奇妙毫无保留地展现在观众眼前，有力地传播了海洋文化知识。在海洋艺术设计方面，设计师们充分发挥奇思妙想，将海洋元素巧妙融入服装、饰品、家居用品等设计之中，成功打造出具有独特海洋风格的产品，这些产品一经推出便深受消费者的喜爱与追捧。例如，国内一些设计师匠心独运推出的海洋主题系列服装，巧妙地把海浪、贝壳等元素融入服装设计，设计新颖独特，在市场上备受消费者青睐。

在市场竞争力层面，我国海洋文化产业始终致力于提升自身品牌影响力和创新能力。一些知名海洋文化企业通过强化品牌建设和加大市场推广力度，显著提高了产品和服务的知名度与美誉度。以华强方特打造的"方特欢乐世界"主题公园为例，其中的海洋主题园区凭借丰富多样的游乐项目和精彩纷呈的演艺表演，吸引了源源不断的游客，已然成为国内家喻户晓的海洋文化旅游品牌。同时，企业持续加大创新投入，积极推动海洋文化产业与科技的深度融合，不断开发出更多具有创新性和竞争力的产品与服务。借助虚拟现实（VR）、增强现实（AR）等前沿技术，打造出沉浸式的海洋文化体验项目，为游客带来前所未有的全新旅游体验。

除上述领域外，海洋文化产业还涵盖海洋节庆会展。各地举办的海洋文化节、海洋科技博览会等，不仅是展示海洋文化和科技成果的平台，更是促进海洋产业交流合作的重要契机。海洋教育研学也是重要的组成部分，通过开展海洋科普教育、研学旅行等活动，向大众尤其是青少年普及海洋知识，培养他们对海洋的热爱和保护意识。海洋文化出版也不容忽视，海洋主题的书籍、杂志、画册等出版物，从不同角度记录和传播海洋文化，丰富了人们对海洋的认知。

（三）海洋文化传播与交流

我国始终秉持着积极开放的态度，大力开展海洋文化的传播与交流活动，通过多元化、全方位的途径，不遗余力地向国内外充分展示我国海洋文化的独特魅力。

在国内，精心策划并举办了琳琅满目的各类海洋文化节、海洋文化展览等丰富多彩的活动，这些活动形式多样，内容精彩纷呈，极大地丰富了民众的海洋文化生活，让海洋文化真正走进了千家万户，切实增强了国民的海洋意识。其中，青岛国际海洋节作为我国规模较大且极具影响力的海洋文化节庆活动，自1999年创办以来，历经岁月的沉淀与打磨，已经成功举办了多届。每一届青岛国际海洋节都精心筹备，涵盖了海洋文化、海洋科技、海洋经济、海洋体育等多个领域的活动。在海洋文化板块，有传统海洋民俗展示、海洋历史文物展览等，让民众深入了解海洋文化的深厚底蕴；海洋科技领域，会展示最新的海洋探测设备、海洋资源开发技术等，激发民众对海洋科技的兴趣；海洋经济方面，举办海洋产业投资洽谈会，促进海洋经济的发展；海洋体育则有帆船比赛、海上摩托艇表演等刺激精彩的项目。这些丰富多样的活动吸引了众多国内外游客和企业纷至沓来，积极参与其中。通过举办海洋节，青岛不仅向国内民众展示了丰富的海洋文化资源和独特的城市魅力，还通过各种宣传渠道和互动环节，加强了海洋文化的传播和推广，使民众对海洋的关注度和认知度得到了显著提高。

在国际上，我国以更加开放包容的姿态，积极投身于参加国际海洋文化交流活动和举办国际海洋文化论坛等重要交流活动。我国积极参与联合国"海洋科学促进可持续发展十年"等极具影响力的倡议和行动，在相关国际会议和研讨活动中，与世界各国分享海洋文化研究成果和海洋文化产业发展经验。在第三届"一带一路"国际合作高峰论坛上，我国首次精心筹备举办海洋合作专题论坛，论坛期间，经过深入研讨和广泛交流，郑重发布《"一带一路"蓝色合作倡议》和蓝色合作成果清单。一系列海上合作项目取得了丰硕成果，中国提出的创新方案和合作模式凭借其科学性和可行性，被世界各国广泛接受和认可。通过这些交流与合作，我国不仅将自身优秀的海洋文化传播到世界各地，还以海纳百川的胸怀吸收了其他国家的优秀海洋文化成果，为全球海洋文化的多元发展注入了新的活力。同时，我国还积极开拓国际市场，推动海洋文化产品的出口，如制作精良、富有中国海洋文化特色的海洋题材的影视作品，以细腻笔触描绘海洋故事的文学作品等，通过这些文化产品，让世界更好地了解中国的海洋文化，感受中国海洋文化的独特魅力和深厚内涵。

第三节　我国海洋经济文化发展面临的挑战

我国在海洋经济文化的发展历程中，已斩获诸多斐然成果。海洋经济层面，传统海洋产业如渔业、盐业，历经技术革新与产业升级，实现了现代化转型。新兴海洋产业如海洋生物医药、海洋信息科技等，亦凭借科技创新的驱动，展现出强劲的发展活力，海洋经济在国民经济体系中的重要性愈发凸显。海洋文化领域，海洋文化遗产的保护与研究工作有序推进，海洋文化的传播与交流活动广泛开展，海洋文化的社会影响力不断拓展，成为增强民族文化自信的重要力量。

然而，海洋经济文化的发展并非一帆风顺，诸多内外部复杂因素交织，使其面临一系列亟待应对的挑战。内部而言，区域间海洋经济文化发展存在显著的非均衡性。沿海不同区域在资源禀赋、政策支持、科技实力等方面存在差异，导致部分地区海洋经济发展迅猛、海洋文化繁荣兴盛，而部分地区则发展迟缓，资源整合与协同发展的机制尚不完善。同时，海洋经济的高速发展与海洋生态环境保护之间的矛盾逐渐凸显。海洋开发活动的增加，对海洋生态系统造成了一定压力，如何在追求经济增长的同时，确保海洋生态系统的健康与可持续性，是亟待解决的关键问题。在海洋文化传承与创新方面，现代社会多元文化的冲击、传承人才的匮乏以及创新转化能力的不足，都对传统海洋文化的存续与发展带来了严峻挑战。

外部环境同样不容乐观。在全球化背景下，国际海洋竞争日趋白热化。各国纷纷将海洋作为战略发展重点，加大对海洋经济与文化领域的投入，我国在国际海洋经济市场中面临着来自发达国家先进技术、成熟产业模式以及品牌优势的激烈竞争。此外，国际海洋治理规则处于动态演变之中，新规则、新制度不断涌现，这对我国海洋经济文化发展的合规性提出了更高要求，如何在遵循国际规则的前提下，维护国家海洋权益，拓展发展空间，成为我国面临的重要课题。

一、海洋经济发展面临的问题

（一）经略海洋认识不足

尽管海洋经济在我国国民经济体系中占据着日益重要的地位，但部分地区对海洋经济的重视程度仍亟待提高，经略海洋的意识较为淡薄。在一些沿海区域，政府及企业针对海洋经济的发展战略缺乏深入研究与长远规划，未能充分认识到海洋经济在推动区域经济增长、促进产业升级以及保障国家资源安全等方面所具有的关键作用。

这种认识不足体现在多个维度。在远海、深海开发层面，投入相对匮乏。远海与深海蕴藏着丰富的资源，如深海油气、矿产资源、生物资源等，但由于开发难度大、技术要求高、投资风险大等因素，部分地区对远海、深海开发的积极性较低。相较而言，近海开发相对容易，导致近海资源过度开发，而远海、深海资源的开发利用程度偏低。在海洋科技创新方面，一些地区对海洋科技的投入不足，忽视了海洋科技在驱动海洋经济发展中的关键作用。海洋科技的发展需要大量的资金与人才支撑，而部分地区在这方面的投入相对较少，致使海洋科技创新能力薄弱，难以契合海洋经济发展的需求。

部分地区对海洋文化的挖掘与传承重视程度不够。海洋文化作为海洋经济发展的重要支撑，蕴含着丰富的历史、民俗及精神内涵。然而，一些地区在发展海洋经济的过程中，过度侧重经济效益，忽视了海洋文化的价值，导致海洋文化的传承与发展面临困境。一些具有悠久历史的海洋民俗文化、航海文化等逐渐失传，海洋文化的独特魅力未能得到充分彰显。

（二）产业结构不合理

我国海洋产业结构存在不合理状况，主要表现为海洋传统产业占比过高，新兴产业发展滞后，产业同质化现象显著。

海洋传统产业，如海洋渔业、海洋交通运输业、海洋船舶工业等，在海洋经济中仍占据较大比重。这些产业大多属于资源依赖型和劳动密集型产业，附加值较低，对环境的影响较大。以海洋渔业为例，我国海洋渔业长期以近海捕捞和传统养殖为主，过度捕捞导致渔业资源衰退，养殖方式粗放，对海洋生态环境造成了破坏。同时，海洋渔业的产业链较短，深加工能力不足，产品附加值较低，难以满足市场对高品质海产品的需求。

相比之下，海洋新兴产业，如海洋新能源、海洋生物医药、海洋高端装备制造等，虽然发展前景广阔，但目前在海洋经济中的占比相对较小。这些产业大多属于技术密集型和知识密集型产业，对科技创新能力和人才素质要求较高。我国在这些领域的技术研发和创新能力相对较弱，人才短缺，导致海洋新兴产业的发展受到制约。海洋生物医药产业的研发周期长、投入大、风险高，我国在海洋生物活性物质的提取、分离和鉴定等关键技术方面与国际先进水平存在一定差距，影响了海洋生物医药产业的发展。

我国沿海地区海洋产业同质化现象较为突出。各地区在发展海洋经济时，缺乏明确的产业定位与特色，往往盲目跟风，导致产业结构相似，竞争激烈。许多沿海城市均将海洋渔业、滨海旅游、海洋交通运输等产业作为重点发展方向，产业布局不合理，资源配置效率低下。这种同质化竞争不仅不利于海洋产业的协同发展，还容易造成资源浪费和环境破坏。

（三）科技支撑能力薄弱

海洋经济的发展离不开科技创新的有力支撑，但目前我国海洋科技支撑能力仍较为薄弱，存在科技创新投入不足、创新人才短缺、科技成果转化率低等问题。

在海洋科技创新投入方面，尽管我国近年来对海洋科技的投入有所增加，但与发达国家相比，仍存在较大差距。海洋科技研发需要大量的资金支持，用于购置先进的科研设备、开展基础研究和应用研究等。然而，海洋科技的投资回报率相对较低，投资风险较大，导致社会资本对海洋科技的投入积极性不高。政府在海洋科技投入方面的力度也有待加强，一些关键领域的科研项目因资金短缺而难以开展。

海洋科技创新人才短缺也是制约我国海洋经济发展的重要因素。海洋科技涉及多个学科领域，对人才的综合素质要求较高。目前，我国海洋科技人才队伍存在总量不足、结构不合理、高端人才匮乏等问题。在一些高校和科研机构，海洋相关专业的招生规模较小，培养的人才数量难以满足海洋经济发展的需求。同时，海洋工作环境较为艰苦，待遇相对较低，导致一些优秀的海洋科技人才流失。

我国海洋科技成果转化率较低，许多科研成果未能及时转化为现实生产力。一方面，海洋科技成果的转化需要一定的资金和技术支持，以及完善的转化机制和服务体系，而目前我国在这些方面还存在不足，导致科技成果转化面临困难。另一方面，科研机构与企业之间的合作不够紧密，信息沟通不畅，导致科研成果与市场需求脱节，难以实现产业化应用。一些高校和科研机构的科研成果在实验室阶段取得了较好的效果，但由于缺乏与企业的合作，无法将成果转化为实际产品，无法为海洋经济发展提供有力支持。

（四）生态环境压力大

随着海洋经济的快速发展，海洋生态环境面临着日益严峻的压力。海洋污染、生态破坏等问题不仅影响了海洋生物的生存和繁衍，也对海洋经济的可持续发展构成威胁。

海洋污染是海洋生态环境面临的主要问题之一。陆源污染物排放、海上石油开采、船舶运输等活动，致使大量的污染物进入海洋，如石油、重金属、有机物等。这些污染物在海洋中积聚，破坏了海洋生态系统的平衡，影响了海洋生物的生长和繁殖。石油污染会导致海洋生物窒息死亡，重金属污染会影响海洋生物的生理功能，有机物污染会导致海水富营养化，引发赤潮等海洋灾害。据统计，我国沿海地区每年排放入海的工业污水和生活污水约 60 亿吨，大量的污染物对海洋生态环境造成了严重破坏。

海洋生态破坏同样是一个不容忽视的问题。过度捕捞、围填海、海洋工程建设等活动，破坏了海洋生物的栖息地和繁殖场所，导致海洋生物多样性减少。过度捕捞使得一些海洋鱼类资源濒临枯竭，围填海活动破坏了滨海湿地、珊瑚礁等海洋生态系统，影响了海洋生物的生存环境。一些地方为了发展经济，大规模进行围填海造地，导致滨海湿地面积减少，生态功能退化，许多珍稀鸟类和海洋生物失去了栖息地。

海洋生态环境的恶化不仅对海洋生物造成了危害，也对海洋经济的可持续发展产生了负面影响。海洋渔业资源的减少，使得渔业产量下降，渔民收入减少；海洋生态系统的破坏，影响了滨海旅游的品质，降低了旅游吸引力；海洋污染还可能引发海洋灾害，给沿海地区的经济和人民生命财产安全带来威胁。因此，加强海洋生态环境保护，是实现海洋经济可持续发展的迫切需求。

二、海洋文化发展面临的困境

（一）文化资源开发利用程度有限

我国海洋文化资源丰富多元，然而当前部分资源的开发利用水平尚处于较低层次，诸多文化价值未得到充分发掘。诸如古代港口遗址、沉船遗址等具备深厚历史底蕴的海洋文化遗址，因缺乏行之有效的保护与开发举措，未能充分释放其文化价值与经济价值。部分遗址仅开展了初步的考古发掘工作，未进行深入的研究与展示，致使公众对这些遗址的了解与认知程度较低。一些海洋民俗文化，例如渔民传统的生产生活方式、海洋祭祀活动等，同样面临传承与发展的困境。伴随现代化进程的加速，年轻一代对传统海洋民俗文化的兴趣渐趋淡薄，众多民俗文化活动难以持续开展，进而导致这些文化资源逐步流失。

在海洋文化资源开发利用进程中，还存在开发方式单一、缺乏创新性等问题。部分地区在开发海洋文化旅游资源时，仅停留在观光旅游层面，对海洋文化内涵的挖掘与展示不够深入，旅游产品同质化现象严重，缺乏吸引力。一些海洋文化景区只是简单呈现海洋生物、海洋景观等，未能将海洋文化与旅游活动有机融合，无法为游客提供独特的文化体验。同时，海洋文化创意产品的开发也相对滞后，缺乏具备创新性与市场竞争力的产品。多数海洋文化创意产品仅是将海洋元素简单印制在普通商品上，缺乏文化内涵与创意设计，难以契合消费者需求。

（二）产业体系尚不完善

我国海洋文化产业虽已取得一定发展成果，但整体规模较小，产业体系尚不完善。在产业规模方面，与发达国家相比，我国海洋文化产业产值占国内生产总值的比重较低，对经济增长的贡献较为有限。海洋文化产业的产业链不够完整，各环节之间协同发展程度不足。以海洋文化旅游产业为例，尽管滨海旅游、海岛旅游等发展态势较为迅猛，但旅游服务配套设施不够完善，旅游交通、餐饮、住宿等方面存在短板，影响游客旅游体验。同时，海洋文化旅游与其他相关产业，如海洋渔业、海洋工艺品制造等的融合程度较低，未能形成完整的产业链条，难以实现产业的协同发展与增值。

海洋文化产业的市场竞争力较弱，品牌建设存在欠缺。众多海洋文化企业规模较小，资金实力与技术创新能力有限，难以在市场中形成较强竞争力。同时，我国海洋文化产业缺乏具有国际影响力的品牌，在国际市场上的知名度与美誉度较低。一些海洋文化产品虽具备一定特色，但因缺乏有效的品牌推广与营销，市场份额较小，难以实现规模化发展。在海洋文化演艺领域，虽有一些优秀作品，但由于缺乏品牌建设与市场推广，观众群体有限，难以形成产业规模。

（三）专业人才短缺

海洋文化专业人才的匮乏是制约海洋文化产业发展的关键因素之一。海洋文化涵盖多个学科领域，如海洋学、历史学、文化学、艺术学等，对人才的综合素质要求颇高。当前，我国海洋文化专业人才培养体系尚不完善，高校中相关专业设置较少，培养的人才数量难以满足市场需求。同时，海洋文化产业发展相对滞后，对人才的吸引力不足，导致部分优秀人才流失。

在海洋文化产业中，既精通文化又擅长经营管理的复合型人才尤为稀缺。众多海洋文化企业在发展过程中，面临经营管理不善、市场开拓能力不足等问题，这与复合型人才的短缺密切相关。一些海洋文化企业在进行项目策划与运营时，由于缺乏专业的经营管理人才，致使项目效益不佳，难以实现可持续发展。在海洋文化创意产业中，需要具备创新思维与市场洞察力的人才来推动产业发展，但目前这类人才的短缺限制了产业的创新发展。

（四）传播力度不足

海洋文化的传播渠道存在局限性，传播效果欠佳，致使公众的海洋文化意识较为淡薄。在传统媒体方面，对海洋文化的宣传报道相对较少，且缺乏系统性与深度。电视、广播等媒体对海洋文化的关注主要集中在海洋经济、海洋科技等方面，对海洋文化的内涵、历史与价值等方面的报道较少。在新媒体时代，尽管网络、社交媒体等为海洋文化的传播提供了新渠道，但由于缺乏有效的传播策略与手段，海洋文化在新媒体平台上的传播影响力有限。许多海洋文化相关的网站、社交媒体账号等，内容更新不及时，形式单一，缺乏互动性，难以吸引公众关注。

公众对海洋文化的认知度与参与度较低，海洋文化活动的覆盖面较窄。一些海洋文化节、展览等活动，主要面向专业人士或当地居民，缺乏对广大公众的吸引力与影响力。同时，由于海洋文化教育的普及程度不高，许多人对海洋文化的了解仅停留在表面，缺乏深入的认识与理解。在学校教育中，海洋文化相关的课程设置较少，学生对海洋文化的学习与了解不足，导致年轻一代的海洋文化意识淡薄。

第四节　我国海洋经济文化发展战略研究

在全球海洋经济与文化深度交融的时代背景下，海洋领域的战略规划对国家发展意义重大。前文已基于多维度视角，对我国海洋经济文化的发展现状进行了细致梳理，并深入洞察了其间所面临的诸多挑战。在此坚实基础之上，进一步探寻与之适配的发展战略，便成为推动我国海洋经济文化持续、稳健前行的重要路径，这不仅是理论研究的内在要求，更是实践发展的迫切需要。

海洋经济，作为国民经济的关键构成，其发展战略涉及多个维度，包括强化顶层设计，借助规划引导、政策扶持与统筹协调推动发展；优化产业结构，实现传统产业转型升级与新兴产业培育壮大；强化科技创新，从投入、人才、成果转化等方面着力；加强国际合作，开拓全球发展空间。

海洋文化发展亦不容忽视，需深入挖掘文化资源并推动其创造性转化与创新性发展；完善产业体系，涵盖培育市场主体、打造产业链、建设产业园区等方面；加强人才培养，构建全方位的培养、引进与激励机制；加大传播力度，通过创新方式、拓展渠道、加强教育普及提升影响力。

一、海洋经济发展战略

（一）加强顶层设计

完善海洋经济发展规划是推动海洋经济持续、健康、有序发展的重要基础。政府应结合国家整体发展战略和海洋经济发展现状，制定科学合理、具有前瞻性和可操作性的海洋经济发展规划。明确各阶段海洋经济发展的目标、任务和重点领域，合理布局海洋产业，促进海洋经济与陆地经济的协同发展。在规划中，要充分考虑不同地区的海洋资源禀赋和发展基础，制定差异化的发展策略。对于海洋资源丰富、经济基础雄厚的地区，如环渤海、长三角、珠三角等地区，应重点发展高端海洋产业，如海洋高端装备制造、海洋生物医药、海洋新能源等，提升海洋产业的附加值和竞争力；对于海洋资源相对较少、经济基础较弱的地区，应结合自身特色，发展具有比较优势的海洋产业，如海洋渔业、滨海旅游等，实现海洋经济的特色化发展。

加强政策支持是促进海洋经济发展的重要保障。政府应出台一系列优惠政策，鼓励企业加大对海洋产业的投资。在税收方面，对从事海洋产业的企业给予税收减免和优惠，降低企业的运营成本；在财政补贴方面，设立海洋经济发展专项资金，对海洋产业的重点项目、科技创新项目等给予财政补贴，支持企业的发展；在金融支持方面，引导金融机构加大对海洋产业的信贷投放，创新金融产品和服务，为海洋企业提供多元化的融资渠道。鼓励银行开展海洋资产抵押贷款、海域使用权抵押贷款等业务，为海洋企业解决融资难题。

统筹协调是实现海洋经济高效发展的关键。建立健全海洋经济发展协调机制，加强涉海部门之间的沟通与协作，形成工作合力。加强海洋资源管理部门、海洋经济发展部门、海洋环境保护部门等之间的协调配合，避免出现管理职能交叉、职责不清等问题。建立海洋经济发展联席会议制度，定期召开会议，研究解决海洋经济发展中的重大问题。加强海洋经济区域合作，促进沿海地区之间的资源共享、优势互补和协同发展。推动环渤海、长三角、珠三角等地区之间的海洋经济合作，共同打造具有国际竞争力的海洋产业集群。加强沿海地区与内陆地区的经济联系，通过港口物流、海洋产业转移等方式，带动内陆地区的经济发展。

（二）优化产业结构

推动海洋传统产业转型升级是提升海洋经济发展质量和效益的重要举措。对于海洋渔业，应加快推进渔业现代化进程，推广生态养殖、健康养殖模式，减少对环境的污染。加强渔业科技创新，培育优良品种，提高渔业产量和质量。发展渔业深加工，延长产业链，提高产品附加值。开发海洋休闲渔业，将渔业与旅游、文化等产业相结合，拓展渔业发展空间。建设渔业主题公园、渔家乐等项目，让游客体验捕鱼、垂钓等渔业活动，感受海洋文化的魅力。

对于海洋交通运输业，应加强港口基础设施建设，提升港口的智能化、绿色化水平。加大对港口设备的升级改造，提高港口的装卸效率和服务质量。推广应用新能源技术，减少港口的碳排放。发展多式联运，加强港口与铁路、公路、内河航运等运输方式的衔接，提高物流运输效率。建设港口物流园区，整合物流资源，实现物流的集约化发展。

对于海洋船舶工业，应加大技术创新投入，推动船舶制造向高端化、智能化、绿色化方向发展。加强与高校、科研机构的合作，开展关键技术研发，突破核心技术瓶颈。研发新型环保船舶，提高船舶的燃油效率和环保性能。发展智能制造技术，提高船舶制造的自动化水平和生产效率。

培育壮大新兴产业是培育海洋经济新的增长点的关键。海洋新能源产业具有广阔的发展前景，应加大对海上风电、潮汐能、波浪能等海洋新能源的开发利用力度。制定海洋新能源发展规划，明确发展目标和重点任务。加强技术研发，提高海洋新能源的开发效率和稳定性。完善海洋新能源产业配套设施，促进产业的规模化发展。建设海上风电基地，配套建设海上风电运维中心、装备制造基地等，形成完整的产业链。

海洋生物医药产业是海洋经济的新兴领域，应加强海洋生物资源的开发利用，推动海洋生物医药的研发和产业化。建立海洋生物资源库，收集和保存海洋生物样本，为海洋生物医药研发提供基础数据。加大对海洋生物医药研发的投入，鼓励企业和科研机构开展合作，共同攻克关键技术难题。加强海洋生物医药产业园区建设，吸引相关企业和科研机构入驻，形成产业集聚效应。

海洋高端装备制造产业是海洋经济的重要支撑，应加强核心技术研发，提高海洋高端装备的国产化水平。加大对海洋工程装备、海洋监测设备、海洋勘探设备等高端装备的研发投入，突破关键技术瓶颈。加强产业配套能力建设，提高零部件的国产化率。培育一批具有国际竞争力的海洋高端装备制造企业，提升我国海洋高端装备制造产业的整体水平。

（三）强化科技创新

加大科技投入是提升海洋科技创新能力的重要保障。政府应加大对海洋科技研发的资金支持，设立海洋科技创新专项资金，鼓励企业和科研机构开展海洋科技研发。引导社会资本投入海洋科技领域，建立多元化的科技投入机制。鼓励金融机构为海洋科技企业提供融资支持，开展知识产权质押贷款、科技保险等业务。

培养创新人才是推动海洋科技创新的关键。加强海洋相关学科建设，优化人才培养体系，培养一批具有创新精神和实践能力的海洋科技人才。高校和科研机构应加强与企业的合作，开展产学研合作教育，培养符合市场需求的应用型人才。建立健全人才激励机制，提高海洋科技人才的待遇和地位，吸引和留住优秀人才。设立海洋科技人才奖励基金，对在海洋科技领域做出突出贡献的人才给予表彰和奖励。

促进科技成果转化是实现海洋科技创新价值的重要环节。建立海洋科技成果转化服务平台，加强科技成果与企业需求的对接，推动科技成果的产业化应用。完善科技成果转化政策，为科技成果转化提供政策支持和保障。鼓励企业与高校、科研机构合作，共同开展科技成果转化项目。对科技成果转化项目给予税收优惠、财政补贴等支持。

（四）加强国际合作

开展海洋经济国际合作具有重要意义。随着经济全球化的深入发展，海洋经济的国际合作日益紧密。通过国际合作，我国可以充分利用国际资源和市场，引进先进的技术和管理经验，提升我国海洋经济的发展水平。国际合作还可以促进我国与其他国家在海洋领域的交流与沟通，共同应对全球性海洋问题，维护海洋的和平与稳定。

在海洋经济国际合作中，我国应积极参与国际海洋事务治理，加强与其他国家在海洋资源开发、海洋环境保护、海洋科学研究等领域的合作。参与联合国海洋法公约的制定和实施，积极参与国际海洋规则的制定，维护我国的海洋权益。加强与共建"一带一路"国家的海洋经济合作，共同打造 21 世纪海上丝绸之路。与共建国家开展海洋贸易、海洋投资、海洋科技合作等，实现互利共赢。

我国还应加强与国际海洋组织的合作，积极参与国际海洋科研项目，提升我国在国际海洋领域的影响力。与国际海事组织、国际海洋研究委员会等组织开展合作，共同推动海洋科学研究的发展。参与国际海洋科研项目，如国际大洋发现计划、海洋生物普查计划等，提高我国海洋科研水平。

二、海洋文化发展战略

（一）深入挖掘文化资源

加强海洋文化资源普查、整理和研究是充分挖掘海洋文化价值的基础工作。政府应组织专业力量，对海洋文化遗址、海洋民俗文化、海洋历史文献等资源进行全面普查，建立详细的海洋文化资源数据库。对沿海地区的古代港口遗址、沉船遗址等进行系统的考古调查和研究，了解其历史背景、文化内涵和价值。加强对海洋民俗文化的整理和记录，如渔民的传统生产生活方式、海洋祭祀活动、海洋民间艺术等，通过文字、图片、视频等多种形式进行保存。鼓励高校、科研机构开展海洋文化研究，深入挖掘海洋文化的历史渊源、精神内涵和当代价值，为海洋文化的传承和发展提供理论支持。

推动海洋文化资源的创造性转化和创新性发展是提升海洋文化活力和吸引力的关键。将海洋文化与现代科技、创意设计等相结合，开发具有创新性的海洋文化产品和服务。利用虚拟现实（VR）、增强现实（AR）等技术，打造沉浸式的海洋文化体验项目，让游客身临其境地感受海洋文化的魅力。开发海洋文化创意产品，如海洋主题的工艺品、饰品、文具等，将海洋文化元素融入日常生活用品中，满足消费者对个性化、文化化产品的需求。创新海洋文化表现形式，将海洋文化与文学、艺术、影视等领域相结合，创作更多具有海洋文化特色的作品。拍摄海洋题材的电影、电视剧、纪录片，出版海洋文化相关的书籍、画册，举办海洋文化艺术展览等，以多样化的形式传播海洋文化。

（二）完善产业体系

培育壮大海洋文化市场主体是推动海洋文化产业发展的核心。政府应加大对海洋文化企业的扶持力度，通过税收优惠、财政补贴、金融支持等政策，鼓励企业投身海洋文化产业。培育一批具有核心竞争力的海洋文化龙头企业，发挥其引领示范作用，带动产业链上下游企业协同发展。鼓励企业开展技术创新和商业模式创新，提高企业的市场竞争力。支持海洋文化企业加强品牌建设，打造具有国际影响力的海洋文化品牌。引导企业加强市场开拓，拓展国内外市场，提高海洋文化产品和服务的市场占有率。

打造完整的海洋文化产业链是提升海洋文化产业附加值和竞争力的重要途径。加强海洋文化产业各环节之间的协同合作，实现产业链的延伸和拓展。以海洋文化旅游产业为例，不仅要发展滨海旅游、海岛旅游等核心业务，还要加强旅游服务配套设施建设，如酒店、餐饮、交通等，提高旅游服务质量。推动海洋文化旅游与其他相关产业的融合发展，如海洋渔业、海洋工艺品制造、海洋文化演艺等，形成完整的产业链条。开发海洋渔业体验游项目，让游客参与捕鱼、养殖等活动，同时购买海洋渔业产品和海洋工艺品；举办海洋文化演艺活动，为游客提供丰富多彩的文化娱乐体验，实现产业的协同发展和增值。

加强海洋文化产业园区建设是促进海洋文化产业集聚发展的重要举措。政府应科学规划海洋文化产业园区的布局，根据不同地区的海洋文化资源特色和产业基础，打造具有特色的产业园区。加强产业园区的基础设施建设，完善园区的交通、通信、水电等配套设施，为企业提供良好的发展环境。制定优惠政策，吸引海洋文化企业入驻园区，形成产业集聚效应。加强园区内企业之间的交流与合作，促进资源共享、技术创新和人才培养，提高产业园区的整体竞争力。

（三）加强人才培养

建立健全海洋文化人才培养体系是培养高素质海洋文化人才的关键。高校应加强海洋文化相关专业建设，优化课程设置，培养具有扎实专业知识和创新能力的海洋文化人才。开设海洋文化学、海洋历史、海洋艺术、海洋文化产业管理等专业课程，注重理论与实践相结合，提高学生的实践能力和创新能力。加强与企业的合作，建立实习实训基地，为学生提供实践机会。鼓励高校开展海洋文化研究，为海洋文化产业发展提供智力支持。

加强海洋文化人才的引进和培养是满足海洋文化产业发展需求的重要手段。政府和企业应制定优惠政策，吸引国内外优秀的海洋文化人才来我国发展。提供良好的工作环境、待遇和发展空间，吸引高端人才和创新团队。加强对现有海洋文化人才的培训和提升，通过举办培训班、研讨会、学术交流活动等方式，不断提高人才的专业素质和业务能力。鼓励人才参加国际海洋文化交流活动，拓宽视野，学习借鉴国际先进经验。

建立海洋文化人才激励机制是激发人才创新创造活力的重要保障。政府和企业应设立海洋文化人才奖励基金，对在海洋文化领域做出突出贡献的人才给予表彰和奖励。鼓励人才开展创新活动，对创新成果给予相应的奖励和支持。完善人才评价机制，建立科学合理的人才评价指标体系，注重人才的实际业绩和创新能力，为人才的发展提供公平公正的环境。

（四）加大传播力度

创新海洋文化传播方式是提高海洋文化传播效果的关键。充分利用新媒体平台，如微信、微博、抖音等，开展海洋文化传播活动。制作生动有趣的海洋文化短视频、图文内容等，通过新媒体平台进行广泛传播，吸引更多的受众关注海洋文化。利用虚拟现实（VR）、增强现实（AR）等技术，打造沉浸式的海洋文化传播体验，让受众更加直观地感受海洋文化的魅力。举办线上海洋文化展览、海洋文化讲座等活动，打破时间和空间的限制，扩大海洋文化的传播范围。

拓展海洋文化传播渠道是提升海洋文化影响力的重要途径。加强与国内外媒体的合作，加大对海洋文化的宣传报道力度。在国内外主流媒体上开设海洋文化专栏、专题节目等，介绍我国海洋文化的历史、现状和发展成果，提高我国海洋文化的国际知名度和影响力。加强与国际海洋组织、文化机构的合作，积极参与国际海洋文化交流活动，举办国际海洋文化节、海洋文化论坛等，展示我国海洋文化的魅力，促进海洋文化的国际传播与交流。

加强海洋文化教育普及是增强国民海洋文化意识的重要举措。将海洋文化教育纳入国民教育体系，从基础教育阶段开始，加强海洋文化知识的普及和教育。在中小学课程中增加海洋文化相关内容，通过课堂教学、实践活动等方式，培养学生对海洋文化的兴趣和热爱。加强海洋文化科普教育，利用海洋博物馆、海洋科技馆、海洋文化公园等科普场所，开展海洋文化科普活动，向公众普及海洋文化知识，提高国民的海洋文化素养。

第六章　盐城海洋文化的历史脉络
与内在特质探析

在中国东部海岸线上，镶嵌着一颗璀璨的明珠——盐城。这座城市，以其悠久的历史和独特的地理位置，孕育了一种深厚的海洋文化。从古代的盐业文明到近代的海洋探险，再到现代的海洋经济，盐城海洋文化的历史沿革犹如一部丰富多彩的海洋史诗，展现了人类与海洋和谐共生的智慧和力量。

第一节　盐城海洋文化的历史演变轨迹

一、萌芽阶段

海洋文化的起源，犹如一条幽远而深邃的河流，其源头隐匿于遥远的史前迷雾之中，源远流长，博大精深。在位于中国东部沿海的古老城市——盐城，其海洋文化的脉络可追溯至新石器时代晚期的海盐生产，那是海洋与文明初次交织的璀璨篇章。在这里，海洋不仅是自然赋予的丰饶宝库，更是文明孕育的摇篮，滋养了盐城地区独树一帜的海洋习俗与信仰。

史前时期，盐城这片神奇的土地上，已经孕育出了一套丰富多样的海洋资源利用模式。那时的渔民们，犹如海上的精灵，栖身于广袤的沿海湿地，以捕鱼、拾贝为生，与海浪共舞，与潮汐同息。他们用智慧的双手，以木材和海草为材，构筑起简陋却温馨的海边小屋，开始了与海洋亲密无间的互动与对话。这些早期渔民的生活方式，犹如一粒粒种子，播撒在盐城的海岸线上，生根发芽，逐渐孕育出了海洋文化的丰饶果实。他们对海洋的深深依赖，对海洋生物的熟悉与敬畏，共同构筑了海洋知识体系的最初轮廓。

尤为有趣的是，盐城地区早期渔民的海洋观念中，融入了对海洋的无限敬畏与深深崇拜。在他们心中，海洋仿佛是一位神秘莫测的神灵，居住着掌管风雨雷电的众神。对于风浪的咆哮、潮汐的涨落等自然现象，他们用瑰丽的神话和传奇的故事来解释，这些故事中充满了对海洋力量的敬畏与对平安出海、满载而归的深切祈愿。

其中，流传至今的"龙王祈雨"仪式，便是渔民们对海洋力量的一种深情祈求与崇高尊重的生动体现。在特定的渔业季节里，渔民们会举行盛大的仪式，向传说中的龙王祈求风调雨顺、渔业丰收。他们虔诚地献上祭品，点燃香火，口中默念着古老的祷词，期望得到龙王的庇护与恩赐。这一仪式，不仅是对海洋力量的崇敬，更是盐城地区海洋文化独特魅力的生动展现，它让人们在繁忙的渔获之余，也能感受到海洋文化的深厚底蕴与独特韵味。盐业的兴起对海洋文化的形成起到了关键作用。盐城的名字源于古代的盐业生产，盐田与海盐提炼技术的出现，使得海洋成了经济支柱，也促进了海洋文化的发展。盐业经济的繁荣，不仅让盐城成为古代盐业重镇，更推动了海洋交通运输的发展，使得海洋文化与商业文化、航海文化相互交织，形成了独特的盐商文化。

早期的盐城海洋文化，无疑是一个生动反映人与海洋和谐共生的范例。渔民们依赖海洋、敬畏海洋，同时也通过智慧和劳作改造海洋，这种共生关系催生了丰富的民间艺术，如盐歌、渔民画等。渔民们出海打鱼要举行"满载酒"，"开网眼"，祭拜龙王。所谓的"满载酒"就是旧时的渔民们在汛期出海之前，要举行贡会，贡会的宗旨是"龙王保佑，满载而归"。因此又叫满载会。下海若能满载而归，便认为是龙王发了慈悲，船主须备足酒菜，拜谢龙王。然后全船人开怀畅饮，一醉方休，称之为"满载酒"。这一风俗已延续许多年，直至现在，渔船出海归来，家家都有饮酒放鞭炮的习俗。"开网门"或者"开网眼"是指每年的正月初，渔民出海之前，都要举行开网仪式。这天船主装点香烛、恭奉三牲（猪头、鸡、鱼），船主领头，阖船渔夫人人跪拜海神，祈求出海平安，然后，众船民在船主家吃"满载酒"。酒后，由船老大主持祭网仪式：敲锣鸣炮，将渔网平放海滩上，请一孕妇在网上剪2~3个眼，然后再拖网上船，起锚开航。开船时，先将船掉个头，谓之"攘风"。无风时，船老大站立船头，领头高喊"哦嗬嗬哦嗬——嗬",叫作唤风,说是风在天上转,船上要人唤。此外,打鱼第一次开网,鱼只吃半边,留下半边,抛入河中,回敬河神,所谓"撒网捣鱼,吃一半,留一半"。这些民俗已经成为盐城海洋文化的重要组成部分,也是盐城人民对海洋情感的直接表达。

海洋文化的起源,不仅仅是物理空间的探索,更是精神世界的构建。盐城人对海洋的理解,从最初的敬畏、依赖,到后来的利用、改造,再到对海洋生态的保护和传承,这个过程充满了智慧与情感的交融,是盐城蓝色海洋文化的源头活水。海洋文化的起源,就像一颗种子,历经岁月的洗礼,逐渐生根发芽,最终成为丰富而独特的海洋文明的瑰宝。

二、融合阶段

步入融合之阶,盐城海洋文化犹如一幅绚丽多彩的画卷,逐渐凝练并绽放出独特的地域风采。这一绚烂篇章,主要铺展在历史长河的秦汉至明清时期,海洋经济与陆地经济的交织交融,如同两股潺潺细流,汇聚成一股推动海洋文化与地方文化深度融合的磅礴力量。

在这一时期,盐业生产技术的飞跃与盐商的崛起,犹如双翼齐飞,将盐文化在盐城这片土地上推向了鼎盛的巅峰。盐田如棋盘般星罗棋布,规模宏大,盐政制度日臻完善,构建起一套严密的管理体系,犹如一张精密的网,确保了盐业生产的稳定与高效。这些变革不仅催生了独具魅力的盐商文化,更让盐商的财富如潮水般涌来,推动了城市的繁荣与兴盛,使盐城成了一片商贾云集、繁华热闹的商业重镇。

盐商的崛起,不仅为盐城的经济发展注入了强劲动力,更如同春风化雨,滋润了文化艺术的土壤。在这片土地上,文化之花绚烂绽放,诗词歌赋、书画艺术、戏曲表演等,无一不展现出盐城文化的深厚底蕴与独特魅力。而盐业交易,则如同一座桥梁,连接着四面八方的商人与文化,促进了文化的交流与融合,为盐城海洋文化注入了源源不断的活力。

在盐业交易的繁荣中,盐城鱼市口成了不可多得的盛景。鱼市口,这个位于盐城心脏地带的繁华市场,不仅是盐业的交易中心,更是文化的交汇点。每天清晨,当第一缕阳光洒落,鱼市口便热闹起来。来自各地的商贾,带着各自的文化特色与商品,汇聚于此。他们操着不同的方言,交流着各自的贸易心得,分享着远方的故事。在这里,你可以看到来自江南的丝绸、北方的瓷器、西域的香料,以及远道而来的海外奇珍。这些商品不仅丰富了市场的种类，更让盐城的文化氛围变得多元而包容。

鱼市口的兴盛，还体现在它那独特的贸易模式上。每当渔汛季节，渔民们满载而归，将新鲜的渔获带到鱼市口进行交易。而盐商们则利用盐业的优势，与渔民们进行物物交换，用盐换取渔获，再将这些渔获销往各地。这种独特的贸易模式，不仅促进了盐业的繁荣，也带动了渔业的发展，形成了盐业与渔业相互促进、共同发展的良好局面。

随着鱼市口的兴盛，盐城的文化也迎来了新的繁荣。各地的商人带来了不同的文化元素，与盐城本土文化相互交融，孕育出了盐城海洋文化独特的韵味与内涵。在这里，你可以听到来自不同地方的戏曲唱腔，看到各具特色的民俗表演，品尝到各地风味的美食佳肴。这种文化的交流与融合，不仅丰富了盐城的文化生活，也让盐城成了一个充满魅力与活力的城市，在历史的长河中熠熠生辉，书写着属于自己的辉煌篇章。

海洋经济的发展，尤其是渔业的兴盛，为盐城这片沿海之地披上了更加绚烂的色彩，使得海洋资源的开发迈入了一个崭新的阶段。渔舟唱晚，波光粼粼的海面上，渔船归航的景象如同一幅动人的画卷，成了盐城沿海地区一道不可多得的亮丽风景线。每当夕阳西下，海面上便回荡起渔民们悠扬的歌声，那是他们对大海深情的赞歌，也是对丰收喜悦的抒发。

海洋捕捞技术的飞速提升，是这一时期渔业发展的显著标志。网具的改进尤为引人注目，从传统的简陋渔网到复杂精细的拖网、围网，每一次技术的革新都极大地提高了捕捞效率。同时，航海技术的进步也为渔民们探索更远的海域提供了可能，指南针的应用、航海图的绘制，让渔民们能够更加精准地定位鱼群，安全地往返于茫茫大海。这些技术的革新，不仅标志着渔业文明的成熟，也展现了人类智慧与自然力量的和谐共生。

海洋捕捞活动的繁荣，不仅带来了物质的丰收，更催生了丰富多彩的海洋渔俗。在盐城沿海地区，渔民祭祀活动尤为隆重。每当渔汛来临之际，渔民们会举行盛大的祭祀仪式，向海神祈求平安与丰收。他们虔诚地献上祭品，点燃香火，口中默念着古老的祷词，期望得到海神的庇护。这些祭祀活动，不仅体现了渔民们对海洋的敬畏之心，也传承了千年的海洋信仰文化。

此外，渔歌谣谚也是海洋渔俗中不可或缺的一部分。这些歌谣谚语，是渔民们在长期的生产生活中积累下来的智慧结晶。它们或描绘海洋的壮丽景色，或讲述捕鱼的技巧与经验，或抒发对大海的深情厚谊。比如，有一首广为流传的渔歌这样唱道："海风轻拂帆正扬，渔舟唱晚归家忙。一网捞起鱼满舱，笑语欢声满渔乡。"这首歌谣生动地描绘了渔民们丰收的喜悦和对海洋的热爱。

在盐城沿海地区，还有一个关于渔歌传承的感人故事。相传，有一位老渔民，他一生都在海上漂泊，对海洋有着深厚的感情。他不仅会捕鱼，还擅长唱渔歌。每当夜幕降临，他便会坐在船头，对着大海唱起那些古老的渔歌。他的歌声悠扬动听，吸引了无数年轻渔民的聆听与传承。在他的影响下，渔歌成了盐城沿海地区一种独特的文化符号，代代相传，生生不息。

这些海洋渔俗与渔歌谣谚，不仅丰富了盐城海洋文化的内涵，也展现了盐城沿海地区独特的文化魅力。它们如同璀璨的明珠，镶嵌在盐城海洋文化的宝库中，闪耀着独特的光芒，为盐城的文化繁荣与发展增添了无尽的活力。在这一阶段，盐城的海洋信仰也得到了深化和扩展。沿海地区的神灵崇拜，如海神、龙王等，体现了人们对海洋力量的敬畏和祈求庇护的心理。同时，海洋生活的艰辛也催生了诸如祈福、祭祀等宗教仪式，这些信仰习俗逐渐融入了当地人的生活中，形成了深厚的海洋信仰文化。

海洋对盐城民俗风情的影响，犹如潮水般汹涌澎湃，日益凸显其独特而深邃的魅力。在这片被蔚蓝海水环抱的土地上，海洋节庆活动如同一颗颗璀璨的明珠，镶嵌在民众的生活中，成为欢庆丰收、祈求平安的重要载体。这些活动不仅承载着古老的传统与习俗，更融入了现代社会的活力与创新，展现了盐城海洋文化的深厚底蕴与独特韵味。

海神诞辰，作为盐城沿海地区最为盛大的海洋节庆之一，每年都能吸引无数民众前来参与，共同缅怀海神的恩泽，祈求海洋的庇护。而渔汛祭祀，则是渔民们根据海洋生态规律，在渔汛季节举行的一种特殊祭祀活动，体现了人与自然和谐共生的理念。

在现代社会，盐城地区的海洋节庆活动更是与时俱进，焕发出新的生机与活力。以2021年9月16日为例，这一天，江苏射阳县黄沙港的渔民们迎来了黄海全面开渔的好日子。当天，中国黄海·黄沙港开渔节开幕式在国家中心渔港黄沙港隆重举行，场面壮观，热闹非凡。

开幕式上，彩旗飘扬，锣鼓喧天。渔民们身着节日的盛装，脸上洋溢着喜悦与期待。他们欢聚一堂，共同庆祝这一属于渔民的盛大节日。开渔节的亮点之一，便是传统的祭海仪式。渔民们虔诚地向海神献上祭品，祈求海神保佑海上平安、渔获丰收。随着仪式的进行，一艘艘渔船缓缓驶出渔港，奔向浩瀚的大海，开始了新一年的捕捞作业。

开渔节期间，还举办了丰富多彩的文化活动。有海洋文化展览，展示了盐城地区悠久的海洋历史和丰富的海洋资源；有海鲜美食节，让游客们品尝到各种新鲜美味的海鲜佳肴；还有渔歌渔舞表演，渔民们用歌声和舞蹈表达了对海洋的热爱与敬畏。

这些海洋节庆活动，不仅让渔民们感受到了丰收的喜悦与平安的祈愿，也让更多的人了解到了盐城海洋文化的独特魅力与深厚底蕴。它们如同一座座桥梁，连接着人与海洋，传递着和谐共生的理念，彰显了海洋文化开放包容的精神特质。在现代社会的推动下，盐城地区的海洋节庆活动必将继续焕发新的光彩，为盐城的文化繁荣与发展注入源源不断的活力。

融合阶段的盐城海洋文化，既是海洋经济发展的产物，也是文化交融的见证。它在融合中创新，在创新中发展，形成了独特的海洋文化体系，为盐城后续的文化繁荣奠定了坚实的基础。

三、定型阶段

进入定型阶段，盐城海洋文化在明清至近现代的演变中逐渐形成鲜明的地域特色和深厚的历史底蕴。这一阶段，海洋文化在经济、社会、文化等多个层面进一步深化，塑造了盐城独特的城市风貌和人文精神。

明清时期，盐业生产和海洋贸易达到了空前的繁荣，盐商群体的壮大推动了盐文化的兴盛。盐业经济的繁荣催生了盐商的慈善活动，如修建桥梁、学堂，资助文化艺术，这些活动对盐城的社会福利和文化教育产生了深远影响。盐商文化与儒家伦理的结合，形成了盐商群体的道德规范和商业智慧，成为盐城海洋文化的重要组成部分。

海洋渔业在这一阶段也达到了新的高度，渔业技术的革新，如网具的改良和捕捞方法的多样化，使得海洋资源的利用更加高效。同时，渔业合作社的兴起，加强了渔民间的合作与互助，形成了独特的渔业社区文化。沿海渔村的建筑风格、装饰艺术，以及与海洋生活紧密相关的民间传说、谚语，都在这一阶段得以丰富和传承，成了盐城海洋文化的重要符号。

在定型阶段，盐城的海洋信仰进一步强化，海神崇拜和海洋祭祀活动更加制度化，与地方社会的日常生活紧密交织。海洋信仰不仅影响了民众的生活习惯和价值观，也在一定程度上塑造了盐城人民的集体记忆和精神认同。此外，海洋信仰的符号系统，如海神庙、龙王殿，成了社区凝聚力的象征，也成了游客体验盐城海洋文化的重要场所。

海洋对盐城民俗风情的影响，犹如潮水般汹涌澎湃，深深地烙印在这片被蔚蓝海水环抱的土地上。而盐城之境的革命风云，则如海浪般激荡不息，催生了革命与海洋之间一场深情而激烈的对话，塑造出一片别具一格的红色海域。在这片充满传奇色彩的土地上，海浪与革命的交响曲交相辉映，沿海的民众以海为伴，共赴抗日烽火，铸就了海洋精神与革命意志的完美契合，为盐城的海洋文化篇章添上了浓墨重彩的一笔。

尤为值得一提的是，盐城境内的新四军活跃期间，一条名为"宋公堤"的防海大堤，成为革命与海洋交织的生动见证。相传，宋公堤始建于南宋时期，是古人为了抵御海潮侵袭而筑起的坚固屏障。然而，在新四军抗日战争时期，这条古老的堤防却焕发出了新的生机。新四军战士们巧妙地利用宋公堤作为秘密行军的隐秘航道，穿梭于海岸线之间，与敌人展开了一场场惊心动魄的较量。宋公堤见证了新四军战士们的英勇与智慧，也承载了盐城儿女对自由的渴望与抗争的勇气，成为盐城红色海洋文化中的一抹亮色。

海洋，在这片土地上，不仅是自然的馈赠，更是历史的见证者。它记录着那段峥嵘岁月里，人民与革命力量如何紧密相连，共同书写着抗击外侮、争取自由的壮丽篇章。如今，当我们漫步于盐城的海岸线，仿佛能听见海风中回荡的英雄赞歌，感受到那段革命海洋文化所蕴含的深沉力量与不屈精神。

更令人振奋的是，在新时代的浪潮中，盐城的海洋文化再次焕发出新的活力。2019 年，习近平总书记亲临盐城视察，对盐城的发展寄予了厚望。他站在盐城的海边，眺望着这片曾经孕育了无数革命英雄的土地，深情地指出："盐城有着光荣的革命传统，海洋文化资源丰富，要深入挖掘和弘扬这些宝贵资源，为新时代的发展注入新的动力。"习近平总书记的讲话，如同一股强劲的东风，吹拂着盐城这片红色海域，让盐城的海洋文化在新时代焕发出更加璀璨的光芒。

正是在这样的历史背景下，盐城的海洋文化被赋予了新的生命与意义。它不再是单一的自然景观，而是承载着深厚历史记忆与民族精神的文化符号。革命精神与海洋文化的完美交融，展现了盐城人民在抗争中展现出的坚韧不拔、智慧勇敢与无私奉献。宋公堤的故事，以及习近平总书记的殷切期望，都是这一交融的生动例证。它们激励着一代又一代盐城人，如同海浪般经久不息，勇往直前，在新时代的征程中，为更美好的未来而不懈奋斗，书写着盐城海洋文化的新篇章。

在近现代，随着科技的进步和海洋保护意识的提升，盐城开始关注海洋生态的保护和海洋资源的可持续利用。海洋文化也逐渐融入了环保理念，倡导人与自然的和谐共生。沿海湿地的保护、海洋公园的建立，以及海洋科普教育的推广，都体现了这一阶段海洋文化的新发展。

定型阶段的盐城海洋文化，以其深厚的历史积淀和丰富的文化内涵，展现了海洋与人类活动的紧密联系。这一阶段的海洋文化，不仅仅是经济发展的产物，更是人文精神的体现，它为盐城海洋文化的发展奠定了坚实而鲜明的基调，为后续的创新与传承提供了丰富的资源。

四、发展与创新阶段

进入 21 世纪，盐城海洋文化步入了全新的发展与创新阶段，犹如一艘扬帆起航的巨轮，驶向更加广阔的海域。在这一阶段，盐城海洋文化在现代化进程中展现出前所未有的开放与多元面貌，同时也面临着传统与现代、保护与发展的双重挑战，但正是这些挑战，激发了盐城海洋文化更为蓬勃的生命力。

随着全球化的浪潮汹涌澎湃，盐城海洋文化在与外界的频繁交流中不断汲取新的元素，形成了一种既包容并蓄又独具特色的文化氛围。海洋经济的转型升级，如港口建设的现代化、临港产业的蓬勃兴起，将盐城推向了国际舞台的中央。大丰港区和滨海港区的拔地而起，不仅极大地推动了港口物流业的发展，为盐城与世界各地的经贸往来搭建了便捷的桥梁，也为海洋文化的传播提供了广阔的平台。这些现代化的港口，成了盐城海洋文化的新名片，吸引着来自五湖四海的游客与商人，共同见证盐城海洋文化的繁荣与昌盛。

与此同时，海洋经济的升级也催生了一系列新兴的海洋文化产业，如海洋旅游、海洋文化产业园区等。这些新型业态如雨后春笋般涌现，不仅丰富了海洋文化的内涵，也为盐城带来了经济与文化的双重效益。游客们可以在盐城的海边尽情畅游，感受海洋的壮阔与美丽；也可以在海洋文化产业园区中，深入了解盐城海洋文化的历史与传承，体验海洋文化的独特魅力。

　　在文化创新方面，盐城更是倾注了无尽的心血与智慧。致力于挖掘和传承海洋文化遗产，盐城通过打造一系列独具特色的海洋文化品牌，如寻味黄沙港中国黄海·黄沙港国际开渔节、海洋民俗文化节等，将海洋文化资源转化为文化产业，让海洋文化以更加生动、直观的形式展现在世人面前。同时，盐城市还通过建立海盐博物馆、盐城博物馆海洋文化专区等文化设施，系统地展示了盐城海洋文化的独特魅力，加强了公众对海洋文化的认知和参与，让更多的人了解和热爱这片蓝色的海域。

　　此外，海洋艺术的创新也为盐城海洋文化的表达增添了新的形式和视角。海洋题材的绘画、雕塑、音乐等艺术作品层出不穷，它们以独特的艺术语言，诠释了盐城海洋文化的深邃与广博。这些艺术作品不仅丰富了海洋文化的艺术表现力，也为盐城海洋文化的传播提供了新的途径和载体。

　　在生态保护的背景下，盐城海洋文化的发展开始倡导绿色、可持续的理念。东部黄海湿地的保护与利用，成了盐城海洋文化创新诠释的典范。盐城深知，海洋文化的繁荣离不开海洋生态的支撑，因此，在保护海洋生态系统的同时，积极发展生态旅游、湿地教育等绿色产业，实现了海洋文化与生态文明建设的双赢。漫步在黄海湿地，游客们不仅可以欣赏到壮丽的自然风光，还可以深刻感受到盐城海洋文化对生态保护的执着与坚持。

　　科技创新对盐城海洋文化的影响同样不容小觑。数字化技术的应用，如虚拟现实、增强现实等，为海洋文化的传播插上了翅膀。人们可以通过这些先进的技术手段，身临其境地体验盐城海洋文化的独特魅力，感受海洋的浩瀚与神秘。同时，科技也在海洋文化遗产的保护和研究中发挥了重要作用。无人机、遥感技术等现代科技手段的应用，提高了海洋考古调查的效率和精度，为盐城海洋文化的深入挖掘提供了有力的技术支持。

　　在这一阶段，盐城海洋文化的发展与创新，既是对历史积淀的传承与弘扬，也是对时代变革的积极回应与探索。它在传统与现代之间寻找着完美的平衡，既尊重历史、传承文化，又勇于创新、开拓进取。通过各种方式将海洋文化的精髓传播给更广泛的受众，盐城正逐步塑造出一个具有鲜明海洋特色的城市文化形象，让这片蓝色的海域在世界的舞台上绽放出更加璀璨的光芒。

第二节　盐城海洋文化的核心特质剖析

一、商品意识和商业精神

自古以来，海洋对盐城的发展起到了决定性作用，海洋资源的开发利用，尤其是盐业的兴盛，不仅孕育了盐城独特的地理与经济特征，更深刻地塑造了强烈的商品意识和商业精神。这一特征在马克思主义理论的视角下，展现出其深刻的历史必然性与社会经济发展的内在逻辑，正如马克思在《资本论》中所言："商品是用来交换、买卖的产品，是使用价值与价值的统一体。"

盐，作为盐城最重要的海洋资源，其生产和交易在历史上构成了盐城市民生活的核心。盐商群体的崛起，是商品经济繁荣的鲜明标志。盐商们的经营活动，不仅推动了盐业技术的革新与进步，促进了海洋贸易的蓬勃发展，更在马克思主义理论关于商品交换和价值实现的框架下，展现了资本主义萌芽阶段的典型特征。他们对市场的敏锐洞察、对风险的精准把控以及对利润的不懈追求，这些商业智慧，不仅是盐商文化的重要组成部分，也是盐城海洋文化在经济领域中的生动体现。正如恩格斯在《反杜林论》中指出："商品经济是历史发展到一定阶段的产物，它反映了社会生产力的发展水平。"

在马克思主义理论视域下，商品经济的发展是社会生产力进步的必然结果，而盐商文化中的诚信经商、互利共赢理念，正是商品经济中价值规律与道德伦理的有机结合。马克思在《共产党宣言》中指出："资产阶级在它的不到一百年的阶级统治中所创造的生产力，比过去一切世代创造的全部生产力还要多，还要大。"这种商业精神，不仅促进了经济的繁荣，也体现了盐城人民在商品经济中的道德自觉与社会责任，对后世的商业行为产生了深远影响，塑造了盐城人民独特的商业性格。

海洋渔业的发展，同样催生了商品意识的觉醒。渔民们通过海洋捕捞获取的渔获，作为市场上的重要商品，其经营活动与市场紧密相连，展现了海洋经济中商品交换的生动场景。海洋渔业的市场化，不仅提高了渔民对市场需求的敏感度，促使他们根据市场变化灵活调整捕捞策略，更在马克思主义理论关于生产与消费关系的阐述中，体现了商品经济中供需平衡的动态调整过程。这种调整，不仅促进了海洋商品流通的顺畅，如鱼市的形成、航运业的发展，也进一步刺激了海洋资源的合理开发与高效利用。

在文化层面，商品意识和商业精神也深刻地影响了艺术和民俗的发展。海洋题材的工艺品、绘画和民间艺术，往往蕴含着丰富的商业元素，如吉祥的海洋生物形象，寓意着财富与繁荣，体现了人们对海洋经济的向往与追求。这些艺术作品，不仅展现了盐城海洋文化的独特魅力，也在马克思主义理论关于经济基础与上层建筑关系的视角下，揭示了商品经济对文化艺术创作的深远影响。与此同时，海洋节日和集市活动，如盐市、渔市，不仅是商品交易的场所，也是文化交流的平台，商品交易与文化展示相辅相成，共同推动了海洋文化的繁荣与发展。

然而，值得注意的是，商品意识和商业精神并非无度地追求利润。在盐城海洋文化中，尊重自然、保护生态的理念始终贯穿于盐商和渔民的经营活动之中。这种平衡理念，即在商品经济中融入生态保护的意识，体现了马克思主义关于人与自然和谐共生的思想。正如恩格斯在《自然辩证法》中所言："我们不要过分陶醉于我们人类对自然界的胜利。对于每一次这样的胜利，自然界都对我们进行报复。"这种智慧告诉我们，在追求经济利益的同时，必须兼顾生态环境的保护与可持续利用，这是实现经济社会可持续发展的必由之路。

商品意识和商业精神在盐城海洋文化中扮演着举足轻重的角色。它们不仅推动了盐城经济的发展，丰富了文化内涵，也塑造了盐城市民的商业精神和社会价值观。这种精神在历史的长河中不断演变，既反映了盐城海洋经济的繁荣与活力，也体现了人与海洋和谐共生的理想追求。在马克思主义理论的指导下，我们可以更加深刻地理解盐城海洋文化的独特魅力与深远意义，为新时代的海洋文化建设提供有益的启示与借鉴。

二、开放意识与多元融合

盐城，这座屹立于东海之滨的古城，其海洋的广袤无垠与流动性，犹如天然的基因，赋予了盐城文化以开放的特质。在这片被蔚蓝海水环抱的土地上，盐城文化在接纳外来影响的同时，不断与其他文化相互融合，交织出一幅丰富多元的文化景观，展现了海洋文化的独特魅力与深远影响。

　　海洋的开放性，在盐城对外交往的历史长河中体现得淋漓尽致。自古以来，盐城作为海陆交通的重要交汇点，犹如一座桥梁，连接着东西南北，吸引了来自四面八方的商人、工匠和学者。他们带着各自的文化与技艺，汇聚于盐城，促进了不同地域文化的交流与碰撞。盐业的繁荣与渔业的兴旺，更是吸引了众多移民的涌入，带来了五湖四海的风俗习惯和宗教信仰，这种多元文化的交融，催生了盐城海洋文化的包容性与开放性。盐商们在经营活动中，不仅传播了深厚的盐文化，还积极引入外来文化元素，如南方的陶瓷技艺、北方的盐业管理经验等，这些外来文化逐渐与盐城本土文化相融合，共同塑造了盐城海洋文化的独特风貌。

　　从马克思主义理论视角来看，盐城海洋文化的开放性，正是历史唯物主义关于文化交往与融合的生动体现。马克思在《共产党宣言》中指出："过去那种地方的和民族的自给自足和闭关自守状态，被各民族的各方面的互相往来和各方面的互相依赖所代替了。"盐城海洋文化的形成与发展，正是这一历史趋势的缩影。它证明了在全球化浪潮的推动下，不同文化之间的交流与融合是不可阻挡的历史潮流，也是推动社会进步与文化发展的重要动力。

　　海洋的开放性同样体现在盐城的艺术创作中。海洋题材的文学、绘画、音乐等艺术形式，犹如一面镜子，映照出盐城海洋文化的开放性与多元性。这些艺术作品，不仅描绘了本地海洋生活的生动场景，还融入了对远方海洋世界的无限向往与憧憬。它们以独特的艺术语言，展现了盐城海洋文化对异域风情的接纳与融合，体现了盐城人民对海洋文化的热爱与传承。

　　盐城海洋文化在与陆地文化的互动中，也展现出了其开放性与包容性的独特魅力。海洋信仰与儒家伦理、佛教、道教等传统信仰的融合，形成了独特的海洋宗教文化。这种融合，不仅体现了盐城人民对海洋力量的敬畏与崇拜，也彰显了他们对传统伦理道德的尊重与坚守。例如，海神信仰与儒家孝道的结合，既赋予了海洋信仰以深厚的伦理内涵，也体现了盐城人民对家庭伦理的尊重与传承。这种文化融合，使得盐城的海洋信仰既具有海洋特有的神秘色彩，又富含传统伦理的精神底蕴。

　　在现代社会，盐城海洋文化的开放性与多元融合特性在海洋文化旅游中得到了充分的展现。游客在盐城，不仅可以领略到传统盐业工艺与现代科技的完美结合，还可以体验到海洋民俗与红色文化的交织融合。盐城市区的文化街区，犹如一幅生动的历史画卷，既保留了古老的盐商建筑风貌，又融入了现代艺术馆、创意工坊等现代元素，展示了历史与现代、本土与国际的和谐共生。这种文化交融的景象，不仅丰富了盐城海洋文化的内涵，也提升了盐城的文化软实力和吸引力。

盐城海洋文化的开放性与多元融合特性，不仅体现在其历史发展、艺术创作、信仰融合以及现代文化交流的各个方面，更在马克思主义理论的诠释下，展现了其深厚的历史底蕴和时代价值。这种文化特质，使得盐城在传承海洋传统的同时，不断接纳新的文化元素，成为连接历史与现代、本土与全球的文化桥梁。在未来的发展中，盐城应继续发扬其海洋文化的开放性与包容性，推动文化的交流与融合，为构建人类命运共同体贡献盐城智慧与力量。

三、创新意识与探索精神

盐城，这座屹立于东海之滨的璀璨明珠，其海洋的广阔无垠不仅孕育了丰富的自然资源，更激发了盐城人民对未知世界的无限渴望与探索热情。这种对未知的挑战与对新局的开创，正是盐城海洋文化中创新意识与探索精神的生动体现。在马克思主义理论的视角下，这种精神特质不仅彰显了人类主体性的觉醒，也体现了社会发展与进步的内在动力。

海洋经济的持续发展，尤其是盐业与渔业的革新，是盐城海洋文化中创新意识与探索精神的具体展现。在盐业生产中，盐民们不畏艰难，勇于尝试新的制盐技术和工具。他们改进盐田工艺，优化晒盐流程，提高盐的产量和质量，这种技术创新不仅极大地提升了经济效益，也推动了盐文化的进步与发展。正如马克思在《资本论》中所言："生产力中也包括科学。"盐民们的技术创新正是科学在生产力中的具体运用，展现了盐城人民对科学技术的尊重与追求。

在渔业方面，渔民们同样展现出了非凡的探索精神。他们勇于探索新的捕捞技术和航海路线，利用海洋气象知识预测渔汛，开发更远的海域，这些探索活动不仅增强了盐城海洋经济的竞争力，也丰富了海洋文化的内涵。渔民们的勇敢尝试，正是对"实践是检验真理的唯一标准"这一马克思主义原理的生动诠释，他们通过实践不断探索，寻找最适合自己的发展道路。

在文化领域，盐城海洋文化中的创新意识同样表现得淋漓尽致。海洋题材的艺术创作，如绘画、雕塑、民间艺术等，不断创新形式和内涵，反映了盐城人民对海洋艺术边界的不断探索与突破。现代海洋题材的雕塑作品，采用新颖的材料和技法，将海洋元素与现代审美巧妙结合，既保留了盐城海洋文化的历史韵味，又赋予了其鲜明的现代感。这种艺术创新，不仅是对传统艺术的继承与发展，更是对马克思主义关于文化创新理论的生动实践。

与此同时，海洋信仰也在创新中不断发展。随着社会的变迁，传统的海洋信仰逐渐与现代生活相融合，如通过互联网进行祈福、举办线上海洋文化节等创新方式，拓宽了海洋信仰的传播途径，使之更加贴近现代人的生活。这种信仰创新，不仅体现了盐城人民对传统文化的尊重与传承，也展现了他们对现代生活的适应与融合，是马克思主义关于文化创新与社会发展相适应原理的生动体现。

在海洋生态保护方面，盐城的探索精神尤为突出。面对海洋生态的挑战，盐城人民积极探索可持续发展的模式，如采用生态修复技术改善沿海湿地环境，建立海洋保护区，推广绿色渔业等。这些举措不仅保护了海洋生态系统，也为海洋文化的持续发展提供了坚实的基础。盐城的生态保护实践，正是对马克思主义关于人与自然和谐共生理念的生动诠释，展现了盐城人民对生态环境的尊重与保护。

在海洋旅游领域，盐城同样展现出了非凡的创新意识。致力于打造特色旅游项目，如海洋主题公园、海洋科普教育基地，以及结合海洋元素的民宿和餐饮等，这些创新尝试为游客带来了新颖的体验，也提升了盐城海洋文化的影响力。盐城的海洋旅游创新，不仅是对旅游市场的敏锐洞察，更是对马克思主义关于经济与文化互动发展原理的生动实践。

盐城海洋文化的创新意识与探索精神，体现在经济、文化、生态等多个维度。这种精神特质，不仅是盐城海洋文化的核心，也是其持续发展的源泉。

四、环境意识与可持续发展

海洋，作为盐城的生命线，其丰富的生态系统和自然资源，为盐城海洋文化的繁荣奠定了坚实的基础。随着时代的变迁与社会的进步，盐城人民逐渐深刻认识到保护海洋环境的重要性，将可持续发展的理念深植于海洋文化的传承与创新之中，体现了马克思主义关于人与自然和谐共生原理的深刻洞察与实践。

沿海湿地和海洋生物多样性的丰富多样，是盐城得天独厚的宝贵财富，也是其海洋文化不可或缺的组成部分。在历史上，海洋资源的开发曾一度对海洋生态环境造成了一定影响，但随着环保意识的觉醒与提升，盐城人民开始积极探索海洋资源的合理利用与有效保护之道。例如，东部黄海湿地的保护工作，不仅成功保护了丹顶鹤等珍稀物种的栖息地，更成了盐城海洋文化中尊重自然、和谐共生价值观的生动体现，彰显了人与自然和谐相处的理念。

在海洋经济的发展中，盐城积极践行绿色理念，推动海洋产业的可持续发展模式。盐业和渔业的现代化进程中，盐城注重技术革新以降低对环境的影响，采用环保的盐田管理技术和清洁生产技术，减少了对海洋生态的破坏，实现了经济效益与生态效益的双赢。此外，海洋渔业采取科学的捕捞方式，避免过度捕捞，维护了海洋生物资源的可持续利用，体现了马克思主义关于可持续发展原理的深刻实践。

在文化旅游领域，盐城致力于打造绿色旅游目的地，通过推广生态旅游和可持续旅游实践，使游客在享受海洋美景的同时，提高环保意识，共同守护这片蔚蓝的海域。例如，盐城建立了海洋公园和湿地公园，提供互动式的生态教育体验，让公众在亲近自然的过程中，深刻了解海洋生态的重要性，积极参与到海洋保护的行动中来。这种旅游模式的创新，不仅丰富了盐城海洋文化的内涵，也推动了海洋文化的传播与传承。

在政策层面，盐城政府制定了一系列科学严谨的海洋环境保护法规，鼓励绿色产业的发展，促进了海洋经济与环境的和谐共存。同时，盐城还积极加强国际合作与交流，借鉴先进的环保技术和管理经验，不断提升自身在海洋环境保护领域的水平，展现了开放包容的国际视野与责任担当。

盐城海洋文化的环境意识与可持续发展理念，不仅体现在对生态环境的尊重与保护上，还深刻融入了对海洋文化遗产的保护与传承之中。传统海洋技艺和习俗，如盐业传统和渔业文化，被赋予了新的生命与活力，通过现代手法进行展示与传播，使古老的文化在不破坏环境的前提下得以传承与发展。这种对传统文化的负责任传承，体现了马克思主义关于文化继承与发展的辩证关系原理，即文化的发展需要在继承传统的基础上进行创新，以适应时代的需求。

同时，盐城海洋文化的环境意识还体现在对海洋生态的珍视、对绿色经济的推动以及对传统文化的负责任传承上。这种理念不仅有助于维护盐城海洋环境的健康与稳定，也为海洋文化注入了新的活力与内涵，使其在保护与发展中实现可持续的繁荣。

第七章 盐城海洋经济的演进历程 与现状剖析

在全球经济一体化的大背景下，海洋经济作为国民经济的重要组成部分，正展现出前所未有的发展潜力。海洋，这片广袤无垠的蓝色领域，蕴藏着丰富的资源，包括生物资源、矿产资源、能源资源等，为人类社会的可持续发展提供了重要支撑。随着科技的不断进步，人类对海洋资源的开发利用能力日益增强，海洋经济在全球经济中的地位愈发重要。

根据相关报告和分析，2025 年全球海洋经济市场规模已达到数万亿美元，成为全球经济的重要增长极。中国作为海洋大国，海洋经济发展态势也十分强劲。2024 年前三季度，中国海洋生产总值达到 7.7 万亿元，同比增长 5.4%，显示出海洋经济对国民经济增长的重要贡献。海洋经济不仅在经济增长方面发挥着关键作用，还对推动沿海地区经济合理布局和产业结构调整、促进国民经济持续快速发展具有深远意义。

盐城，作为江苏沿海的重要城市，拥有得天独厚的海洋资源优势。其海岸线长达 582 千米，管辖海域面积 1.89 万平方千米，沿海滩涂面积 4 553 平方千米，兼具湿地、海洋、森林三大生态系统，海洋资源禀赋十分优越。盐城是江苏沿海地理中心城市，也是淮河生态经济带出海门户，在区域发展中占据着关键位置。

近年来，盐城积极响应国家海洋发展战略，抢抓长三角一体化发展、海洋强省建设、淮河经济带建设等战略机遇，坚持陆海统筹发展理念，持续优化海洋经济发展空间，加快构建现代海洋经济发展体系。盐城大力发展海洋新能源、海工装备、海洋船舶、沿海滩涂种养业等产业，海洋经济取得了显著成就。2021 年盐城市海洋生产总值（GOP）为 1 335.1 亿元，比上年增长 9.86%，占地区生产总值（GDP）的比重为 20.2%，占全省海洋生产总值的比重为 14.4%。海上风电装机容量超过 554 万千瓦,约占全省的 46.2%、全国的 15%、全球的 8%,新能源产业入选首批省级战略性新兴产业融合示范集群,在苏中苏北地区独树一帜。

然而,盐城在海洋经济快速发展的过程中,也面临着一系列挑战。如海洋经济总体水平有待提高,与浙江、广东等发达地区相比,仍存在较大差距;产业集聚度不高,高价值产业链尚未形成,骨干龙头企业数量少、带动力不强,产业竞争力较弱;海洋经济布局有待优化,港产城一体化建设成效不够明显,海陆联动发展不足;海洋科技支撑能力不强,关键技术"卡脖子"问题突出,海洋科技人才匮乏等。

第一节 盐城海洋经济的起源与变革之路

一、古代盐城海洋经济的起源与早期形态

(一)煮海为盐的开端

盐城,这座因盐而兴的城市,其煮海为盐的历史可追溯至遥远的古代。早在新石器时代,盐城地区的先民就已利用近海的优势,开始了"煮海为盐"的实践,开启了盐城海洋经济的先河。据《史记·货殖列传》记载,盐城沿海一带在春秋战国时期便有"东楚有海盐之饶"的美誉,足见当时盐业的兴盛。

汉武帝元狩四年(公元前 119 年),盐城地区的盐业发展迎来了重要的里程碑。朝廷在此设立盐渎县,因其遍地皆为煮盐亭场,且运盐河道纵横交错,故而得名。盐渎县的设立,标志着盐城盐业生产开始纳入国家管理体系,盐铁官署的设立进一步加强了对盐业的监管和经营,推动了盐业的规模化发展。

东晋义熙七年(公元 411 年),盐渎县因"环城皆盐场"而更名为盐城,这一名称的变更,不仅体现了盐城盐业在当时的重要地位,更成为盐城历史发展的重要标志。此后,盐城的海盐生产无论是技术水平、产量还是质量,在海盐生产领域都独领风骚。

在漫长的历史进程中,盐城的盐业生产技术不断革新。从最初的直接煮海水为盐,到后来采用淋卤煎盐法,再到明代后期兴起的晒盐法,每一次技术的变革都极大地提升了盐业生产效率和盐的质量。例如,晒盐法利

用太阳能蒸发海水，不仅节省了大量的燃料成本，还提高了盐的产量和纯度，使得盐城的海盐在市场上更具竞争力。

盐城的海盐在古代中国的盐业市场中占据着举足轻重的地位。"淮盐出，天下咸"这句俗语生动地描绘了盐城海盐的影响力。唐代时，盐城盐税约占全国盐税的一半，在国家财政收入中发挥着关键作用。宋初，在东南盐区设提举盐事司管理盐业产销，盐城境内的盐场成为重要的产盐基地。真宗时期，境内二监年产盐达 107 万石①以上，稳居淮盐生产之冠。元明两代，盐城境内的 13 个盐场皆属扬州两淮都转运使司管辖，是两淮盐业的重要组成部分。清代，盐城产盐量占两淮盐产总量的 59.4%，进一步巩固了其在全国盐业中的地位。

盐城的盐业发展不仅推动了当地经济的繁荣，还促进了人口的聚集和城镇的兴起。为了运输海盐，人们开凿了众多的运盐河道，如串场河等，这些河道不仅是盐运的重要通道，还带动了沿线地区的商业发展和城镇建设。如今的东台、大丰、阜宁、滨海等市区和富安、上冈等小镇，都是当年重要的盐交易基地，它们见证了盐城盐业的辉煌历史。

(二) 早期渔业与贸易的萌芽

除了盐业，盐城的渔业也有着悠久的历史。早在古代，盐城的先民就利用其丰富的水域资源，开展渔业生产。从最初的简单捕捞，到后来逐渐发展出较为成熟的渔业生产体系，盐城的渔业在古代经济中占据着重要的一席之地。

在清代，盐城的渔业主要以近海捕捞为主，当时的捕捞工具和方法相对简单，但随着社会的发展和技术的进步，渔业生产逐渐走向现代化。民国时期，盐城的渔业迎来了快速发展的阶段。机动渔船、渔网等先进捕捞工具的引进，极大地提高了捕捞效率，捕捞范围也不断扩大。同时，沿海养殖业开始兴起，成为渔业的重要组成部分，进一步丰富了渔业的产业结构。

随着渔业和盐业的发展，盐城的海上贸易也逐渐兴起。盐城地处黄海之滨，拥有优越的地理位置，是海上贸易的重要节点。早在唐代，盐城就成为长安与海外交往的要津之一，日本遣唐使粟田真人、阿倍仲麻吕（即晁衡），新罗国太子金士信等，均由射阳河口登陆，西去长安。这一时期，

---

① 北宋时期 1 石相当于现在的 59.2 千克。

盐城的海上贸易主要以海盐、丝绸、瓷器等商品为主，通过海上丝绸之路与国内外其他地区进行贸易往来。

到了明清时期，盐城的海上贸易更加繁荣。随着商品经济的发展，盐城的渔业产品、农产品等也成为重要的贸易商品。盐城的商人通过海上贸易，将本地的特产运往全国各地，同时也从外地引进了各种先进的生产技术和文化，促进了盐城与其他地区的经济交流和文化融合。

在贸易路线方面，盐城的海上贸易主要通过黄海海域，与山东、浙江、福建等地进行贸易往来。同时，盐城也是连接内陆地区与海外贸易的重要枢纽，通过运盐河道和其他内河航道，将内陆地区的商品运往盐城，再通过海上贸易运往海外。在主要商品方面，除了海盐和渔业产品外，盐城的棉花、粮食、丝绸等农产品和手工业品也在贸易中占据重要地位。这些商品不仅满足了国内市场的需求，还远销海外，为盐城的经济发展带来了巨大的推动力。

二、近代盐城海洋经济的转型与发展

(一) 废灶兴垦运动的影响

近代以来，盐城的海洋经济经历了一场前所未有的深刻变革，其中，"废灶兴垦"运动犹如一股强劲的东风，吹散了盐业衰落的阴霾，引领着这片土地迈向了经济转型的新征程。19 世纪中叶，黄河夺淮入海，携带的大量泥沙在盐城海岸线附近淤积，使得海岸线迅速东移，海势发生了翻天覆地的变化。卤气渐淡，这一自然环境的变迁，对盐业生产造成了致命的冲击。曾经繁荣一时的盐场，因引灌海水变得日益困难，盐产量急剧下降，至清末时期，盐城沿海的盐业已呈现出明显的衰落趋势。

在这风雨飘摇之际，民间私自"废灶兴垦"的现象如雨后春笋般涌现。这种自发的经济行为，是沿海经济发展内在需求的真实写照，也是人们对生存和发展的迫切渴望。而在这场历史性的变革中，张謇，这位在中国近代史上留下浓墨重彩一笔的"状元实业家"，成了推动"废灶兴垦"运动的关键人物。

张謇，一个名字承载着无数的荣耀与梦想。他以其敏锐的商业眼光和深邃的战略思维，洞察到了盐城沿海滩涂所蕴含的巨大潜力。他深知，盐业的衰落并非末日，而是新生的契机。于是，他深入调查，科学论证，发现棉纺织业具有投资少、周转快、利润高的特点，且市场前景广阔。1899

年，张謇毅然决然地创办了南通大生纱厂，这一举措不仅为他的实业生涯奠定了坚实的基础，也为后续的"废灶兴垦"运动提供了有力的产业支撑。

1900年，张謇又创办了通海垦牧公司，开启了"废灶兴垦"的实践探索。他深知，要将这片荒芜的滩涂变成肥沃的农田，需要付出艰辛的努力和汗水。但他更坚信，只要心中有梦，脚下就有路。张謇对盐城这片土地有着特殊的情感，他的祖母和母亲均系盐城东台人，这份血脉相连的情谊让他对盐城充满了深厚的感情和关注。

民国初年，张謇凭借其卓越的影响力和威望，发起了"废灶兴垦"的倡议。他四处奔走，呼吁政府和社会各界关注盐城的发展，为"废灶兴垦"运动摇旗呐喊。1914年，张謇担任北洋政府农工商总长期间，力促政府解除了淮南盐区千余年来的禁垦令，这一举措为盐城沿海盐区的"废灶兴垦"运动扫清了法律障碍。同时，他还颁布了《国有荒地承垦条例》，为"废灶兴垦"提供了明确的法律依据和保障。

同年，北洋政府财政部在盐城东台设立了淮南垦务总局，具体负责放垦事宜。这一机构的成立，标志着"废灶兴垦"运动正式进入了政府主导、社会参与的全新阶段。在张謇的带动下，民族资本家、官僚、地主、商人等各界人士纷纷响应，他们怀揣着对未来的憧憬和梦想，涌向盐城沿海的滩涂，收并亭场草荡，实施"废灶兴垦"。

一时间，盐城沿海地区掀起了一股前所未有的垦殖热潮。众多盐垦公司相继成立，如大丰盐垦股份有限公司等，它们成了"废灶兴垦"运动的主力军。这些公司大规模地种植棉花、粮食等农作物，不仅推动了农业的发展，也为当地的经济注入了新的活力。棉花的种植为纺织业提供了丰富的原料，粮食的生产则保障了人们的口粮需求。

同时，"废灶兴垦"运动也带动了相关产业的兴起。农产品加工、运输等产业如雨后春笋般涌现，它们为农业的发展提供了有力的支撑。农产品的加工使得农产品的附加值得到了提升，运输业的发展则使得农产品能够更快地走向市场，实现了产销对接。这些相关产业的兴起，为工业的发展奠定了坚实的基础，也为盐城的经济转型提供了有力的支撑。"废灶兴垦"运动对盐城海洋经济结构产生了深远的影响。它打破了长期以来盐业主导的经济格局，实现了经济结构的多元化发展。农业和工业的齐头并进，使得盐城的经济更加稳定和可持续。农业的发展为工业提供了原料和市场，工业的发展则为农业提供了技术和设备支持。这种良性循环的经济模式，使得盐城的经济呈现出蓬勃发展的态势。此外，"废灶兴垦"运动还吸引了大量移民的涌入。这些移民来自四面八方，他们带着对美好生活的向往和追求，来到了这片充满希望的土地。据统计，到 20 世纪 40 年代，移民到盐城的人数已达 30 多万人，占到了当时盐城总人口的 1/3。这些移民在农业生产中发挥了重要作用，他们带来了先进的生产技术和管理经验，提高了农业的生产效率。同时，他们也推动了商业、手工业等行业的发展，促进了城镇的兴起和发展。

城镇的兴起为盐城的经济注入了新的活力。商业的繁荣使得市场的规模不断扩大，手工业的发展则为人们提供了更多的就业机会。这些变化不仅改善了人们的生活条件，也提高了人们的生活质量。盐城的海洋经济在"废灶兴垦"运动的推动下，实现了从单一到多元、从衰落到繁荣的华丽转身。这场历史性的变革，不仅改变了盐城的经济面貌，也为后世留下了宝贵的经验和启示。

（二）海洋产业多元化的初步探索

近代以来，盐城在海洋产业的多元化方面迈出了坚实的步伐，进行了一系列积极而富有成效的探索。这不仅仅局限于废灶兴垦运动带来的农业和工业变革，更在于海洋工业、运输业等多个领域的全面拓展与创新。

在海洋工业领域，盐城凭借其丰富的海洋资源，开始发展一系列与海洋紧密相连的产业。制盐业，作为盐城传统的支柱产业之一，在这一时期得到了进一步的巩固和发展。随着技术的不断进步和生产工艺的改进，盐城的盐业生产效率大幅提升，产品质量也更加优良。盐业的发展不仅为盐城带来了可观的经济效益，也为后续的海洋工业发展奠定了坚实的基础。

与此同时，渔业加工产业也逐渐兴起，成为海洋工业的重要组成部分。盐城拥有得天独厚的海域条件，渔业资源丰富多样。随着渔业捕捞技术的提高和捕捞量的增加，渔业加工产业应运而生。一些小型的渔业加工厂如雨后春笋般涌现，它们对捕捞上来的鱼类、贝类等海产品进行精细加工和腌制，不仅提高了海产品的附加值，还延长了产品的保存期限。这些加工后的海产品以其独特的风味和品质，赢得了市场的广泛认可，销售范围也逐渐扩大，为盐城带来了更多的经济收益。

在渔业加工的推动下，盐城的渔业产业实现了从单一捕捞到加工销售的全产业链发展。这种产业链的延伸不仅提高了渔业资源的利用效率，也促进了渔业产业的规模化、集约化发展。渔民们的收入得到了显著提高，生活水平也不断提升。

除了海洋工业的发展，盐城在运输业方面也凭借其优越的地理位置，积极发展海上运输。盐城地处沿海，拥有得天独厚的港口资源，这为海上运输业的发展提供了得天独厚的条件。随着贸易的不断扩大和国内外市场的日益开放，盐城与国内外其他地区的联系日益紧密。海上运输成为连接盐城与外界的重要纽带，承担着货物运输的重要任务。

盐城的港口逐渐成为货物运输的重要枢纽，不仅运输海盐、农产品等本地特产，还承担着进口物资的运输任务。为了满足日益增长的运输需求，盐城的港口设施不断完善，船舶数量和运输能力也不断提升。港口的现代化建设和高效运营，为盐城的经济发展注入了新的活力。

海上运输业的发展不仅促进了盐城与外界的贸易往来，也推动了盐城本地产业的繁荣发展。海洋工业和农业的产品通过海上运输销往国内外市场，市场空间得到了极大拓展。同时，海上运输业的发展也带动了相关服务业的兴起，如船舶修理、物流仓储等，为盐城的经济多元化发展提供了有力支撑。

这些海洋产业的多元化探索，为盐城经济的多元化发展做出了重要贡献。它们丰富了盐城的产业结构，使盐城的经济不再单一依赖于某一产业，而是形成了多元化、协同发展的产业格局。这种产业格局的形成提高了盐城经济的抗风险能力，使盐城在面对外部经济环境变化时能够更加从容应对。

海洋工业的发展为渔业提供了加工和销售渠道，促进了渔业的规模化发展。渔业加工产业的兴起，不仅解决了渔业捕捞后的销售问题，还通过加工提高了海产品的附加值，增加了渔民的收入。而海上运输业的发展则为海洋工业和农业的产品销售提供了便利，拓展了市场空间。通过海上运输，盐城的产品能够更快地走向国内外市场，实现产销对接，提高了经济的效率和效益。

此外，海洋产业的多元化发展还创造了大量的就业机会。随着海洋工业和运输业的蓬勃发展，越来越多的劳动力被吸引到这些产业中来。他们在这里找到了工作，实现了就业和增收。人口的聚集也进一步推动了盐城的城市化进程，使盐城逐渐从一个传统的农业小镇发展成为一个现代化的海滨城市。

近代盐城在海洋产业多元化方面的探索取得了显著成效。这些探索不仅丰富了盐城的产业结构，提高了经济的抗风险能力，还创造了大量的就业机会，推动了盐城的城市化进程。这些成果为盐城后续的经济发展奠定了坚实基础，也为其他沿海地区提供了宝贵的经验和启示。

三、现代盐城海洋经济的崛起与变革

（一）"海上苏东"计划的实施与成效

20 世纪 90 年代，随着改革开放的深入和经济的快速发展，江苏省委、省政府高瞻远瞩，提出了"海上苏东"计划。这一计划旨在充分发挥江苏沿海地区的资源优势，推动海洋经济的蓬勃发展，为江苏乃至全国的经济发展注入新的活力。该计划涵盖了连云港、盐城、南通三个地级市，这三个地区凭借其得天独厚的地理位置和丰富的海洋资源，成了"海上苏东"计划的核心区域。

"海上苏东"计划的核心内容包括加强海洋基础设施建设、发展海洋产业、推进海洋科技进步等方面。为了实现这一目标，江苏省加大了对海洋经济的投入，着力建设港口、码头等基础设施，为海洋产业的发展提供坚实的支撑。同时，积极培育海洋渔业、海洋盐业、海洋化工、海洋运输等产业，通过政策扶持和资金投入，促进产业结构的优化升级，推动海洋经济向更高层次、更广领域发展。

在推进海洋科技进步方面，江苏省加强与科研机构的合作，引进和推广先进的海洋技术，提高海洋经济的科技含量。通过科技创新，不断提升海洋产业的竞争力和附加值，为海洋经济的可持续发展提供有力保障。

作为"海上苏东"计划的重要组成部分，盐城积极响应并实施了一系列举措，全力推动海洋经济的发展。在海洋渔业方面，盐城加大了对渔业资源的保护和开发力度，通过引进先进的养殖技术和设备，推动渔业养殖向规模化、集约化方向发展。为了提高渔业的产量和质量，盐城建设了一批渔业养殖基地，推广生态养殖模式，实现了渔业生产的绿色、高效、可持续发展。

同时，盐城还大力发展远洋捕捞业，购置先进的远洋渔船，拓展捕捞范围，增加渔业收入。在海水养殖方面，盐城充分利用其丰富的滩涂资源，发展了虾蟹、贝类、藻类等多种海水养殖品种。通过引进优良品种和先进的养殖技术，盐城提高了海水养殖的效益，打造了一批具有地方特色的海水养殖品牌。如大丰区的虾蟹养殖，就采用了生态养殖技术，不仅提

高了虾蟹的产量和品质，还减少了对环境的污染，实现了经济效益和生态效益的双赢。

在海洋工业方面，盐城更是积极作为，大力发展海洋化工、海洋船舶制造等产业。为了提升海洋化工产业的竞争力，盐城加大了对海洋化工企业的扶持力度，鼓励企业进行技术创新和产品升级。如响水县的一些海洋化工企业，就通过引进先进的生产技术和设备，开发出了一系列高附加值的海洋化工产品，在市场上具有较强的竞争力。

在海洋船舶制造方面，盐城依托其优越的地理位置和丰富的海洋资源，吸引了一批船舶制造企业入驻。这些企业不断加大技术研发投入，提高船舶制造的技术水平和生产能力。如今，盐城的船舶制造产业已经形成了较为完善的产业链，产品涵盖了散货船、集装箱船、渔船等多个领域，为国内外市场提供了大量优质的船舶产品。

"海上苏东"计划的实施对盐城海洋经济规模与产业结构产生了深远影响。在经济规模方面，盐城海洋经济总量实现了快速增长。1996年，盐城市海洋产业总产值达到了105.5亿元，比1990年增长了近3倍。这一数据的背后，是盐城海洋经济的蓬勃发展和实力的不断提升。海洋产业在全市经济中的比重也不断提高，成为推动盐城经济发展的重要力量。

在产业结构方面，"海上苏东"计划的实施使得盐城海洋经济逐渐从传统的渔业、盐业向多元化的产业结构转变。海洋工业、海洋服务业等新兴产业的比重不断增加，产业结构得到了优化升级。海洋渔业的发展不仅带动了水产品加工、销售等相关产业的发展，还促进了渔业文化的传承和创新。海洋船舶制造产业的兴起，则促进了船舶维修、配套设备制造等产业的发展，形成了较为完善的船舶产业体系。

此外，"海上苏东"计划的实施还推动了盐城海洋经济的国际化进程。通过加强与国内外地区的经贸合作和交流，盐城海洋经济不断拓宽国际视野，提升国际竞争力。如今，盐城的海洋产品已经远销世界各地，为盐城赢得了良好的国际声誉。

"海上苏东"计划的实施为盐城海洋经济的发展注入了新的活力，推动了盐城海洋经济规模与产业结构的深刻变革。在未来的发展中，盐城将继续秉承创新、协调、绿色、开放、共享的新发展理念，不断推动海洋经济的高质量发展，为江苏乃至全国的经济发展做出更大的贡献。

（二）江苏沿海开发上升为国家战略后的跨越发展

2009年，一个具有里程碑意义的时刻降临在盐城这片充满活力的土地上——江苏沿海开发正式上升为国家战略。这一战略决策，如同春风化雨，为盐城海洋经济的发展带来了前所未有的历史机遇。在国家层面的高度重视和大力支持下，盐城迎来了政策、资金、项目等多方面的全方位扶持，为这座沿海城市插上了腾飞的翅膀。

国家出台了一系列优惠政策，旨在鼓励企业在盐城沿海地区投资兴业。这些政策不仅涵盖了税收优惠、土地供应、融资支持等多个方面，还特别注重为投资者提供便捷高效的服务环境，确保企业能够在盐城安心发展、茁壮成长。同时，国家加大了对盐城沿海基础设施建设的投入力度，致力于改善投资环境，提升城市承载力。道路、桥梁、水利、通信等基础设施的日益完善，为盐城的快速发展奠定了坚实的基础。

在产业扶持方面，国家特别支持盐城发展海洋新兴产业，培育新的经济增长点。这一战略导向，为盐城海洋经济的转型升级提供了明确的方向和动力。盐城积极响应国家号召，充分发挥自身优势，聚焦新能源、石化、港口等关键领域，推进重大项目建设，加快产业集群发展。

在新能源领域，盐城以其丰富的风能资源为依托，大力发展海上风电项目。经过数年的不懈努力，截至 2021 年，盐城海上风电装机容量已经超过 554 万千瓦，这一数字约占全省的 46.2%、全国的 15%、全球的 8%，彰显了盐城在新能源领域的强劲实力和领先地位。其中，盐城国能大丰 H5 海上风电项目尤为引人注目。该项目位于大丰近海海域，是全国首个由地级市国企开发建设的海上风电场。在建设过程中，项目团队勇于创新、敢于突破，创造了全球首个创新采用储能应急电源等多个海上风电场施工纪录，为盐城乃至全国的海上风电发展树立了新的标杆。

海上风电项目的蓬勃发展，不仅推动了盐城新能源产业的快速崛起，还带动了风电装备制造、运维服务等相关产业的集聚。为了配套海上风电项目，盐城积极建设大丰风电产业园、阜宁风电装备产业园等园区，吸引了一批国内外知名的风电装备制造企业入驻。这些企业的集聚，形成了较为完整的风电产业链，为盐城的经济发展注入了新的活力。同时，这些园区还注重技术创新和研发，不断提升产品的竞争力和市场占有率，为盐城新能源产业的持续发展提供了有力支撑。

在石化产业方面，盐城同样取得了显著的成果。中国海油滨海 LNG 项目等重大项目的推进，为盐城带来了巨大的能源供应保障和产业发展机遇。该项目的建设，不仅将促进盐城在天然气储存、运输、加工等领域的发展，形成新的产业集群，还将带动相关配套产业的发展，如化工原料、精细化工、物流运输等。随着项目的逐步落地实施，盐城石化产业的规模和实力将得到进一步提升，为城市的经济发展提供有力的支撑。

此外，盐城还注重石化产业的绿色发展和环保治理。在推进石化项目建设的同时，盐城积极加强环保设施的建设和运营，确保产业发展与环境保护相协调。通过引进先进的环保技术和设备，加强废弃物的处理和利用，盐城石化产业的环保水平得到了显著提升，为城市的可持续发展奠定了坚实基础。

在港口建设方面，盐城也取得了突破性进展。大丰港、滨海港等港口的建设和升级，为盐城的对外贸易和产业发展提供了重要的支撑。大丰港已成为国家一类对外开放口岸，拥有多个万吨级以上泊位，开通了多条国际国内航线。港口的繁荣发展，不仅提升了盐城的对外开放水平，还促进了临港产业的集聚和发展。

依托港口优势，盐城积极发展物流、仓储、加工等临港产业，形成了较为完善的港口经济体系。同时，盐城还注重港口与腹地的联动发展，通过加强交通基础设施建设，提高港口与内陆地区的通达性，为港口经济的发展提供了更广阔的空间。

江苏沿海开发上升为国家战略后，盐城海洋经济在重大项目建设和产业集群发展方面取得了显著成果。新能源、石化、港口等产业的快速发展，不仅提升了盐城海洋经济的规模和质量，还推动了产业结构的优化升级。这些产业的蓬勃发展，为盐城提供了更多的就业机会和税收来源，增强了城市的经济实力和综合竞争力。

同时，盐城海洋经济的快速发展也带动了相关产业的协同发展。新能源产业的发展带动了风电装备制造、运维服务等产业的兴起；石化产业的发展促进了化工原料、精细化工等产业的繁荣；港口的发展则带动了物流、仓储、加工等产业的集聚。这些产业的协同发展，形成了较为完整的产业链和产业集群，为盐城的经济发展提供了有力的支撑。

此外，盐城还注重海洋经济的创新发展。通过加强与高校、科研机构的合作，引进和培养海洋经济领域的专业人才，盐城不断提升海洋经济的创新能力和核心竞争力。同时，盐城还积极推动海洋经济的数字化转型，利用大数据、人工智能等先进技术，提高海洋经济的智能化水平和效率。

在海洋经济发展的过程中，盐城还注重生态保护和环境治理。通过加强海洋生态保护区的建设和管理,保护海洋生物多样性;通过加强海洋环境监测和治理,确保海洋环境的质量和安全。盐城深知,只有坚持绿色发展理念,才能实现海洋经济的可持续发展。

如今,盐城海洋经济在区域经济发展中发挥着越来越重要的作用。作为江苏沿海开发的重要节点城市,盐城正以其独特的地理位置和丰富的海洋资源为依托,积极推进海洋经济的发展壮大。未来,随着国家战略的深入实施和盐城自身的不断努力,相信盐城海洋经济将迎来更加辉煌的明天。盐城将继续秉持开放合作、创新发展的理念,加强与国内外城市的交流合作,共同推动海洋经济的繁荣发展。同时,盐城也将继续注重生态保护和环境治理,确保海洋经济的可持续发展,为子孙后代留下一片碧蓝的海洋。

第二节　盐城海洋经济当前态势与面临的挑战

一、盐城海洋经济的现状分析

（一）总体规模与增长趋势

近年来,盐城海洋经济以其独特的魅力和强劲的动力,展现出了一幅波澜壮阔的发展画卷。在国家海洋发展战略的引领下,盐城凭借其得天独厚的海洋资源和积极的发展策略,海洋经济总体规模不断扩大,增长趋势尤为显著,成了江苏乃至全国海洋经济版图中的一颗璀璨明珠。

如图 7－1 所示,根据相关数据,2021 年,盐城市海洋生产总值（GOP）达到了 1 335.1 亿元,这一数字不仅彰显了盐城海洋经济的雄厚实力,更体现了其快速增长的势头。与上一年度相比,盐城海洋生产总值增长了 9.86%,这一增长率远高于全国平均水平,充分展示了盐城海洋经济的蓬勃活力和巨大潜力。同时,海洋生产总值占地区生产总值（GDP）的比重也达到了 20.2%,这一比例不仅体现了海洋经济在盐城经济发展中的重要地位,也预示着海洋经济将成为推动盐城未来经济增长的重要引擎。此外,盐城海洋生产总值占全省海洋生产总值的比重为 14.4%,这一数据进一步巩固了盐城在江苏省海洋经济中的领先地位。时间的车轮滚滚向前,到了 2023 年,盐城海洋经济继续保持了稳健的增长态势。这一年,盐城海洋生产总值接近 1 500 亿元,与 2021 年相比,又实现了新的跨越。同时，海洋生产总值占地区生产总值的比重也超过了 20%，这一比例的提升，不仅意味着海洋经济在盐城经济总量中的份额进一步增加，也标志着盐城海洋经济已经迈入了新的发展阶段。此外，盐城海洋生产总值占全省海洋生产总值的比重也提升到了 15.5% 左右，这一数据的提升，再次证明了盐城在江苏省海洋经济中的核心地位和引领作用。

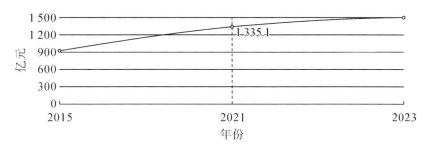

图 7-1 盐城海洋生产总值

从图 7-1 中，我们可以直观地感受到盐城海洋经济的强劲增长势头。从 2015 年到 2023 年，盐城海洋生产总值实现了连续多年的快速增长，每一年的数据都比上一年有所提升，而且提升的幅度还相当可观。这种持续、稳定的增长趋势，不仅体现了盐城海洋经济的稳健性和可持续性，也预示着盐城海洋经济在未来将继续保持强劲的增长动力。

与全国平均水平相比，盐城海洋经济的增长速度无疑是令人瞩目的。2024 年前三季度，中国海洋生产总值达到了 7.7 万亿元，同比增长 5.4%。这一数据虽然显示了全国海洋经济的整体增长态势，但与盐城海洋经济的增长速度相比，还是略显逊色。在这一时期，盐城海洋经济也保持了较高的增长态势，不仅继续领跑江苏省内的海洋经济，也在全国范围内展现出了较强的竞争力和发展活力。

江苏省内，连云港、南通等城市在海洋经济发展方面也各有千秋、各具特色。连云港凭借其独特的地理位置和港口优势，海洋经济也呈现出了良好的发展态势；南通则依托其丰富的海洋资源和深厚的产业基础，海洋经济同样取得了显著的成效。然而，盐城凭借其丰富的海洋资源、积极的发展战略以及政府的大力支持，在海洋经济的某些领域已经取得了领先地位。特别是海上风电产业，盐城凭借其得天独厚的风能资源和先进的技术优势，已经发展成为全国乃至全球的海上风电重镇。盐城海上风电装机容量的不断提升，不仅为盐城海洋经济注入了新的活力，也为全国乃至全球的海洋能源开发提供了有益的借鉴和示范。

盐城海洋经济的快速增长，得益于其积极响应国家海洋发展战略，加大对海洋经济的投入和支持。政府出台了一系列优惠政策，鼓励企业发展海洋产业，吸引了大量的资金和项目落户盐城。这些政策的实施，不仅为盐城海洋经济的发展提供了有力的政策保障，也激发了企业投资海洋产业的热情和信心。在政府的引领下，越来越多的企业开始关注海洋经济，投身于海洋产业的开发和建设中，为盐城海洋经济的繁荣发展贡献了自己的力量。

同时，盐城不断加强海洋基础设施建设，提升港口的运输能力和服务水平。港口是海洋经济的重要支撑和载体，港口的运输能力和服务水平直接影响着海洋经济的发展质量和效益。为了提升港口的竞争力，盐城加大了对港口基础设施的投入力度，不断完善港口的设施和功能，提高港口的运输效率和服务水平。通过这些努力，盐城的港口设施得到了显著改善，港口的运输能力和服务水平也得到了大幅提升，为海洋经济的发展提供了有力保障。

此外，盐城还积极推动科技创新，提高海洋产业的科技含量和附加值。科技创新是海洋经济发展的重要驱动力，只有不断推动科技创新，才能提高海洋产业的竞争力和附加值。为了推动科技创新，盐城加强与高校、科研机构的合作与交流，引进和培养了一批海洋科技人才；同时，还加大了对海洋科技研发的投入力度，支持企业开展科技创新活动。通过这些努力，盐城的海洋产业科技含量和附加值得到了显著提升，为海洋经济的持续增长提供了有力支撑。

展望未来，盐城海洋经济将继续保持稳健的增长态势，不断迈上新的台阶。随着国家海洋发展战略的深入实施和盐城自身的不断努力，相信盐城海洋经济将迎来更加辉煌的明天。同时，盐城也将继续加强与国内外城市的交流合作，共同推动海洋经济的繁荣发展；注重生态保护和环境治理，确保海洋经济的可持续发展；加大科技创新和人才培养力度，为海洋经济的创新发展提供有力保障。

（二）产业结构与布局特点

盐城，这座屹立于黄海之滨的城市，凭借其得天独厚的地理位置和丰富的海洋资源，正逐步构建起一个多元化、高效益的海洋产业体系。海洋渔业、海洋新能源、海工装备、海洋船舶、海洋生物医药、海洋旅游等多个领域齐头并进，共同绘就了盐城海洋经济的壮丽画卷。

在海洋渔业方面，盐城无疑是全国知名的渔业大市。其渔业经济总量在江苏省内遥遥领先，为全省乃至全国的渔业发展做出了重要贡献。全市现有海水养殖面积高达64.4万亩（1亩≈666.67平方米，下同），这一庞大的养殖规模，为盐城的渔业经济奠定了坚实的基础。在养殖模式上，盐城积极探索创新，已初步形成了海水池塘生态健康养殖、海水多营养层次立体养殖、潮间带滩涂增养殖、紫菜筏架养殖等全方位、多层次的海水养殖模式。以响水县的江苏三圩盐场海水养殖基地为例，该基地采取虾、蟹、贝混养的低密度多营养层次养殖模式，充分利用了海洋生态系统的自然生产力，实现了养殖效益的最大化。年产日本对虾120万千克、贝类625万千克、梭子蟹28万千克、脊尾白虾7.5万千克，产值近3亿元。基地内的养殖池塘清澈见底，水质优良，为水产品的生长提供了得天独厚的环境。这一串串令人瞩目的数字，不仅彰显了盐城海洋渔业的强大实力，也预示着盐城海洋渔业未来发展的无限可能。此外，东台市的海鲜养殖基地也是盐城海洋渔业的一大亮点，这里以养殖鲍鱼、海参等高档海鲜为主，产品远销国内外市场，赢得了广泛的好评。

海洋新能源产业，特别是海上风电产业，是盐城海洋经济的重要增长点。盐城拥有丰富的风能资源，是全球最具开发价值的海上风场之一。100米高度年平均风速超过7.6米/秒，年等效满负荷小时数可达3 000至3 600小时，这一得天独厚的自然条件，为盐城发展海上风电产业提供了有力的支撑。截至目前，盐城海上风电装机容量已超过554万千瓦，约占全省的46.9%、全国的14.9%、全球的7.4%。在海上风电产业的发展过程中，盐城还相继引进了金风科技、远景能源、上海电气等国内外知名风电整机制造企业。这些企业的入驻，不仅为盐城带来了先进的技术和管理经验，还构建起了一个相互协作、功能错位、上下游企业相互配套的产业链条。比如，金风科技在盐城设立了研发中心和生产基地，不仅为当地提供了大量的就业机会，还带动了相关配套产业的发展。远景能源则在盐城投资建设了智能风电装备制造基地，通过智能化、自动化的生产方式，提高了生产效率和产品质量。这些企业的协同发展，为盐城海上风电产业的持续健康发展提供了有力的保障。

在产业布局方面，盐城海洋产业呈现出明显的区域集聚特征。东台、大丰、射阳、滨海、响水等沿海县区，凭借其独特的地理位置和资源优势，成了海洋产业的主要承载区域。东台在风电装备制造、海洋生物等产业方面发展较为突出。这里拥有多个风电装备制造企业和海洋生物产业化龙头企业，形成了较为完善的产业体系。其中，一家海洋生物科技公司通过提取海洋生物中的活性成分，开发出了一系列具有保健功能的海洋生物制品，市场反响热烈。这些企业的发展，不仅为东台的经济增长注入了新的活力，也为盐城的海洋产业发展提供了有力的支撑。

大丰则以港口物流、新能源、海洋旅游等产业为重点。大丰港已成为国家一类对外开放口岸，是盐城对外开放的重要窗口。这里拥有先进的港口设施和完善的物流体系，为海洋产业的原材料运输和产品销售提供了便利。同时，大丰还积极发展新能源产业，利用丰富的风能资源建设了多个风电场，为当地提供了清洁、可再生的能源。此外，大丰的海洋旅游资源也十分丰富，拥有美丽的海滩、独特的湿地景观和丰富的海洋生物资源，吸引了大量游客前来观光旅游。

射阳在海洋渔业、海工装备等领域具有一定优势。其现代水产产业园在沿海滩涂用净化过的海水培育蟹苗，这一创新举措不仅提高了蟹苗的成活率和品质，还使得盐城蟹苗供应量占全国70%以上，年产量达到70万千克，产业规模超5亿元。此外，射阳还积极发展海工装备产业，一家海工装备企业成功研发出了一种新型的海上钻井平台，具有高效、安全、环保等优点，受到了国内外客户的青睐。

滨海重点发展石化、新能源等产业。这里拥有得天独厚的港口资源和丰富的自然资源，为石化产业的发展提供了有力的支撑。同时，滨海还积极发展新能源产业，特别是中国海油滨海LNG项目的建设，将为滨海的经济发展注入新的动力。这一项目的实施，不仅将提高滨海的能源供应能力，还将促进滨海的产业结构调整和升级，推动经济持续健康发展。

响水在海洋化工、海洋渔业等方面取得了一定的发展成果。江苏三圩盐场海水养殖基地的成功运营，为响水的海洋渔业发展树立了典范。同时，响水还积极发展海洋化工产业，一家海洋化工企业通过引进先进的生产技术和设备，开发出了一系列高附加值的海洋化工产品，如海洋生物肥料、海洋生物提取物等，产品畅销国内外市场。

值得一提的是，盐城各产业之间的协同发展也在逐步推进。以海上风电产业为例，其发展不仅带动了风电装备制造、安装调试、运维服务等相关产业的集聚和发展，还形成了较为完整的产业链。这一产业链的形成，不仅提高了盐城海上风电产业的竞争力，还促进了新材料、机械制造、电子信息等产业的技术进步和创新。

此外，港口物流的发展也为海洋产业的原材料运输和产品销售提供了便利。盐城拥有多个现代化港口，这些港口与全球多个国家和地区建立了紧密的贸易往来关系。通过港口物流的便捷服务，盐城的海洋产品可以迅速销往世界各地。

盐城海洋产业结构呈现出多元化的发展格局，各产业之间协同发展、相互促进，共同绘就了盐城海洋经济的壮丽画卷。未来，随着国家海洋发展战略的深入实施和盐城自身的不断努力，相信盐城海洋经济将迎来更加辉煌的明天。盐城将继续发挥其独特的地理位置和资源优势，积极推动海洋产业的创新发展和转型升级，构建更加完善、高效的海洋产业体系，为构建蓝色经济新体系做出更大的贡献。

二、盐城海洋经济发展的优势

（一）丰富的海洋资源禀赋

盐城，这座镶嵌在黄海之滨的璀璨明珠，凭借其得天独厚的海洋资源，正逐步书写着海洋经济发展的新篇章。其海岸线长达 582 千米，占全省海岸线总长度的 56%；管辖海域面积 1.89 万平方千米，广袤无垠；沿海滩涂面积 4 553 平方千米，占全省沿海滩涂面积的 70%，且每年以约 5 万亩的速度向大海淤长。这些宝贵的自然资源，为盐城的海洋经济发展提供了坚实的物质基础。

1. 滩涂资源：农业与水产养殖的沃土

盐城的滩涂资源不仅面积广阔，而且开发利用价值极高。在农业方面，滩涂地区土壤肥沃，富含多种矿物质和微量元素，适宜种植棉花、水稻等农作物。早在民国时期，张謇就发起了"废灶兴垦"运动，在盐城沿海滩涂大规模种植棉花，推动了当地农业的发展。如今，盐城的沿海滩涂仍然是重要的农业生产基地，为保障国家粮食安全和农产品供应做出了重要贡献。在水产养殖方面，滩涂的浅海区域和潮间带为鱼虾蟹贝等水生生物提供了良好的栖息和繁殖场所。盐城充分利用这一优势，大力发展海水养殖业，海水养殖面积达 64.4 万亩。通过探索创新，盐城已初步形成了海水池塘生态健康养殖、海水多营养层次立体养殖、潮间带滩涂增养殖、紫菜筏架养殖等全方位、多层次的海水养殖模式。响水县的江苏三圩盐场海水养殖基地是其中的杰出代表，采取虾、蟹、贝混养的低密度多营养层次养殖模式，实现了经济效益和生态效益的双赢。

2. 渔业资源：海洋经济的宝贵财富

渔业资源是盐城海洋经济的重要组成部分。盐城近海水质肥沃，富含多种营养物质，是各种海洋生物栖息、索饵、繁殖、生长的理想场所。现已查明近海浮游、固着性植物 160 多种，陆生资源植物 500 多种，分为纤维、药用、香料、油脂和饲料 5 大类。其中，何首乌、留兰香、罗布麻、香茅等名贵植物在盐城沿海地区广泛分布。近海和潮间带鱼虾蟹贝等动物种类繁多，达 550 多种。其中不乏名贵品种，如四角蛤蜊、青蛤、泥螺、西施舌、竹蛏等。特别是文蛤，其储量大、经济价值高，当年被乾隆皇帝誉为"天下第一鲜"。这些丰富的渔业资源为盐城的渔业发展提供了有力保障，使盐城成为全国知名的渔业大市，渔业经济总量在江苏省领先。

3. 能源资源：风能与太阳能的宝地

在能源资源方面，盐城同样具有得天独厚的优势。盐城是全球最具开发价值的海上风场之一，100 米高度年平均风速超过 7.6 米/秒，年等效满负荷小时数可达 3 000 至 3 600 小时。这一得天独厚的自然条件，为盐城发展海上风电提供了有力的支撑。盐城海上风电装机容量已超过 554 万千瓦，约占全省的 46.9%、全国的 14.9%、全球的 7.4%。海上风电整机产能已占全国 40% 以上，成为全国海上风电产业的领军城市。除了风能资源，盐城还充分利用沿海滩涂资源，大力推广光伏发电技术。通过构建起"光伏+农业""光伏+渔业"等多种发展模式，盐城在"风光渔"互补产业基地建设方面走在了全国前列。这种创新的发展模式不仅提高了土地利用率，还实现了清洁能源的高效利用。

盐城拥有得天独厚的海洋资源，为海洋经济的发展提供了坚实的物质基础。无论是滩涂资源、渔业资源还是能源资源，盐城都展现出了巨大的开发潜力和发展优势。未来，盐城将继续发挥其独特的地理位置和资源优势，积极推动海洋产业的创新发展和转型升级。通过加强与国际国内的合作与交流，引进更多的先进技术和管理经验，盐城将努力提升海洋产业的竞争力和影响力。相信在不久的将来，盐城将成为全国乃至全球海洋经济的重要增长极，为构建蓝色经济新体系做出更大的贡献。

(二) 政策支持与战略机遇

近年来，随着国家对海洋经济战略地位的日益重视，盐城，这座镶嵌在江苏沿海的黄金宝地，正迎来了前所未有的发展机遇。国家和地方政府相继出台了一系列支持盐城海洋经济发展的政策，为盐城海洋经济的腾飞插上了翅膀，提供了坚实的政策保障。

2009 年，江苏沿海开发上升为国家战略，这一历史性的决策，为盐城海洋经济的发展掀开了崭新的一页。作为江苏沿海的重要城市，盐城在政策、资金、项目等方面得到了国家和省级层面的鼎力支持。国家出台了一系列优惠政策，旨在鼓励企业在盐城沿海地区投资兴业，为盐城的海洋经济注入新的活力。这些政策不仅加大了对盐城沿海基础设施建设的投入，改善了投资环境，还为盐城发展海洋新兴产业、培育新的经济增长点提供了有力的政策支撑。

在国家战略的大背景下，江苏省政府也高度重视盐城海洋经济的发展。为了进一步明确盐城在全省海洋经济发展中的定位和重点发展方向，江苏省政府出台了一系列具体的政策措施。其中，《江苏省海洋经济发展规划》作为指导性文件，为盐城海洋经济的发展描绘了宏伟蓝图。该规划不仅明确了盐城海洋经济的总体目标和发展路径，还提出了一系列具体的政策措施，旨在支持盐城加快海洋产业结构的优化升级，提升海洋经济的整体竞争力。

盐城市政府积极响应国家和省级政策，紧抓历史机遇，制定了一系列促进海洋经济发展的政策文件。其中，《盐城市海洋经济高质量发展三年行动计划（2024—2026 年）》是盐城市政府为推动海洋经济高质量发展而制定的具体行动计划。该计划明确了未来三年盐城海洋经济的发展目标和重点任务，提出了一系列切实可行的政策措施，旨在加快海洋产业的培育和发展，推动海洋经济的转型升级。同时，《盐城市支持海洋经济高质量发展政策措施》的出台，更是为盐城海洋经济的发展提供了全方位的政策支持。该文件从产业培育、项目建设、科技创新、要素保障等多个方面提出了具体的政策措施，为盐城海洋经济的发展注入了强大的动力。

在国家和省级政策的强力推动下，盐城海洋经济迎来了前所未有的发展机遇。而与此同时，盐城还迎来了长三角一体化发展、淮河生态经济带建设等重大战略机遇，这些战略机遇的叠加，为盐城海洋经济的发展创造了更加有利的外部环境。

长三角一体化发展战略的实施，使盐城成为长三角地区向海发展的重要节点城市。这一战略的实施，不仅有利于盐城加强与长三角其他城市的合作与交流，承接产业转移，提升产业层次，拓展市场空间，还为盐城海洋经济的发展提供了新的动力源泉。盐城可以充分利用长三角地区的资金、技术、人才等优势资源，加快发展海洋新能源、海工装备、海洋生物医药等新兴产业，推动海洋经济的转型升级。通过与长三角地区的深度合作，盐城可以引进更多的高端人才和先进技术，提升海洋产业的创新能力和核心竞争力，为海洋经济的高质量发展提供有力支撑。在长三角一体化发展的大潮中，盐城还积极参与区域合作与分工，发挥自身在海洋经济方面的独特优势。盐城与长三角其他城市在海洋产业、科技创新、人才培养等方面开展了广泛的合作与交流，共同推动海洋经济的协同发展。这种区域合作的模式不仅有助于提升盐城海洋经济的整体竞争力，还为长三角地区的海洋经济发展注入了新的活力。

此外，淮河生态经济带建设战略的推进，也为盐城海洋经济的发展带来了新的机遇。作为淮河生态经济带的出海门户，盐城在促进区域协调发展、提升在全国区域经济格局中的地位方面发挥着重要作用。通过加强与淮河沿线城市的经济联系与合作，盐城可以充分利用自身的海洋资源优势，推动海洋产业与沿淮城市的产业融合发展，形成互补互利的产业格局。这种区域合作的模式不仅有助于提升盐城海洋经济的辐射带动能力，还为淮河生态经济带的整体发展注入了新的动力。

在政策的东风下，盐城海洋经济迎来了快速发展的黄金时期。盐城充分利用自身的资源优势和政策优势，加快发展海洋新能源产业。盐城是全球最具开发价值的海上风场之一，拥有丰富的风能资源。近年来，盐城积极引进国内外知名的风电整机制造企业，构建起了一个相互协作、功能错位、上下游企业相互配套的产业链条。同时，盐城还大力推广光伏发电技术，构建起"光伏+农业""光伏+渔业"等多种发展模式，在"风光渔"互补产业基地建设方面走在了全国前列。这些新能源产业的快速发展，不仅为盐城海洋经济提供了新的增长点，还为盐城的可持续发展注入了新的活力。除了新能源产业外，盐城还积极发展海工装备产业。盐城依托自身的港口资源和制造业基础，加快引进和培育海工装备制造企业，提升海工装备的研发和制造能力。同时，盐城还加强与国内外知名海工装备企业的合作与交流，共同推动海工装备产业的创新发展。这些举措的实施，不仅为盐城海洋经济的发展提供了新的动力源泉，还为盐城的产业升级和转型升级提供了有力支撑。

　　盐城海洋经济的发展得益于国家和地方政府的一系列政策支持和战略机遇的叠加。这些政策支持和战略机遇为盐城海洋经济的发展创造了良好的外部环境，有助于盐城充分发挥自身的资源优势，加快海洋经济的发展步伐。未来，盐城将继续紧抓历史机遇，深化改革开放，推动海洋经济的创新发展，为实现经济的高质量发展贡献更多力量。

　　（三）初步形成的产业基础与集群效应

　　经过多年的深耕与拓展，盐城在海洋产业方面已经初步奠定了坚实的基础，其产业体系涵盖了海洋渔业、海洋新能源、海工装备、海洋船舶、海洋生物医药、海洋旅游等多个领域，展现出了蓬勃的发展态势和广阔的市场前景。

　　在海洋渔业方面，盐城凭借其得天独厚的自然条件，构建起了完善的渔业生产体系。这一体系涵盖了海水养殖、远洋捕捞、水产品加工等多个环节，形成了从海域到餐桌的完整产业链。全市现有海水养殖面积达64.4万亩，养殖品种繁多，养殖模式多样，包括池塘养殖、网箱养殖、滩涂增养殖等，充分利用了盐城的海洋资源优势。盐城的海水产品不仅满足了本地市场的需求，还远销国内外，赢得了广泛的赞誉。渔业经济总量在江苏省领先，为盐城的经济发展做出了重要贡献。尤为值得一提的是，盐城在海水养殖方面的创新与实践。通过探索和推广生态健康养殖、多营养层次立体养殖等先进养殖模式，盐城不仅提高了海水养殖的产量和品质，还有效保护了海洋生态环境，实现了经济效益和生态效益的双赢。这种可持续发展的养殖模式，为盐城的海洋渔业注入了新的活力，也为全国的海水养殖业提供了有益的借鉴。

　　在海洋新能源领域，盐城的海上风电产业发展迅速，已成为全国乃至全球的标杆。盐城拥有得天独厚的风能资源，100米高度年平均风速超过7.6米/秒，年等效满负荷小时数可达3 000至3 600小时，这为盐城发展海上风电提供了得天独厚的条件。盐城海上风电装机容量已超过554万千瓦，占全国海上风电装机总量的较大份额，海上风电整机产能已占全国40%以上。盐城海上风电产业的快速发展，得益于其完善的产业链条和强大的产业集聚效应。东台、大丰、射阳、滨海等地形成了风电装备制造产业集群，集聚了金风科技、远景能源、上海电气等国内外知名风电整机制造企业，以及众多零部件生产、安装调试、运维服务等企业。这些企业之间相互协作、功能错位、上下游配套，形成了良好的产业生态。金风科技、远景能源等整机制造企业与当地的零部件生产企业紧密合作，实现了资源共享、优势互补。这种紧密的合作模式，不仅提高了整个产业集群的生产效率，还促进了技术创新和产品升级。大丰风电产业园、阜宁风电装备产业园等园区的建设，进一步促进了风电产业的集聚发展，提升了产业集群的规模效应和竞争力。

盐城的海洋产业集群发展态势良好，不仅体现在海上风电产业上，还体现在其他海洋产业领域。在海工装备产业方面，盐城依托其港口资源和制造业基础，加快引进和培育海工装备制造企业，提升海工装备的研发和制造能力。目前，盐城已初步形成了涵盖海洋工程装备设计、制造、安装、调试、运维等全链条的海工装备产业集群，为国内外海洋工程市场提供了优质的产品和服务。

海洋船舶产业也是盐城海洋产业的重要组成部分。盐城拥有悠久的造船历史和技术传承，其船舶制造业在国内外享有较高的声誉。近年来，盐城积极推动船舶产业的转型升级，加大科技创新和研发投入，提高船舶的智能化、绿色化水平。同时，盐城还加强与国内外知名船舶企业的合作与交流，共同推动船舶产业的协同发展。

海洋生物医药产业是盐城海洋产业的新兴领域。盐城拥有丰富的海洋生物资源，为海洋生物医药产业的研发提供了宝贵的原材料。近年来，盐城积极引进和培育海洋生物医药企业，加大海洋生物医药产品的研发力度，推动海洋生物医药产业的快速发展。目前，盐城已初步形成了涵盖海洋药物研发、生产、销售等全链条的海洋生物医药产业集群，为盐城的海洋经济发展注入了新的活力。

海洋旅游产业也是盐城海洋产业的重要组成部分。盐城拥有得天独厚的自然风光和丰富的旅游资源，如湿地、海滩、海岛等。近年来，盐城积极推动海洋旅游产业的开发与发展，加大旅游设施的建设和投入，提高旅游服务的质量和水平。同时，盐城还加强与国内外知名旅游企业的合作与交流，共同推动海洋旅游产业的协同发展。目前，盐城的海洋旅游产业已初具规模，吸引了大量国内外游客前来观光旅游。

产业集群的发展对盐城海洋经济增长起到了显著的带动作用。一方面，产业集群的集聚效应吸引了更多的企业和资源向盐城集聚，促进了产业规模的扩大和产业链的延伸。大量风电企业的集聚，不仅带动了相关配套产业的发展，如风电叶片、塔筒、齿轮箱等零部件制造产业，以及风电安装、调试、运维等服务产业，还形成了完整的风电产业链。这种产业链的延伸和拓展，为盐城的海洋经济注入了新的活力，也提高了盐城的产业竞争力和抗风险能力。另一方面，产业集群的协同创新效应促进了技术创新和产品升级，提高了产业的核心竞争力。在风电产业集群中，企业通过合作研发、技术共享等方式，不断攻克技术难题，提高风电设备的性能和效率，降低成本。这种协同创新的模式，不仅推动了整个产业的技术进步，还提高了盐城风电产业在国内外市场的竞争力。同时，这种技术创新和产品升级也带动了其他相关产业的发展和进步。此外，产业集群的发展还带动了就业，促进了当地经济的繁荣。随着产业集群规模的扩大和产业链的延伸，越来越多的就业机会被创造出来。这些就业机会不仅吸引了当地劳动力的参与，还吸引了外地劳动力的流入，为盐城的经济发展提供了充足的人力资源。同时，产业集群的发展也带动了当地基础设施的建设和完善，提高了当地的生活水平和质量。

盐城海洋产业的发展取得了显著的成效，形成了多元发展、集群崛起的良好态势。未来，盐城将继续发挥其独特的地理位置和资源优势，积极推动海洋产业的创新发展和转型升级。通过加强与国际国内的合作与交流，引进更多的先进技术和管理经验，盐城将努力提升海洋产业的竞争力和影响力，为构建蓝色经济新体系做出更大的贡献。

三、盐城海洋经济发展面临的挑战

（一）海洋产业结构有待优化

尽管盐城海洋经济在近年来呈现出蓬勃的发展态势，其多元化的产业体系和集群化的发展模式为经济增长注入了强劲动力，但深入剖析其产业结构，不难发现仍存在一些不合理之处，这些不合理因素在一定程度上制约了盐城海洋经济的持续健康发展。从产业比重来看，传统海洋产业在盐城海洋经济中仍占据较大比重。以海洋渔业为例，作为盐城海洋经济的支柱产业之一，其产值在海洋经济总产值中占有重要地位。然而，这种高比重也反映出盐城海洋经济在产业结构上的单一性，过于依赖传统产业，使得整体经济的抗风险能力相对较弱。

海洋渔业在发展过程中面临着诸多挑战。一方面，养殖方式粗放、资源利用率低的问题日益凸显。部分海水养殖区域仍然采用传统的养殖模式，过度依赖天然饵料，缺乏科学的养殖管理和技术创新，导致养殖水体污染严重，病害频发。这种粗放的养殖方式不仅影响了渔业资源的可持续利用，也降低了渔业产品的品质和附加值。另一方面，渔业产品加工环节薄弱，大多停留在初级加工阶段，缺乏高附加值的深加工产品，使得盐城海洋渔业在市场竞争中难以获得更高的经济效益。

海洋盐业同样作为盐城海洋经济的传统产业，也面临着产能过剩、技术创新不足等问题。随着市场竞争的加剧和技术的不断进步，传统的盐业生产方式已经难以满足市场的需求，而新的盐业技术和管理模式又尚未形成规模化的应用，导致海洋盐业在市场竞争中逐渐处于劣势。

与此同时，新兴海洋产业的发展虽然势头强劲，但总体规模相对较小，在海洋经济中的占比相对较低。以海洋生物医药产业为例，尽管其发展前景广阔，但研发周期长、技术难度大、资金投入高等特点，企业在发展过程中面临着较大的风险，导致产业发展速度相对较慢。

海洋新能源汽车产业作为另一新兴领域，也面临着一些阻碍。目前，该产业仍处于起步阶段，产业链不完善，核心技术掌握在少数企业手中，产业发展受到一定限制。此外，由于市场需求尚未完全释放，消费者对海洋新能源汽车的认知度和接受度较低，也制约了产业的快速发展。

面对这些挑战，盐城海洋经济需要积极寻求产业结构的优化和升级。具体来说，可以从以下几个方面入手：

1. 提升传统海洋产业附加值

推动海洋渔业转型升级：通过引进先进的养殖技术和管理模式，提高养殖效率和资源利用率，降低养殖成本和环境污染。同时，加强渔业产品加工环节的建设和创新，鼓励发展高附加值的深加工产品，提高渔业产品的市场竞争力。

促进海洋盐业技术创新：加大对海洋盐业技术创新的支持力度，鼓励企业引进和研发新技术、新工艺，提高盐业产品的品质和附加值。同时，加强盐业企业的整合和重组，形成规模化的产业集群，提高整体竞争力。

2. 加快新兴海洋产业发展

培育海洋生物医药产业：加大对海洋生物医药产业的扶持力度，鼓励企业加大研发投入，突破关键技术瓶颈。同时，加强产学研合作，促进科技成果转化和产业化应用，推动海洋生物医药产业快速发展。

壮大海洋新能源汽车产业：完善海洋新能源汽车产业链，鼓励企业加强核心技术研发和创新，提高产品性能和质量。同时，积极开拓市场，提高消费者对海洋新能源汽车的认知度和接受度，推动产业规模化发展。

3. 加强政策支持与引导

完善政策体系：制定和完善支持海洋经济发展的政策措施，加大对海洋产业的财政、税收、金融等方面的支持力度，为海洋产业发展提供有力保障。

强化规划引导：科学编制海洋经济发展规划，明确产业发展方向和重点任务，加强产业间的协同配合和区域间的联动发展，形成合力推动海洋经济高质量发展。

盐城海洋经济在发展过程中虽然取得了一定的成绩，但产业结构仍存在不合理之处。为了实现海洋经济的持续健康发展，盐城需要积极寻求产业结构的优化和升级。通过提升传统海洋产业附加值、加快新兴海洋产业发展以及加强政策支持与引导等措施的实施，相信盐城海洋经济将迎来更加广阔的发展前景和更加美好的未来。

（二）海洋科技创新能力不足

盐城，这座坐拥丰富海洋资源的城市，正站在海洋经济发展的新起点上。然而，与国内海洋经济发达地区相比，盐城在海洋科技创新方面面临的挑战不容忽视，其中最为显著的是资金投入不足、人才短缺以及科技成果转化难题。

海洋科技创新是海洋经济持续发展的核心驱动力。然而，盐城在海洋科技研发方面的资金投入相对匮乏，这成为制约其海洋科技创新的首要因素。与上海、青岛等海洋经济发达城市相比，盐城在海洋科技研发上的投入显得捉襟见肘。尽管无法给出具体的数据对比，但不可否认的是，盐城海洋科技研发投入占海洋生产总值的比重远低于这些领先城市。这种资金投入的不足，直接导致了盐城在海洋科技创新方面的基础设施建设滞后，科研设备陈旧，难以满足日益增长的海洋科技研发需求。科研设施是科技创新的硬件基础，其先进性与完善性直接影响到科研工作的效率与成果。然而，盐城的一些海洋科研机构由于缺乏先进的实验设备和检测仪器，科研人员的研究工作受到了严重限制。在海洋科学这个高度依赖实验数据的领域，陈旧的设备不仅降低了科研效率，更可能影响到科研成果的准确性和可靠性。长此以往，盐城在海洋科技领域的研究水平将难以提升，甚至可能逐渐落后于其他城市。

除了资金投入不足外，海洋科技人才的短缺也是制约盐城海洋经济发展的重要因素。海洋经济作为一种知识密集型、技术密集型的经济形态，对人才的需求尤为迫切。然而，盐城在海洋科技人才的培养和引进方面存在明显不足。本地高校在海洋相关专业的设置上相对较少，培养的人才数量有限，难以满足海洋经济快速发展的需求。这一现状不仅限制了盐城海洋科技人才的来源，也影响了海洋科技人才的梯队建设。

同时，由于盐城的地理位置和经济发展水平相对有限，在吸引海洋科技高端人才方面存在一定困难。与一线城市相比，盐城在薪资待遇、生活环境、职业发展等方面可能无法提供足够的吸引力，导致难以吸引和留住高层次的海洋科技人才。这使得盐城海洋科技人才队伍整体素质不高，结构不合理，缺乏高层次的科研领军人才和创新团队。这种人才短缺的现状，不仅影响了盐城在海洋科技领域的创新能力和研究成果的产出，也制约了盐城海洋经济的转型升级和高质量发展。

海洋科技成果的转化是科技创新价值实现的关键环节。然而，盐城在海洋科技成果转化方面同样面临着诸多问题。由于产学研合作机制不完善，海洋科技成果与市场需求之间存在脱节现象。这种脱节不仅体现在科技成果与市场需求的不匹配上，还体现在科技成果转化渠道的不畅通上。许多海洋科技成果在实验室中取得了一定的突破，但由于缺乏有效的转化渠道和市场推广，难以实现产业化应用。

产学研合作是促进科技成果转化的重要途径。然而，在盐城，产学研合作机制尚不健全，科研机构、高校和企业之间的合作不够紧密，信息共享和资源整合存在障碍。这种合作机制的缺失，导致了许多有潜力的海洋科技成果无法及时转化为实际生产力，错失了市场机遇。同时，一些海洋科技企业对科技成果的转化能力不足，缺乏资金、技术和市场等方面的支持。这使得即使有了好的科技成果，也难以实现产业化应用，无法将科技成果转化为经济效益和社会效益。

海洋科技成果的转化不仅需要科研机构的努力，还需要政府的引导和支持。然而，目前盐城在海洋科技成果转化方面的政策支持还不够完善。政府在科技成果转化过程中的角色定位不够明确，政策支持力度不够大，导致科技成果转化缺乏有力的政策保障。此外，海洋科技成果转化的市场机制也不够健全，缺乏有效的市场推广和产业化机制，使得科技成果难以被市场所认知和接受。

为了解决海洋科技创新方面存在的问题，盐城需要采取一系列有效措施。首先，要加大海洋科技研发的资金投入。政府可以通过设立专项基金、提供税收优惠等方式，鼓励企业和科研机构加大研发投入，推动海洋科技创新的发展。同时，要加强与国际先进科研机构的合作与交流，引进先进技术和管理经验，提高盐城在海洋科技领域的竞争力和影响力。其次，要加强海洋科技人才的培养和引进。政府可以与本地高校合作，扩大海洋相关专业的招生规模，培养更多具备海洋科学知识和实践经验的专业人才。同时，要通过提供优厚的待遇和良好的工作环境，吸引国内外优秀海洋科技人才来盐城工作和创新。为了留住人才，盐城还需要建立完善的激励机制和职业发展路径，为海洋科技人才提供广阔的发展空间和机会。此外，要完善产学研合作机制，加强科技成果转化和市场推广。政府可以搭建产学研合作平台，促进科研机构、高校和企业之间的信息共享和资源整合，推动科技成果的产业化应用。为了增强企业的科技成果转化能力，政府可以提供资金、技术和市场等方面的支持，帮助企业将科技成果转化为实际生产力。同时，还可以建立海洋科技成果展示和推广中心，为科技成果提供展示和推广的平台，提高市场认知度和接受度。最后，政府还需要加强政策引导和支持，为海洋科技创新提供有力的政策保障。政府可以制定相关政策和法规，明确海洋科技创新的发展方向和重点任务，为科研机构和企业提供政策指导和支持。同时，政府还可以加大对海洋科技创新的投入力度，为科研机构和企业提供更多的资金和资源支持。

当前，盐城在海洋科技创新方面面临的投入不足、人才短缺和科技成果转化难题等问题，严重制约了海洋经济的持续健康发展。为了解决这些问题，盐城需要采取一系列有效措施，加大资金投入、加强人才培养和引进、完善产学研合作机制、加强政策引导和支持等。相信在政府的引导和支持下，盐城海洋科技创新能力将得到显著提升，为盐城海洋经济的繁荣和发展注入新的活力。未来，盐城将有望成为海洋科技创新的高地，为海洋经济的发展贡献更多力量。

（三）海洋生态环境保护压力

盐城，这座位于江苏东部的沿海城市，凭借其得天独厚的地理位置和丰富的海洋资源，海洋经济正以前所未有的速度蓬勃发展。然而，随着海洋经济的快速崛起，这片广袤的蓝色疆域也面临着前所未有的生态环境保护挑战。如何在追求经济增长的同时，保护好海洋生态环境，成为盐城必须正视并解决的重大问题。

　　海洋渔业作为盐城海洋经济的支柱产业之一，其发展历程与海洋生态环境的变迁息息相关。长期以来，过度捕捞一直制约着海洋渔业的可持续发展。一些渔民在短期经济利益的驱使下，采取了竭泽而渔的捕捞方式，不仅导致海洋鱼类种群数量急剧下降，更使得生物多样性遭受严重破坏。许多曾经繁盛的鱼类资源如今已变得稀缺，甚至濒临灭绝的边缘。这种过度捕捞的行为不仅损害了海洋生态系统的平衡，破坏了食物链和生态链的完整性，还威胁到了渔民的长远生计。因为一旦鱼类资源枯竭，渔民的捕捞作业将无法进行，整个海洋渔业产业也将面临崩溃的风险。

　　除了过度捕捞外，海水养殖过程中产生的污染问题也不容忽视。随着海水养殖规模的不断扩大，养殖废水、残饵和粪便等污染物未经处理直接排放到海洋中，导致海水富营养化现象日益严重。富营养化的海水为赤潮等海洋生态灾害的暴发提供了温床。赤潮是一种因海水富营养化而引起的藻类大量繁殖的现象，这些藻类在繁殖过程中会消耗大量的氧气，导致海水缺氧，进而引发海洋生物的大量死亡。赤潮等灾害的频发，不仅破坏了海洋生态系统的稳定性，还对海洋渔业资源造成了极大的损失。同时，养殖过程中使用的抗生素和药物也可能通过食物链传递到人类体内，对人类健康构成潜在威胁。

　　海洋工业的发展同样给盐城海洋生态环境带来了严峻的挑战。海洋化工企业作为海洋工业的重要组成部分，其生产过程中排放的废水、废气和废渣中含有大量的有害物质，如重金属、有机物等。这些污染物一旦进入海洋环境，将对海洋生态系统造成长期的污染和破坏。重金属的积累可能导致海洋生物体内毒素的富集，进而通过食物链传递到人类体内，对人类健康构成严重威胁。有机物的排放则可能引发海洋水质的恶化，影响海洋生物的生存和繁殖。此外，海洋化工企业在生产过程中还可能产生噪声、振动等污染，对海洋生物的生存环境造成干扰和破坏。

　　海洋船舶制造和运输过程中产生的油污、垃圾等污染物也对海洋生态环境造成了不良影响。船舶在航行过程中，机械故障或操作不当等原因，可能导致油污泄漏。油污一旦进入海洋环境，将难以被自然分解和吸收，对海洋水质和海洋生物造成严重的污染。同时，船舶产生的垃圾如塑料袋、渔网等废弃物，也可能被海洋生物误食，导致海洋生物死亡或受伤。这些废弃物的积累还可能形成"海洋垃圾岛"，对海洋生态环境造成长期的破坏。

　　随着盐城港口的不断发展和扩建，港口建设和运营过程中产生的填海造陆、港口疏浚等活动也对海洋生态环境产生了深远的影响。填海造陆改变了海洋的自然地貌，破坏了海洋生物的栖息地和繁殖场所。许多海洋生物因为失去了适宜的生存环境而濒临灭绝。港口疏浚过程中产生的泥沙等废弃物，如果处理不当，也可能对海洋生态环境造成污染。这些废弃物可能含有有害物质，对海洋水质和海洋生物造成危害。

　　在海洋经济发展与生态环境保护之间，存在着一种难以调和的矛盾。一方面，海洋经济的发展需要开发利用海洋资源，而资源的开发利用往往会对海洋生态环境造成一定的影响；另一方面，海洋生态环境的保护又需要限制对海洋资源的开发利用，以确保海洋生态系统的稳定性和可持续性。这种矛盾在盐城海洋经济的发展过程中表现得尤为突出。一些地方政府和企业在追求经济增长的过程中，往往忽视了海洋生态环境保护的重要性。他们采取粗放式的开发方式，对海洋资源进行无节制的开采和利用，导致海洋生态环境遭受严重的破坏。这种破坏不仅损害了海洋生态系统的平衡和稳定性，还威胁到了人类的生存和发展。因为海洋生态系统是人类赖以生存的重要基础，一旦遭到破坏，将对人类的生产和生活产生严重影响。

　　然而，海洋生态环境保护并非易事。它需要投入大量的资金和人力，而短期内却难以获得明显的经济效益。这使得一些地方政府和企业在生态保护方面的积极性不高，甚至存在抵触情绪。他们往往认为生态保护是一种负担和束缚，会制约经济的发展和增长。这种观念的存在，使得海洋生态环境保护工作在一些地区难以得到有效推进。事实上，这种观念是片面和短视的。海洋生态环境保护与经济发展并非水火不容的对立面，而是相辅相成、相互促进的统一体。只有保护好海洋生态环境，才能确保海洋资源的可持续利用和海洋经济的长期发展。因为海洋生态系统的稳定性和健康性是海洋资源得以再生和持续利用的基础。如果忽视了生态保护，盲目追求经济增长，那么最终将付出沉重的代价。一旦海洋生态系统遭到破坏，将难以恢复和修复，对人类的生产和生活将产生长期的不利影响。因此，盐城在实现海洋经济可持续发展的道路上，必须正确处理经济发展与生态环境保护的关系。既要坚持经济发展这个中心不动摇，又要高度重视生态环境保护这个基础不放松。要通过科技创新和制度创新等手段，提高海洋资源的利用效率和生态环境保护的水平。例如，可以推广使用环保型的捕捞方式和养殖技术，减少对海洋生态环境的破坏；可以加强对海洋工业企业的监管和管理，确保其排放的废弃物达到环保标准；可以加强对港口建设和运营过程的环保管理，减少对海洋生态环境的干扰和破坏。

同时，还需要加强海洋生态环境保护的宣传教育力度，提高公众的环保意识和参与度。只有让更多的人了解海洋生态环境保护的重要性，才能形成全社会共同参与的良好氛围。此外，还可以通过建立海洋生态保护补偿机制等方式，激励企业和个人积极参与海洋生态环境保护工作。

总之，盐城在实现海洋经济可持续发展的道路上，必须坚持经济发展与生态环境保护相协调的原则。只有通过科技创新、制度创新、宣传教育和政策激励等多种手段的综合运用，才能实现经济发展与生态保护的良性循环和协调发展。只有这样，才能确保盐城海洋经济的持续健康发展，为子孙后代留下一片碧波荡漾、生机勃勃的蓝色家园。

（四）海洋经济人才短缺

盐城，这座位于江苏东部沿海的城市，以其独特的地理位置和丰富的海洋资源，正逐步成为海洋经济发展的新热点。然而，在海洋经济蓬勃发展的背后，人才短缺的问题却日益凸显，成为制约盐城海洋经济持续健康发展的主要原因。

从人才数量上来看，盐城海洋经济领域的专业人才数量相对较少，难以满足海洋经济快速发展的迫切需求。尽管没有具体的数据来精确描述这一现状，但不可否认的是，与海洋经济发达地区相比，盐城在海洋专业人才方面的储备显得捉襟见肘。这种人才数量的不足，直接限制了盐城海洋经济的创新能力和发展潜力。

从人才结构上来看，盐城海洋经济人才存在着层次不高、结构不合理的问题。高层次的科研领军人才和创新团队匮乏，这是盐城海洋经济发展中的一大痛点。科研领军人才的缺失，使得盐城在海洋科技研发方面难以取得重大突破，无法形成具有核心竞争力的海洋科技产业。同时，创新团队的匮乏也限制了盐城海洋经济的创新能力和市场竞争力。另一方面，基础技能型人才相对过剩，这种人才结构的不合理，不仅浪费了人力资源，也制约了盐城海洋经济的转型升级和高质量发展。

人才短缺对盐城海洋产业发展产生了深远的影响。在海洋科技创新方面，由于缺乏高素质的科研人才，盐城在海洋科技研发方面的能力相对较弱。这不仅限制了盐城海洋科技的创新能力和发展潜力，也使得盐城在海洋科技竞争中处于劣势地位。在海洋产业发展方面，专业的管理人才和技术人才的缺乏，使得企业的生产效率和产品质量难以提高，市场竞争力较弱。一些海洋渔业企业缺乏专业的养殖技术人才，导致养殖效益低下，渔业产品质量不稳定，严重影响了企业的经济效益和市场声誉。

在人才培养与引进方面，盐城也面临着诸多挑战。首先，本地高校海洋相关专业的设置相对较少，人才培养规模有限。这使得盐城在本土人才培养方面难以满足海洋经济发展的需求。其次，由于盐城的地理位置和经济发展水平相对有限，在吸引海洋经济高端人才方面存在一定困难。与一些海洋经济发达地区相比，盐城在地理位置、经济环境、科研资源等方面都不具备优势，因此难以吸引和留住高端人才。再次，由于缺乏完善的人才激励机制和良好的人才发展环境，一些引进的人才难以长期稳定地留在盐城。这使得盐城在人才引进和使用方面面临着较大的挑战，也导致了人才流失现象较为严重。

面对这些挑战，盐城必须采取切实有效的措施来加强海洋经济人才队伍建设。一方面，要加大对本土人才的培养力度。盐城可以依托本地高校和职业院校，加强海洋相关专业的设置和建设，扩大人才培养规模，提高人才培养质量。同时，还可以通过校企合作、产学研结合等方式，为本土人才提供更多的实践机会和就业渠道，促进本土人才的成长和发展。另一方面，要加大对海洋经济高端人才的引进力度。盐城可以通过制定优惠政策、提供优厚的待遇和条件等方式，吸引和留住高端人才。例如，可以提供住房补贴、子女教育、医疗保障等方面的优惠待遇，为高端人才创造更好的生活和工作环境。同时，还可以加强与海洋经济发达地区的交流合作，通过人才引进、项目合作等方式，借鉴和学习先进经验和技术，提高盐城海洋经济的创新能力和市场竞争力。

此外，盐城还要加强对海洋经济人才的管理和服务。可以建立健全人才管理机制和服务体系，为海洋经济人才提供更好的管理和服务。例如，可以建立人才档案、完善人才评价体系、加强人才培训和发展等方面的工作，为海洋经济人才提供更多的发展机会和空间。同时，还可以加强对海洋经济人才的宣传和推广工作，提高社会对海洋经济人才的认知和重视程度，营造良好的人才发展氛围。

第三节　盐城海洋经济的创新实践探索

一、海洋新兴产业崛起与前景展望

（一）海洋新能源产业的发展与突破

盐城，这座坐落在江苏东部黄海之滨的璀璨明珠，凭借其得天独厚的海洋资源和自然条件，在海洋新能源产业领域大放异彩，书写着清洁能源发展的新篇章。海上风电和光伏发电，作为盐城海洋新能源产业的两大核心支柱，正以其强劲的发展势头，引领着盐城迈向清洁能源的新高度。

海上风电，无疑是盐城海洋新能源产业的"璀璨明珠"。近年来，盐城海上风电装机容量持续增长，已成为全国乃至全球海上风电发展的重要基地。盐城深知这一资源的珍贵，因此积极推进海上风电项目建设，国能大丰 H5 海上风电项目就是其中的杰出代表。国能大丰 H5 海上风电项目位于大丰近海海域，是全国首个由地级市国企开发建设的海上风电场。这一项目的成功建设，不仅彰显了盐城在海上风电领域的创新能力和实力，也为全国的海上风电开发树立了新的标杆。在建设过程中，该项目创造了多个海上风电场施工纪录，如全球首个创新采用储能应急电源等，这些创新技术的应用，不仅提高了施工效率，也降低了施工成本，为盐城海上风电产业的发展注入了新的活力。除了国能大丰 H5 海上风电项目外，盐城还相继引进了金风科技、远景能源、上海电气等国内外知名风电整机制造企业。这些企业的集聚，不仅提高了盐城海上风电产业的生产能力，还促进了技术创新和产业升级。金风科技作为风电制造领域的领军企业，在大丰区设立了总装厂，从 2 兆瓦海上风机起步，经过不断的技术研发和创新，现已可制造最高 11 兆瓦海上风机，整机年产能超 1 200 台，其中 30% 出口海外。这一数字不仅体现了金风科技在风电制造领域的领先地位，也彰显了盐城在海上风电产业链中的国际化视野和全球化布局。在引进知名企业的同时，盐城还注重培育本土企业，形成了一条完整的风电产业链。从风电设备的研发、制造到安装、运维，盐城都具备了完整的产业体系和能力。这不仅提高了盐城海上风电产业的整体竞争力，也为盐城的经济发展注入了新的动力。

在光伏发电方面，盐城同样展现出了其独特的优势和创新能力。盐城充分利用沿海滩涂资源，大力推广光伏发电技术，构建起"光伏+农业""光伏+渔业"等多种发展模式。这种创新的发展模式，不仅提高了土地和水域的利用效率，还实现了产业之间的协同发展，为盐城的经济发展注入了新的活力。射阳县的"风光渔"互补产业基地，就是盐城光伏发电产业创新发展的典型代表。在该基地，太阳能光伏板铺设在水面上方，下方进行渔业养殖，同时还利用周边土地进行农业种植。这种"上可发电、下可养鱼、间可种植"的立体发展模式，不仅实现了资源的高效利用，还减少了环境污染，提高了生态效益。通过光伏发电与渔业养殖、农业种植的有机结合，射阳县的"风光渔"互补产业基地实现了经济效益、社会效益和生态效益的有机统一，为盐城的可持续发展做出了积极贡献。此外，盐城还积极探索光伏发电技术的研发和创新。通过引进先进的光伏电池技术和生产设备，提高光伏电池的转换效率和生产质量，降低光伏发电的成本。同时，盐城还加强与高校、科研机构的合作，共同研发新型光伏材料和技术，为光伏发电产业的持续发展提供有力支撑。

展望未来，盐城海洋新能源产业的发展前景更加广阔。随着全球对清洁能源的需求不断增加，海上风电和光伏发电作为重要的清洁能源形式，市场前景十分广阔。盐城将继续加大对海洋新能源产业的支持力度，不断提升产业规模和技术水平，为全球清洁能源的发展做出更大的贡献。

在海上风电方面，盐城将加快推进海上风电项目建设，提高海上风电装机容量，进一步巩固其在全国海上风电领域的领先地位。同时，盐城还将积极推动海上风电技术创新，加大研发投入，提高风电设备的性能和效率，降低成本，增强产业竞争力。通过不断的技术创新和产业升级，盐城将努力打造成为全球海上风电产业的领军城市，为全球清洁能源的发展提供有力支撑。

在光伏发电方面，盐城将继续推广"光伏+农业""光伏+渔业"等发展模式，扩大光伏发电的应用范围，提高光伏发电的比重。同时，盐城还将加强光伏发电技术研发和创新，引进更先进的光伏电池技术和生产设备，提高光伏电池的转换效率和生产质量，降低光伏发电的成本。此外，盐城还将加强与国内外知名企业的合作与交流，共同推动光伏发电产业的可持续发展。

盐城海洋新能源产业的发展前景充满希望和挑战。盐城将继续发挥其独特的优势和创新能力，不断提升产业规模和技术水平，推动海洋新能源产业的蓬勃发展。同时，盐城还将加强与国内外的合作与交流，共同推动全球清洁能源的发展与进步，为人类的可持续发展做出更大的贡献。

（二）海洋生物医药与制品产业的创新发展

近年来，盐城的海洋生物医药产业在蓬勃发展的道路上取得了令人瞩目的成果，展现出了独特的创新能力和广阔的发展前景。作为这一产业的重要载体，盐城海洋生物产业园以创新驱动为核心，致力于构建一个集研发、生产、销售于一体的百亿级产业集群，为海洋生物医药产业的快速发展提供了坚实的平台和支持。

盐城海洋生物产业园凭借其得天独厚的地理位置和丰富的海洋生物资源，吸引了众多海洋生物医药企业的入驻。园区目前已有8家企业成功投产，这些企业在海洋医药的精深加工、海洋保健品的创新研发、海洋食品的健康升级及海洋生物新材料的突破性应用等领域精耕细作，形成了多元化、高附加值的产业格局。这种产业格局不仅提升了海洋生物医药产业的整体竞争力，也为盐城的经济发展注入了新的活力。在众多入驻企业中，江苏康庭生物科技有限公司无疑是盐城海洋生物医药产业中的一颗璀璨明珠。该公司将虾蟹壳这一曾经被视为废弃物的资源深度开发，通过一系列先进的工艺和技术，将其转化为工业、日用品乃至农业、畜牧业、医药等多个领域的核心原料。在生产车间里，工作人员利用酸碱提取等工艺，将虾蟹壳中的甲壳素等珍贵资源提取出来，这些由废弃物转化而来的产品凭借其独特的性能、卓越的品质以及广泛的应用前景，不仅在国内市场大放异彩，而且远销全球20多个国家，赢得了国际市场的广泛认可与高度赞誉。康庭生物的成功实践，不仅体现了盐城海洋生物医药产业的创新能力，也展示了"科技兴海"的广阔前景。除了江苏康庭生物科技有限公司外，盐城的海洋生物医药企业在产品研发方面也取得了诸多重要成果。一些企业专注于海洋生物活性物质的提取和应用，通过深入研究海洋生物的特性和成分，研发出了具有抗肿瘤、抗病毒、抗菌等功效的海洋药物和保健品。这些药物和保健品不仅为患者的治疗提供了更多的选择，也为海洋生物医药产业的发展注入了新的动力。江苏正大丰海制药有限公司就是其中的杰出代表。该公司在海洋药物研发领域不断探索和创新，研发出了一系列具有自主知识产权的海洋药物。正大丰海的研发团队通过对海洋生物的深入研究，提取出了多种具有药用价值的活性成分，并成功将其转化为药物产品。这些药物在临床试验中表现出了良好的疗效和安全性，不仅为患者带来了福音，也为海洋生物医药产业的发展做出了积极贡献。正大丰海的成功实践，不仅体现了盐城海洋生物医药产业的研发实力，也展示了盐城在海洋药物研发领域的领先地位。

然而，盐城海洋生物医药与制品产业在发展过程中也面临着诸多机遇与挑战。随着人们对健康的关注度不断提高，对海洋生物医药产品的需求也在逐渐增加。这为盐城海洋生物医药产业的发展提供了广阔的市场空间和发展机遇。同时，生物技术的不断进步也为海洋生物医药的研发提供了更多的技术手段和创新思路。然而，该产业也面临着研发周期长、技术难度大、资金投入高、市场竞争激烈等挑战。

为了应对这些挑战，盐城需要进一步加强政策支持，加大对海洋生物医药产业的资金投入力度，鼓励企业开展技术创新和产品研发。政府可以制定更加优惠的政策措施，吸引更多的企业入驻盐城海洋生物产业园，形成产业集聚效应。同时，盐城还需要加强产学研合作，推动高校、科研机构与企业之间的深度合作与交流，提高企业的创新能力和技术水平。通过产学研合作，可以加快科技成果的转化和应用，推动海洋生物医药产业的快速发展。

此外，盐城还需要加强人才培养和引进工作。海洋生物医药产业是一个高技术含量的产业，需要大量的专业人才来支撑。因此，盐城可以加大对海洋生物医药专业人才的培养力度，通过与高校合作开设相关专业课程，培养更多的专业人才。同时，盐城还可以积极引进国内外的优秀人才，为产业发展提供智力支持。

盐城的海洋生物医药产业在创新驱动下取得了显著的发展成果，展现了广阔的发展前景。未来，盐城将继续加强政策支持、产学研合作和人才培养引进工作，推动海洋生物医药产业的快速发展，为盐城的经济发展注入新的活力。

（三）海洋现代服务业的培育与拓展

近年来，盐城在海洋物流、金融、旅游等现代服务业领域取得了令人瞩目的积极成果，为海洋经济的蓬勃发展提供了坚实有力的支持。这些现代服务业的快速发展，不仅提升了盐城的整体经济实力，也彰显了盐城在海洋经济领域的独特魅力和无限潜力。

在海洋物流方面，盐城港作为重要的物流枢纽，始终扮演着举足轻重的角色。为了不断提升港口的运输能力和服务水平，盐城港不断完善港口基础设施建设，致力于打造一个现代化、高效能的港口体系。盐城港"一港四区"的发展格局风生水起，已建成 21 个万吨级以上码头，大丰、响水、射阳 3 个一类开放口岸港区更是成为盐城港的重要组成部分。这些港区的建成和运营，为盐城的海洋物流发展提供了强大的基础设施保障。

2023 年上半年，盐城港大丰港区交出了一份亮眼的成绩单：货物吞吐量达到 4 688 万吨，同比增长 5.9%；集装箱吞吐量达到 33.28 万标箱，同比增长 11.4%。这些数据的背后，是盐城港不断提升的服务质量和运营效率，也是盐城海洋物流产业蓬勃发展的生动写照。除了不断提升自身实力，盐城港还积极拓展航线，加强与国内外其他港口的合作。4 月 21 日，满载 2 445.7 吨集装箱的巴拿马籍"海铁财富"轮从盐城港大丰港区顺利开航，前往俄罗斯符拉迪沃斯托克港。这一航线的开通，标志着盐城港至俄罗斯符拉迪沃斯托克港国际直达集装箱班轮航线的顺利运营，也进一步加强了盐城与俄罗斯及其他国家和地区的贸易往来。这一重要举措，为盐城的海洋物流发展带来了新的机遇和广阔的发展空间。与此同时，盐城还积极推进智慧港口建设，利用物联网、大数据、人工智能等先进技术，提高港口的运营效率和管理水平。通过智能化的设备和系统，盐城港实现了货物的快速装卸、精准定位和高效运输，极大地提升了港口的服务质量和竞争力。智慧港口的建设，不仅提高了盐城港的运营效率，也为盐城的海洋物流产业注入了新的科技力量。

在海洋金融方面，盐城同样展现出了非凡的创新能力和活力。为了为海洋经济发展提供多元化的金融支持，盐城不断创新金融服务模式，积极探索新的融资渠道和方式。全国首单海上风电公募 REITs 落地盐城，这一创新举措为海上风电项目提供了新的融资途径，有助于推动海上风电产业的快速发展。同时，盐城还积极推动金融机构与海洋企业的合作，为企业提供贷款、担保、保险等全方位的金融服务，有效解决了企业发展过程中的资金难题。在推动海洋金融发展的同时，盐城也高度重视对海洋金融风险的防控。通过建立健全风险评估和预警机制，盐城加强了对海洋金融市场的监管和管理，保障了海洋金融市场的稳定运行。这些措施的实施，为盐城的海洋金融产业提供了有力的保障和支持。

海洋旅游是盐城海洋现代服务业的重要组成部分。盐城拥有丰富的海洋旅游资源，如黄海湿地、条子泥景区等。这些独特的自然景观和人文风情，为盐城发展滨海旅游提供了得天独厚的条件。为了充分利用这些资源，盐城大力发展滨海旅游，打造了一批具有特色的海洋旅游景点和线路。条子泥景区作为中国黄（渤）海候鸟栖息地（第一期）的重要组成部分，以其广袤的滩涂湿地和丰富的鸟类资源吸引了众多游客前来观赏。景区通过不断完善旅游设施、提升服务质量、开展观鸟节等特色活动，成功吸引了大量游客前来游玩。2023年"五一"假期，条子泥景区累计接待游客量较2019年同期增长了86%，这一数据充分说明了条子泥景区的吸引力和影响力。除了条子泥景区外，盐城还将海洋旅游与文化、体育等产业相结合，推出了一系列具有特色的旅游产品和活动。海洋文化节、沙滩音乐节、海上马拉松等活动的举办，不仅丰富了游客的旅游体验，也提升了盐城海洋旅游的知名度和影响力。这些特色活动和产品的推出，为盐城的海洋旅游产业注入了新的活力和动力。

展望未来，盐城将继续加大对海洋现代服务业的培育和拓展力度。在海洋物流方面，盐城将进一步提升港口的效率和服务水平，积极拓展新的航线与合作伙伴；在海洋金融方面，盐城将继续创新金融服务模式，为海洋经济发展提供更多元化的金融支持；在海洋旅游方面，盐城将不断丰富旅游产品和业态，提升旅游服务质量和游客体验。

盐城海洋现代服务业的蓬勃发展，为盐城的海洋经济注入了新的活力和动力。未来，盐城将继续发挥自身优势和创新潜力，推动海洋现代服务业的高质量发展，为海洋经济的繁荣做出更大的贡献。

二、海洋科技创新驱动发展

（一）海洋科技创新平台建设

盐城，这座屹立于黄海之滨的城市，凭借其得天独厚的地理位置和丰富的海洋资源，正以前所未有的决心和力度，推动海洋经济的发展。在这个过程中，盐城高度重视海洋科技创新平台的建设，积极构建多层次、多元化的创新平台体系，为海洋经济的蓬勃发展提供了强大的技术支撑和智力保障。

近年来，盐城已建成多个具有影响力的海洋科技创新平台，如江苏海洋产业研究院、江苏省新能源淡化海水工程技术研究中心等。这些平台不仅汇聚了众多海洋科技领域的顶尖专家和学者，还配备了先进的科研设备和实验设施，为海洋科技研发、成果转化、人才培养等方面提供了坚实的硬件基础。江苏海洋产业研究院作为盐城海洋科技创新体系中的重要一环，始终聚焦在海洋生物、海洋新能源、海工装备等前沿领域，致力于开展关键技术的研发和科技成果的转化。通过持续的科研攻关和创新实践，研究院已取得多项重要科研成果，并成功应用于实际生产中。这些成果不仅填补了国内相关领域的空白，还提升了盐城在海洋科技领域的国际竞争力。在海洋生物资源开发利用方面，江苏海洋产业研究院与盐城工学院等高校建立了紧密的合作关系。双方通过共享科研资源、联合培养人才等方式，实现了产学研的深度融合和协同发展。在合作过程中，盐城工学院的科研团队与研究院的技术人员密切合作，对海洋生物进行深入研究，成功提取出多种具有药用价值的活性成分。这些活性成分不仅为新药研发提供了重要原料，还推动了盐城海洋生物医药产业的快速发展。

同时，在海洋新能源技术研发领域，盐城也取得了显著成效。盐城积极推动科技创新平台与新能源企业的合作，共同研发新型海上风电技术、海洋能发电技术等。以江苏某海洋新能源企业为例，该企业与江苏省新能源淡化海水工程技术研究中心携手合作，共同攻克了一系列技术难题，成功研发出新型海上风电技术。这项技术的应用，不仅提高了风电设备的发电效率和稳定性，还降低了运维成本，增强了企业在市场中的竞争力。

盐城深知，科技创新平台的健康发展离不开完善的管理机制和服务功能。因此，盐城在推动科技创新平台建设的同时，还不断完善平台的管理机制和服务体系。一方面，建立了科学的项目管理制度，对平台开展的科研项目进行规范管理，确保项目的顺利实施和成果的有效转化。另一方面，加强了平台的服务意识，为企业提供技术咨询、检测检验、知识产权保护等全方位的服务。这些服务的提供，不仅帮助企业解决了在发展过程中遇到的技术难题，还提升了企业的创新能力和市场竞争力。

此外，盐城还注重培养海洋科技领域的专业人才。通过与高校、科研机构的合作，盐城建立了一批海洋科技人才培养基地和实训基地。这些基地不仅为在校学生提供了实践锻炼的机会，还为企业的技术研发和创新提供了人才支持。通过人才培养和引进，盐城逐渐形成了一支高素质、专业化的海洋科技人才队伍，为海洋经济的发展提供了有力的人才保障。值得一提的是，盐城在推动海洋科技创新平台建设的过程中，还注重与国际先进水平的接轨。通过与国际知名海洋科研机构和高校的合作与交流，盐城不断引进国际先进的科研理念和技术方法，提升了自身的科研水平和创新能力。同时，盐城还积极参与国际海洋科技合作项目，为推动全球海洋科技的发展贡献了自己的力量。

总之，盐城通过构建多层次、多元化的海洋科技创新平台体系，为海洋经济的发展提供了强大的技术支撑和智力保障。这些平台的建成和运营，不仅促进了科技成果的转化和应用，还为企业提供了技术支持和创新动力。未来，盐城将继续加大海洋科技创新平台的建设力度，完善平台的管理机制和服务功能，培养更多高素质的海洋科技人才，为推动海洋经济的高质量发展贡献更多的力量。

（二）海洋科技成果转化与应用

近年来，盐城在海洋科技成果转化方面取得了显著的成效，部分成果已在实际生产中得到广泛应用，并产生了良好的经济效益，为盐城的海洋经济发展注入了强劲的动力。

盐城的海水淡化技术，无疑是其海洋科技成果转化的一大亮点。作为国内海水淡化领域的佼佼者，盐城的相关技术成果不仅在国内得到了广泛应用，还成功走向了"一带一路"沿线的多个国家。在三沙等地，盐城的海水淡化技术已经投入使用，为当地居民提供了稳定、可靠的水资源保障。同时，这项技术还远赴沙特、阿曼、菲律宾、斯里兰卡等国家，为解决这些沿海地区的水资源短缺问题提供了有效的解决方案。特别是日产1万吨非并网式风电海水淡化项目的建成投产，更是标志着盐城在海水淡化技术领域取得了重大突破。该项目不仅实现了海水淡化的高效、环保，还通过江苏省首台（套）产品认定，进一步彰显了盐城在海洋科技领域的创新实力。

在海洋渔业领域，盐城同样积极推广应用先进的养殖技术和设备，不断提高渔业生产效率和质量。响水县的江苏三圩盐场海水养殖基地，就是海洋科技成果在渔业生产中的成功应用典范。该基地采用虾、蟹、贝混养的低密度多营养层次养殖模式，这种养殖模式充分利用了海洋生物之间的生态关系，实现了资源的高效利用和生态环境的保护。通过这种科学的养殖方式，基地的海产品产量和质量得到了显著提高，年产值近3亿元，经济效益十分可观。这不仅为当地渔民带来了可观的收入，也为盐城的海洋渔业发展树立了新的标杆。

然而，尽管盐城在海洋科技成果转化方面取得了一定成绩，但仍面临一些挑战和问题。首先，科技成果转化的渠道不够畅通。一些优秀的科技成果由于缺乏有效的推广和应用渠道，难以迅速转化为实际生产力。这既影响了科技成果的价值实现，也制约了海洋经济的发展速度。其次，产学研合作机制不够完善。高校、科研机构与企业之间的沟通与合作尚不够紧密，导致一些科技成果难以与企业需求有效对接。这不仅浪费了宝贵的科研资源，也影响了科技成果的转化效率。此外，部分企业对科技成果的转化积极性不高，也是当前存在的一个问题。一些企业由于缺乏资金和技术支持，对科技成果的转化持观望态度，甚至望而却步。这不仅影响了科技成果的推广应用，也制约了企业的创新发展和市场竞争力提升。

为了促进海洋科技成果的转化，盐城需要采取一系列有力措施。首先，要加强政策支持。政府应出台更多鼓励科技成果转化的政策措施，为科技成果转化提供有力的政策保障。同时，要加大对科技成果转化的资金投入，为科技成果转化提供必要的资金支持。这不仅可以激发科研人员的创新热情，也可以提高企业的转化积极性。其次，要完善产学研合作机制。高校、科研机构与企业之间应建立更加紧密的合作关系，加强沟通与协作。可以通过建立科技成果转化服务平台、举办科技成果转化对接会等方式，为科技成果转化提供全方位的服务。这既可以促进科技成果与企业需求的有效对接，也可以提高科技成果的转化效率。同时，还要加强对企业的引导和支持。政府应鼓励企业积极参与科技成果转化，为企业提供必要的技术支持和资金扶持。可以通过设立科技成果转化专项基金、提供税收优惠等方式，降低企业的转化成本和风险。这既可以提高企业的转化积极性，也可以推动企业的创新发展和市场竞争力提升。

盐城在海洋科技成果转化方面已经取得了显著的成效，但仍面临一些挑战和问题。为了促进海洋科技成果的更好转化和应用，盐城需要进一步加强政策支持、完善产学研合作机制、加强对企业的引导和支持。相信在政府的引导和支持下，在高校、科研机构和企业的共同努力下，盐城的海洋科技成果转化工作一定会取得更加辉煌的成就，为盐城的海洋经济发展注入更强的动力。

（三）海洋科技创新人才培养与引进

为了推动海洋经济的持续健康发展，盐城深知海洋科技创新人才的重要性，因此制定了一系列旨在吸引和培养优秀海洋科技人才的政策，为海洋科技的发展提供了坚实的人才支撑。

盐城市政府高度重视海洋科技创新人才队伍建设，出台了《关于加强海洋科技创新人才队伍建设的若干意见》。该意见明确了人才培养、引进、使用和激励的具体措施,为盐城海洋科技创新人才的发展指明了方向。在人才培养方面,盐城加大对本地高校海洋相关专业的支持力度,鼓励高校与企业携手合作,共同开展人才培养项目。

盐城工学院作为本地的一所重要高校,积极响应政府号召,与多家海洋企业建立了紧密的合作关系。学校开设了海洋科学与技术、海洋资源开发技术等专业,这些专业紧密结合海洋经济发展的实际需求,注重培养学生的专业素养和实践能力。为了让学生更好地将所学知识应用于实践中,盐城工学院还建立了实习实训基地,为学生提供了丰富的实践机会。在这里,学生们可以亲身参与到海洋科研项目中,提高自己的专业技能和实践能力,为未来的职业生涯打下坚实的基础。

在人才引进方面,盐城更是下足了功夫。为了吸引国内外优秀的海洋科技人才,盐城出台了一系列优惠政策。这些政策不仅提供了优厚的薪酬待遇、住房补贴、科研启动资金等物质保障,还为人才创造了良好的工作和生活环境。对于引进的高层次人才,盐城更是给予了一定的科研项目资助,支持他们开展科研工作,为他们的职业发展提供了广阔的空间。此外,盐城还积极搭建人才交流平台,为海洋科技人才提供交流和合作的机会。每年,盐城都会举办海洋科技人才招聘会、学术研讨会等活动,这些活动不仅为用人单位和求职者搭建了桥梁,还为海洋科技人才提供了展示自己才华的舞台。通过这些活动,盐城成功吸引了一批又一批优秀的海洋科技人才加盟,为海洋经济的发展注入了新的活力。

通过这些政策措施的实施,盐城在海洋科技创新人才培养与引进方面取得了显著的成果。盐城已培养和引进了一批具有高素质和专业技能的海洋科技专业人才,他们活跃在海洋科研、海洋产业开发等各个领域,为盐城海洋经济的发展提供了有力的人才支持。

然而,在取得成绩的同时,盐城也清醒地认识到,在人才队伍建设方面仍存在一些问题。例如,人才结构不够合理,高层次的科研领军人才和创新团队相对匮乏;人才流失现象时有发生,部分引进的人才难以长期稳定地留在盐城。这些问题如果得不到有效解决,将会影响盐城海洋科技的创新能力和竞争力。

为了解决这些问题,盐城正在采取一系列有力措施。首先,进一步优化人才结构,加大对高层次人才的引进和培养力度。盐城将继续实施"黄海明珠计划",通过提供更加优厚的待遇和条件,吸引更多国内外顶尖的海洋科技人才来盐城工作和创新。同时,盐城还将加强与国内外知名高校和科研机构的合作,共同培养高水平的海洋科技人才。其次,加强人才激励机制建设。盐城将进一步提高人才的待遇和福利,为人才提供良好的发展空间和晋升机会。通过设立科研项目奖励、科技成果转化奖励等激励措施,激发人才的创新热情和积极性。同时,盐城还将加强对人才的关怀和支持,帮助他们解决工作和生活中的实际困难,营造良好的人才发展环境。此外,盐城还将继续完善人才服务体系。通过建立人才信息库、人才交流平台等,为用人单位和人才提供更加便捷、高效的服务。同时,盐城还将加强对人才的宣传和推广,提高盐城的知名度和影响力,吸引更多优秀人才来盐城发展。

盐城在海洋科技创新人才培养与引进方面已经取得了显著的成果,但仍面临一些挑战和问题。为了打造海洋科技创新人才高地,助力海洋经济蓬勃发展,盐城需要继续优化人才结构、加强人才激励机制建设、完善人才服务体系。相信在政府的引导和支持下,在社会各界的共同努力下,盐城的海洋科技创新人才队伍建设一定会取得更加辉煌的成就,为盐城的海洋经济发展注入更强的动力。

三、海洋经济与生态环境和谐共生

(一)海洋生态保护与修复举措

近年来,盐城积极推进海洋生态保护与修复项目,取得了显著的成效,为海洋生态环境的改善和可持续发展做出了重要贡献。

2022年,盐城市海洋生态保护修复项目迎来了新的进展。该项目包括射阳县海洋生态保护修复项目和东台市川水湾海岸带生态保护修复项目两个子项目,总投资高达4.31亿元,其中获得了中央财政3亿元的大力支持。这一项目的创新性在于,在侵蚀性粉砂淤泥质海岸开展离岸生态潜堤建设,这是我国首个在遗产地内实施的海洋生态保护修复项目,实施周期为2年。射阳县海洋生态保护修复项目是其中的重头戏,总投资为2.63亿元。修复区域包括北区(双洋港南至运粮河岸段)和南区(港南垦区)两个修复区,共完成生态修复面积8.9平方千米,其中海域面积同样为8.9平方千米,保护修复海岸线长度达到了16.9千米。该项目以海堤生态化建设、退渔还湿、海岸线整治三大工程建设为核心,旨在构建稳定、健康的海洋生态环境,促进生态与减灾的协同增效。

　　在海堤生态化建设方面，项目根据生态海岸防护理论，采用海洋工程与海岸湿地生态系统相结合的方式，以"绿色海堤"应对海岸侵蚀灾害风险。在离岸100~200米处开展潜堤建设，用于消减波浪能量。同时，通过堤身生态化建设、背海侧生态化建设，进一步提升海堤的生态功能。在目前侵蚀高滩陡坎进行抛石护坎工程，有效防止了高滩的进一步蚀退。退渔还湿工程则是以"微地貌整饰、本地植物引种、潮汐水动力调控"为核心，重构与恢复海岸带潮滩盐沼湿地。这一工程的实施，不仅恢复了湿地的生态功能，还为众多海洋生物提供了栖息地，促进了生物多样性的保护。海岸线整治工程则改善了海岸的景观，提升了海洋生态系统的整体质量。通过这一系列工程的实施，射阳县的海洋生态环境得到了显著改善，为当地的可持续发展奠定了坚实基础。东台市川水湾海岸带生态保护修复项目同样取得了显著成效。该项目位于江苏盐城湿地珍禽国家级自然保护区南二实验区，共完成生态修复面积 1 250.13 公顷，整治修复岸线长度6.44 千米，修复草本植被面积 499.02 公顷，外来入侵物种治理面积497.14 公顷等。项目综合采用了"水文水系修复+微地形改造+植被恢复+互花米草治理"等湿地修复措施，有效提升了滨海湿地生态系统的稳定性。通过这些措施的实施，东台市川水湾海岸带的生态环境得到了显著改善，为当地的生物多样性和生态平衡提供了有力保障。这些项目的实施，不仅有效改善了盐城的海洋生态环境，还为当地的经济发展提供了新的机遇。海堤生态化建设的实施，增强了海岸带的防护能力，减少了海浪对海岸的侵蚀，为当地的渔业、旅游业等产业提供了更加安全、稳定的发展环境。

　　退渔还湿工程的实施，恢复了湿地的生态功能，为众多海洋生物提供了栖息地，促进了生物多样性的保护。同时，这也为当地的生态旅游产业提供了新的发展机遇，吸引了更多的游客前来观光旅游，促进了当地经济的增长。海岸线整治工程的实施，改善了海岸的景观，提升了海洋生态系统的整体质量。这不仅为当地的居民提供了更加优美的生活环境，也为当地的旅游业等产业提供了更加优质的发展资源。

　　然而，盐城在海洋生态保护与修复过程中也面临一些问题。资金投入不足是其中的一个重要问题。海洋生态保护与修复项目需要大量的资金支持，但目前盐城在这方面的资金投入相对有限，难以满足项目的实际需求。此外，部分项目的实施难度较大也是一个问题。由于盐城的海洋生态环境较为复杂，一些生态保护与修复措施在实施过程中遇到了技术难题和实际困难，影响了项目的进度和效果。为了实现可持续发展，盐城需要进一步加大对海洋生态保护与修复的资金投入。可以通过拓宽资金筹集渠道、吸引更多的社会资本参与等方式，为项目的实施提供充足的资金支持。同时，盐城还需要加强技术研发和创新，提高生态保护与修复的技术水平。可以通过加强与高校、科研机构等单位的合作与交流，引进先进的技术和理念，为项目的实施提供有力的技术支撑。此外，盐城还需要加强对海洋生态环境的监测和评估工作。可以通过建立完善的监测和评估体系，及时掌握生态环境的变化情况，为生态保护与修复提供科学依据。相信在盐城的不断努力下，其海洋生态保护与修复工作一定会取得更加辉煌的成就。

（二）绿色海洋产业发展模式探索

盐城凭借其得天独厚的海洋资源，正积极探索绿色海洋产业发展理念，致力于海洋经济与生态环境的协调发展。在这一理念的引领下，盐城在海洋渔业、海洋新能源以及海洋生物产业等多个领域，都取得了显著的成效，为绿色海洋经济的发展树立了典范。

在海洋渔业方面，盐城大力推广生态养殖模式，以减少养殖过程中的污染物排放，提高渔业资源的可持续利用能力。响水县的江苏三圩盐场海水养殖基地，便是这一绿色海洋产业发展理念的成功实践。该基地以 5 000 亩高品质海产品养殖区域为核心，创新性地采用了虾、蟹、贝混养的低密度多营养层次养殖模式。这一养殖模式充分利用了海洋生物之间的生态关系，通过合理搭配养殖品种，实现了资源的高效利用和生态环境的保护。虾、蟹、贝等海洋生物在生长过程中，相互依存、相互促进，形成了一个良性的生态循环。这种养殖模式不仅显著提高了海产品的产量和质量，还极大地减少了对环境的污染，真正实现了经济效益和生态效益的双赢。此外，该养殖基地还注重科技创新和科学管理，不断引进先进的养殖技术和设备，提高养殖的自动化和智能化水平。同时，基地还加强了对养殖环境的监测和保护，确保养殖活动的可持续性。这些措施的实施，使得江苏三圩盐场海水养殖基地成了绿色海洋产业发展的成功案例，为其他海水养殖区域提供了宝贵的经验和借鉴。

在海洋新能源产业方面，盐城积极发展海上风电和光伏发电，推动能源结构的优化升级。海上风电作为一种清洁能源，具有可再生、无污染等显著优点。盐城凭借其丰富的风能资源，大力发展海上风电，不仅减少了对传统化石能源的依赖，降低了碳排放，还为经济发展注入了新的活力。国能大丰 H5 海上风电项目的建设，是盐城新能源产业发展的一个亮点。该项目的成功实施，不仅推动了盐城海上风电产业的快速发展，还带动了风电装备制造、运维服务等相关产业的集聚，形成了完整的产业链。这些相关产业的发展，为当地提供了大量的就业机会，促进了经济的繁荣。

在光伏发电方面，盐城也构建起了"光伏+农业""光伏+渔业"等多种发展模式，实现了资源的综合利用。射阳县的"风光渔"互补产业基地，就是这一发展模式的典型代表。该基地在水面上方铺设太阳能光伏板，下方进行渔业养殖，同时利用周边土地进行农业种植，形成了"上可发电、下可养鱼、间可种植"的立体发展模式。这种立体发展模式充分利用了土地和水域资源，提高了资源的利用效率。同时，光伏发电与渔业养殖、农业种植的有机结合，也减少了对环境的污染，实现了经济效益、社会效益和生态效益的有机统一。这种创新的发展模式，为盐城的绿色海洋产业发展注入了新的动力。

除了海洋渔业和海洋新能源产业，盐城还在海洋生物产业等领域积极探索绿色发展模式。盐城海洋生物产业园以创新驱动为核心，致力于构建集研发、生产、销售于一体的百亿级产业集群。园区内的企业聚焦海洋医药的精深加工、海洋保健品的创新研发、海洋食品的健康升级以及海洋生物新材料的突破性应用，形成了多元化、高附加值的产业格局。江苏康庭生物科技有限公司是园区内的一家代表性企业。该公司将虾蟹壳深度开发，转化为工业、日用品乃至农业、畜牧业、医药等多个领域的核心原料。这种对海洋生物资源的深度开发和循环利用，不仅减少了废弃物的排放，还提高了资源的利用效率，完全符合绿色海洋产业发展的理念。这些绿色海洋产业发展模式不仅具有显著的生态效益，还具有良好的推广和应用前景。在海洋渔业领域，生态养殖模式可以在其他海水养殖区域进行广泛推广，通过优化养殖结构、减少养殖污染，提高渔业的可持续发展能力。

在海洋新能源领域，"风光渔"互补等发展模式可以在沿海地区广泛应用，充分利用当地的自然资源优势，实现能源的多元化发展和资源的高效利用。这不仅有助于缓解能源压力，还能推动沿海地区的经济发展。

在海洋生物产业领域，对海洋生物资源的深度开发和循环利用模式可以为其他相关企业提供有益的借鉴和启示。通过推动海洋生物产业向绿色、高效的方向发展，可以实现海洋资源的可持续利用和海洋经济的可持续发展。

盐城在绿色海洋产业发展方面取得了显著的成效，为其他沿海地区提供了宝贵的经验和借鉴。通过继续推广和应用这些绿色海洋产业发展模式，盐城将进一步促进海洋经济的可持续发展，实现经济增长与生态环境保护的良性互动。

（三）海洋生态经济价值实现机制研究

为了更好地认识和利用海洋生态经济的价值，盐城采用了多种评估方法和指标体系，对海洋生态经济价值进行了全面、科学、细致的评估。并在此基础上，积极探索建立合理的实现机制，推动海洋生态经济的持续健康发展。

在生态系统服务价值评估方面，盐城展现了其深厚的科研实力和创新精神。生态系统服务是指自然生态系统为人类提供的各种惠益，包括物质产品生产、调节服务、文化服务等。为了准确评估这些服务的价值，盐城运用了市场价值法、替代成本法、影子工程法等多种方法，构建了完善的评估体系。

市场价值法是一种直接、有效的评估方法，它通过调查海产品的市场价格和产量，计算出海洋渔业的经济价值。盐城充分利用了这一方法，对当地的海洋渔业资源进行了全面的梳理和评估。通过市场调研和数据分析，盐城准确掌握了各类海产品的市场价格和产量，进而计算出了海洋渔业对当地经济的贡献率。这一数据不仅直观反映了海洋渔业的经济价值，也为后续的海洋资源管理和开发提供了重要的参考依据。然而，海洋生态系统的价值远不止于此。除了提供物质产品外，海洋生态系统还具有强大的调节服务功能，如水质净化、气候调节、防洪护岸等。为了评估这些服务的价值，盐城采用了替代成本法。以水质净化为例，盐城通过计算人工净化海水的成本，来估算海洋生态系统的水质净化价值。这种方法考虑了海洋生态系统在净化水质方面的重要作用，以及如果这种服务由人工提供所需要的巨大成本。通过对比，人们可以更加清晰地认识到海洋生态系统的无价之宝。此外，影子工程法也是盐城评估海洋生态系统服务价值的重要手段。这种方法通过计算建造相同功能的人工工程的成本，来估算海洋生态系统的防洪、护岸等功能价值。盐城地处沿海，经常受到台风、暴雨等自然灾害的威胁。海洋生态系统的防洪、护岸功能在抵御这些灾害中发挥了重要作用。通过影子工程法，盐城准确评估了这些功能的价值，进一步凸显了海洋生态系统对当地经济和社会的重要性。

　　除了生态系统服务价值评估外，盐城还非常重视生物多样性价值的评估。生物多样性是海洋生态系统的重要组成部分，也是海洋生态经济价值的重要体现。为了准确评估生物多样性的价值，盐城通过调查海洋生物的种类、数量、分布等情况，运用生物多样性指数等指标来进行了深入的分析和研究。香农-威纳指数是一种常用的生物多样性评估方法，它综合考虑了物种的丰富度和均匀度两个因素。盐城采用这种方法，对当地的海洋生物多样性进行了全面的评估。通过调查和分析，盐城掌握了海洋生物多样性的现状、分布规律以及变化趋势，为后续的生物多样性保护和管理提供了科学依据。

　　在完成了对海洋生态经济价值的科学评估后，盐城开始积极探索建立合理的实现机制，以将这些价值转化为实际的经济效益和社会效益。在生态补偿机制方面，盐城走在了全国的前列。为了保护海洋生态环境，一些地区和群体可能会受到经济损失。为了体现公平和合理的原则，盐城建立了海洋生态保护补偿制度。这一制度对因保护海洋生态环境而受到经济损失的主体进行补偿，包括渔民、养殖企业等。对于在海洋生态保护区域内从事渔业养殖的渔民来说，他们可能会因为减少养殖规模或改变养殖方式而造成经济损失。为了弥补这些损失，盐城给予他们一定的经济补偿，鼓励他们继续参与海洋生态保护工作。这种补偿机制不仅提高了人们保护海洋生态环境的积极性，也促进了海洋生态经济价值的实现。

　　在生态产品价值实现机制方面，盐城同样展现出了其创新精神和市场敏锐度。为了推动海洋生态产品的市场化交易，盐城建立了海洋生态产品交易平台。这一平台将海洋生态产品进行量化、定价，并实现其市场化交易。通过这一平台，消费者可以购买到各种海洋生态产品，如生态养殖的海鲜、海洋生态旅游产品等。

　　同时，盐城还积极对海洋渔业的生态养殖产品、海洋生态旅游产品等进行包装、认证，推向市场。通过这些措施，盐城成功地将海洋生态资源转化为经济价值，促进了海洋生态经济的发展。这种生态产品价值实现机制不仅为海洋生态产品提供了市场渠道，也为消费者提供了更多选择，实现了生态效益和经济效益的双赢。

为了更好地实现海洋生态经济价值，盐城还需要进一步完善相关政策建议。首先，在资金投入方面，盐城应加大对海洋生态保护的资金投入力度。可以设立海洋生态保护专项资金，用于支持海洋生态保护与修复项目、生态补偿等方面的工作。这些资金的投入将有助于提高海洋生态保护的效果，也为海洋生态经济的发展提供了有力保障。其次，在政策支持方面，盐城应加强对海洋生态经济的政策支持力度。可以出台相关的产业政策、税收政策等优惠措施，鼓励企业发展绿色海洋产业。这些政策的出台将有助于引导企业向绿色、环保的方向发展，促进海洋生态经济的健康发展。最后，在监管方面，盐城应加强对海洋生态经济的监管力度。可以建立健全海洋生态环境监测体系和执法监督体系，加强对海洋生态环境的监测和保护工作。同时，还应加强对海洋生态经济活动的监管和管理力度，确保海洋生态经济的健康发展。

盐城在海洋生态经济价值评估与实现方面取得了显著成效，通过科学评估海洋生态经济价值、积极探索实现机制以及完善相关政策建议等方面的努力，盐城成功地将海洋生态资源转化为经济价值和社会效益，推动了海洋生态经济的持续健康发展。未来，盐城将继续坚持绿色发展理念，加强科技创新和市场拓展力度，推动海洋生态经济再上新台阶。

展望未来，盐城海洋经济的发展前景广阔且充满机遇。然而，要实现海洋经济的高质量可持续发展，盐城还需在政策支持、科技创新、人才培养、生态保护等方面持续发力。通过不断优化政策环境、加大科技创新投入、培养和引进更多优秀人才、加强生态保护与修复工作等措施，盐城将推动海洋经济实现跨越式发展，为城市经济社会发展注入强大的"蓝色动能"。在全国海洋经济发展格局中，盐城将占据更加重要的地位，成为推动中国海洋经济发展的重要力量。

第八章 国内外海洋经济文化融合经验借鉴

　　海洋经济，作为全球经济体系中一个不可或缺的组成部分，其发展的深远意义远不止于资源的开发利用和经济利益的获取，而是与文化传承的脉络、社会认同的构建以及生态文明建设的推进紧密相连，形成了一个多维度、多层次的复杂系统。在全球化浪潮席卷之下，海洋经济与文化融合的必要性愈发显著，这不仅是经济转型升级、追求高质量发展的内在需求，也是文化传承与创新、增强文化软实力的重要途径。

　　海洋经济与文化融合，是经济转型升级历程中的必然选择。随着全球范围内资源环境约束的不断加剧，以往那种依赖资源消耗、环境破坏的传统粗放型海洋经济发展模式，已经难以满足可持续发展的严格要求。在此背景下，将文化元素巧妙融入海洋经济之中，成为挖掘海洋资源潜在文化价值、提升整个产业链附加值的有效手段。以澳大利亚为例，该国在海洋教育领域大胆创新，不仅将丰富的文化元素融入课程体系，有效培养了学生的海洋意识和环保理念，还为海洋科技产业和文化产业的蓬勃发展提供了坚实的人才支撑。这种教育与实践相结合的模式，不仅推动了经济结构的优化升级，实现了经济的高质量发展，同时也为文化的传承与发展开辟了一条全新的路径。

　　文化，作为一种无形的软实力，是海洋经济发展过程中不可或缺的重要推动力。在经济全球化深入发展、文化多样性日益凸显的今天，文化认同和价值观的传播已经成为衡量一个国家竞争力的重要指标。海洋文化，作为一种独特的地域文化形态，承载着深厚的历史积淀和丰富的价值内涵。通过将海洋文化与经济活动紧密结合，不仅可以增强区域文化的认同感和国际影响力，还能够促进经济与文化的协同发展，形成良性互动。日本在这方面的实践值得借鉴，该国在推动海洋产业集聚发展的同时，高度重视海洋文化的保护与传承，将其融入社区建设和旅游开发之中，打造了一系列具有鲜明海洋特色的文化旅游品牌，实现了经济与文化双赢的局面。

海洋经济与文化融合，更是实现可持续发展目标的必然要求。海洋资源的开发与利用，往往伴随着环境破坏和生态失衡的风险，如何在发展经济的同时保护好海洋生态环境，成为亟待解决的问题。通过文化融合，可以引导公众树立正确的生态文明理念，增强海洋环境保护意识，形成全社会共同参与海洋保护的良好氛围。英国在这方面的做法值得称道，该国政府不仅制定了严格的海洋环境保护政策，还通过广泛的海洋文化教育，有效提升了公众的海洋环保意识，使得海洋保护成为全社会的共识。这种文化引导与政策保障相结合的模式，为海洋经济的可持续发展提供了有力保障。

海洋经济与文化融合，还是提升国家软实力和文化自信的重要手段。在全球化背景下，文化认同与价值观的传播已经成为国际竞争的重要领域。通过深入挖掘和弘扬海洋文化，不仅可以增强民族认同感和文化自信，还能够为国际合作提供文化纽带，增进不同国家和地区人民之间的相互理解和友谊。加拿大在这方面做出了积极探索，该国通过实施综合管理与预防性原则相结合的海洋政策，不仅有效保护了海洋生态环境，还为国际合作提供了宝贵的经验和借鉴，展现了其在海洋治理方面的文化自信和责任担当。

海洋经济与文化融合不仅是经济发展的内在需求，更是文化传承、环境保护和国际竞争的必然选择。这一融合过程不仅有助于推动海洋经济的转型升级和高质量发展，还能够促进文化的传承与创新，增强国家的软实力和文化自信。通过深入总结国内外在海洋经济与文化融合方面的成功经验，我们可以为我国海洋经济的可持续发展提供重要的理论支撑和实践参考。在未来的发展中，我们应更加注重海洋经济与文化的深度融合，充分发挥文化在海洋经济发展中的独特作用，推动形成经济与文化相互促进、协同发展的良好局面，为构建海洋强国贡献智慧和力量。

第一节　国外海洋经济文化融合经验

一、欧美国家的海洋经济文化融合

（一）美国的海洋经济与文化融合模式

美国在海洋经济与文化融合方面，展现出了独具特色的模式，其丰富经验和成功实践对其他国家而言，具有重要的借鉴意义与参考价值。美国的海洋经济与文化融合模式，是一个多维度、多层次的系统工程，主要体现在政策引导、科技创新、国际协作以及文化教育等多个关键领域，通过这些综合措施的有效实施，实现了海洋经济的可持续发展与文化的深层次融合，为全球海洋治理与发展树立了典范。

在政策引导方面，美国通过构建完善的法律体系，为海洋经济与文化融合提供了坚实的法治保障。美国政府深知海洋资源的重要性与脆弱性，因此制定了一系列旨在保护海洋环境、规范海洋资源开发与利用的法律法规。例如，《海洋资源和工程发展法令》的出台，不仅为海洋资源的合理开发设定了框架，还特别强调了文化与环境的协同发展，通过设立海洋保护区，有效保护了海洋生物多样性，为海洋文化产业的发展预留了宝贵空间。同时，《海洋哺乳动物保护法》等法律的实施，进一步强化了海洋生态保护的法律基础，确保了海洋资源的可持续利用，为文化传承与创新提供了坚实的法律支撑。

在科技创新与文化创新的结合上，美国展现了非凡的创造力与前瞻性。通过设立如密西西比河口科技园区和夏威夷科技园区等海洋科技园区，美国将高科技与海洋资源的开发紧密结合，形成了科技创新与海洋经济互动发展的良好生态。这些园区不仅成为海洋科技研发与应用的前沿阵地，还通过科技创新提升了海洋文化产业的附加值，使海洋文化产品更加丰富多彩，更具市场竞争力。特别是在海洋探测技术领域，美国的创新成果不仅为海洋资源的精准开发提供了强大技术支持，还为海洋文化旅游带来了新的体验形式，如海底探险、虚拟现实海洋体验等，极大地丰富了海洋文化的表现形式和传播途径，使美国的海洋经济在具备强大经济实力的同时，也形成了独具特色的文化品牌。

在国际协作方面，美国表现出了高度的开放性和合作精神，积极参与全球海洋治理与合作。美国加入了多项国际性的海洋研究计划，如热带海洋全球大气计划和世界大洋环流实验，这些计划不仅促进了各国在海洋科技领域的深度合作，也为海洋经济与文化的融合提供了新的路径和平台。通过国际合作，美国不仅吸收了世界先进的海洋科技成果，提升了自身的海洋科技水平，还通过文化交流促进了全球海洋文化的传播与发展，增强了国际社会对海洋保护与文化传承的共识，为构建人类命运共同体贡献了海洋力量。

在海洋教育方面，美国形成了独具特色的教育模式，通过教育与文化的深度融合，培养了大量高素质的海洋科技人才。从基础教育到高等教育，美国的海洋教育体系注重理论与实践的有机结合，特别是在高中阶段，就设置了航海、潜水等实践技能课程，以及与生物、化学紧密相关的海洋理论课程，这些课程不仅提升了学生的海洋科学知识水平，还培养了学生的实践操作能力和对海洋文化的认同感。此外，美国的海洋学院和大学通过开设海洋科学、海洋工程等专业课程，以及海洋法学、海洋经济学等交叉学科课程，为海洋科技和文化产业的发展提供了源源不断的人才支撑。这种注重理论与实践、科技与人文相结合的教育模式，不仅推动了海洋经济的持续健康发展，还通过文化传承增强了国民的海洋意识和文化认同，为海洋经济与文化融合的长远发展奠定了坚实的基础。

美国通过法律保障、科技创新、国际协作和教育融合等多种途径，成功实现了海洋经济与文化的高度融合，形成了独具特色的海洋经济与文化发展模式。这一模式不仅推动了美国海洋经济的可持续发展，提升了国家的综合竞争力，也为其他国家在海洋经济与文化融合领域的实践提供了宝贵的经验和重要的借鉴。未来，随着全球海洋治理体系的不断完善和海洋科技的不断进步，美国海洋经济与文化融合的模式将继续发挥其引领作用，为全球海洋事业的繁荣与发展做出更大贡献。

（二）北欧国家的海洋文化与经济协同发展

北欧国家在海洋经济与文化融合方面展现了独特的经验和模式，其成功之处在于将环境保护、文化传承与经济发展有机结合，形成了可持续发展的典范。北欧国家如丹麦、挪威、瑞典、芬兰和冰岛等，凭借其优越的海洋资源和先进的发展理念，在海洋经济与文化协同发展方面取得了显著成效。

北欧国家非常注重通过政策引导和法律保障来推动海洋经济与文化的

协同发展。例如，丹麦通过《海洋空间规划法》等法规，明确了海洋资源的开发边界和环境保护要求，确保了海洋经济活动与文化传承的和谐统一。挪威则通过《渔业管理法》，建立了以可持续渔业为核心的管理模式，既保证了渔业资源的长期稳定，又促进了渔业文化与经济的深度融合。这些政策不仅为海洋经济发展提供了法律保障，还为文化传承注入了新的活力。

在环境保护与文化传承方面，北欧国家展现了极高的责任感和创新能力。瑞典通过设立海洋保护区网络，将文化遗产与自然遗产相结合，既保护了海洋生态系统，又传承了沿海地区的传统文化。冰岛则通过举办海洋文化节庆活动，如"海洋遗产周"，将渔业、航海文化与现代艺术相结合，增强了公众的文化认同感和保护意识。北欧国家还通过数字化技术，将传统海洋文化以现代形式呈现，例如挪威通过虚拟现实技术展示古代航海历史，既吸引了年轻一代的关注，又推动了文化产业的创新发展。

北欧国家在海洋经济与文化融合中还特别注重社区参与和文化认同。丹麦通过建立"海洋社区"，将沿海居民、企业、科研机构和政府多方联动，共同参与海洋经济与文化活动的策划与实施。这种社区参与模式不仅增强了地方文化凝聚力，还促进了经济活动的多元化发展。芬兰则通过"海洋教育计划"，将海洋文化融入学校课程，培养青少年的海洋意识和环保理念，为海洋经济的可持续发展提供了人才支撑。北欧国家的成功经验表明，海洋经济与文化融合需要以环境保护为基础，以文化传承为核心，以社区参与为纽带，以政策保障为支撑。通过这些措施，北欧国家不仅实现了海洋经济的高质量发展，还保护和传承了丰富的海洋文化，为其他国家提供了宝贵的经验和借鉴。

（三）地中海沿岸国家的海洋经济文化特色

地中海沿岸国家在海洋经济与文化融合方面展现了独特的区域特色和实践经验。这些国家凭借其悠久的海洋历史、丰富的文化遗产和优越的自然资源，在海洋经济与文化融合方面形成了各具特色的模式。地中海地区不仅是古代文明的发源地之一，也是现代海洋经济与文化融合的重要实践区域，其经验对全球具有重要的借鉴意义。

地中海沿岸国家通过整合历史文化遗产与现代经济活动，形成了独具特色的海洋经济文化模式。例如，西班牙、意大利和希腊等国家在海洋旅游和蓝色经济方面表现尤为突出。西班牙通过发展海洋旅游业，将历史遗迹、海滨文化与现代旅游相结合，打造了多个世界级的海洋文化旅游目的地。意大利则注重将海洋文化遗产与现代科技相结合，通过数字化技术还原古代海洋文明，吸引了大量国际游客，同时也推动了文化产业的创新发展。希腊则通过举办海洋文化节庆活动，如"海洋遗产节"，将传统渔业、航海文化和现代艺术相结合，既传承了海洋文化，又促进了经济的多元化发展。

在政策法规与制度保障方面，地中海沿岸国家普遍注重通过法律体系和管理机制推动海洋经济与文化的协同发展。例如，法国通过《海洋规划法》等法规，明确了海洋经济活动的开发边界和环境保护要求，确保了经济活动与文化传承的和谐统一。意大利则通过设立"海洋文化保护区"，将文化遗产与自然遗产相结合，既保护了海洋生态系统，又传承了沿海地区的传统文化。这些政策不仅为海洋经济发展提供了法律保障，还为文化传承注入了新的活力。

地中海沿岸国家还特别注重通过教育与文化传承促进海洋经济与文化的深度融合。例如，法国通过"海洋教育计划"，将海洋文化融入学校课程，培养青少年的海洋意识和环保理念，为海洋经济的可持续发展提供了人才支撑。西班牙则通过举办国际海洋文化节，将传统海洋文化以现代形式呈现，如通过虚拟现实技术展示古代航海历史，吸引了年轻一代的关注，推动了文化产业的创新发展。这些教育与文化活动不仅增强了公众的文化认同感，还为海洋经济的可持续发展提供了重要的社会基础。

地中海沿岸国家在海洋经济与文化融合中还展现了高度的国际合作精神。例如，法国、意大利和希腊等国家通过参与欧盟框架下的"蓝色经济"计划，推动了区域内海洋经济与文化的协同合作。这些国家通过共享海洋资源开发经验、文化交流与科技创新，不仅提升了自身的海洋经济发展水平，还通过区域合作促进了海洋文化的传播与发展。

地中海沿岸国家的成功经验表明，海洋经济与文化融合需要以文化遗产为基础，以经济活动为载体，以政策法规为保障，以教育传承为纽带，以国际合作为助力。通过这些措施，地中海沿岸国家不仅实现了海洋经济的高质量发展，还保护和传承了丰富的海洋文化，为全球海洋经济与文化融合提供了重要的参考和借鉴。

二、亚洲国家的海洋经济文化融合

（一）日本的海洋经济与文化融合经验

日本在海洋经济与文化融合方面展现出独特的实践经验，其发展模式以产业集聚和循环经济为核心，通过政策引导、科技创新和文化传承相结合，实现了海洋经济与文化的深度协同。日本的海洋经济文化融合模式不仅注重经济效益，更加重视资源的高效利用和环境保护，形成了可持续发展的典范。

日本通过产业集聚模式推动海洋经济与文化深度融合。日本政府在近海地区建立了多个海洋产业集聚区，将海洋产业与陆地产业有机结合，形成了完整的经济体系。这种模式不仅提高了海洋资源的利用效率，还通过产业链的延伸，推动了海洋文化产业的创新发展。例如，在北海道和九州等沿海地区，日本通过发展海洋渔业、海洋旅游和海洋科技产业集群，将海洋文化元素融入社区建设和产业规划，形成了经济与文化相互促进的良性循环。通过产业集聚，日本不仅提升了海洋产业的经济效益，还增强了区域文化的认同感和影响力。

日本在海洋经济与文化融合中注重法律制度的保障和政策支持。日本政府通过制定《海洋基本法》等法律法规，为海洋经济的发展提供了坚实的法律保障。《海洋基本法》明确了海洋资源开发与利用的基本原则，强调了海洋环境保护和文化传承的重要性。此外，日本还通过金融政策支持海洋循环经济的发展，例如，通过制定税收优惠政策和提供政策性融资，鼓励企业进行海洋废弃物处理和资源再利用。这些政策不仅推动了海洋资源的高效利用，还为海洋文化产业的创新发展提供了资金支持。例如，日本在海洋废弃物资源化方面进行了积极探索，通过将废弃渔网转化为环保材料，既减少了海洋污染，又为文化创意产业提供了新的素材和灵感。

日本还通过社区参与和文化传承，将海洋文化融入民众日常生活。日本政府高度重视海洋生态保护和文化传承，通过建立海洋生态保护区和文化遗产保护区，保护了海洋生物和海洋文化的重要遗产。例如，日本的"冲之鸟礁"和"硫磺岛"等海洋保护区不仅保护了独特的海洋生态系统，还通过文化展示和教育活动，增强了公众的海洋环保意识和文化认同感。此外，日本还通过"海洋节"等文化活动，将海洋文化与现代生活相结合，推动了海洋文化的传播与创新。这些活动不仅丰富了民众的文化生活，还为海洋经济的发展注入了新的活力。

日本在海洋经济与文化融合中还特别注重教育与智力支持。日本的海洋教育体系注重理论与实践相结合，从基础教育到高等教育，形成了完整的海洋人才培养体系。例如，日本的高中阶段设置了与海洋相关的实践课程，如航海、潜水等技能课程，以及与海洋科学相关的理论课程，培养了学生的海洋科学知识和实践能力。此外，日本的大学和研究机构还通过设立海洋相关专业和交叉学科课程，培养了大量高素质的海洋科技人才。这些人才不仅推动了海洋科技的创新发展，还为海洋文化产业的传承与创新提供了智力支持。

日本的海洋经济与文化融合经验表明，通过产业集聚、循环经济、政策保障、社区参与和教育支持相结合，可以实现海洋经济与文化的高度协同。这种模式不仅推动了日本海洋经济的可持续发展，也为其他国家在海洋经济与文化融合领域的实践提供了重要的借鉴。

（二）韩国的海洋文化与经济协同发展

韩国在海洋经济与文化融合方面展现出了独特的实践模式，其经验对亚洲国家具有重要的借鉴意义。韩国的海洋经济与文化协同发展模式主要体现在政策引导、科技创新、文化传承与社区参与等方面，通过这些措施实现了海洋经济的高质量发展与文化的深层次融合。

韩国政府高度重视海洋经济与文化融合的政策引导作用，通过制定和完善相关法律法规，为海洋经济的发展提供了坚实的政策保障。韩国的《海洋基本法》明确规定了海洋资源开发与利用的基本原则，强调了海洋环境保护与文化传承的重要性。此外，韩国政府还通过制定《海洋产业振兴法》等政策文件，推动了海洋经济的多元化发展。例如，韩国通过设立"蓝色经济区"，将海洋经济与文化产业相结合，形成了以海洋科技、海洋旅游和海洋文化产业为核心的经济体系。这些政策不仅为海洋经济发展提供了法律保障，还为文化传承与创新注入了新的活力。

在科技创新方面，韩国通过设立海洋科技园区和研究中心，推动了海洋科技的研发与应用。韩国政府大力支持海洋科技领域的创新项目，例如在海洋能源开发、海洋环境保护和海洋资源利用等方面，推动了多项关键技术的研发与产业化应用。韩国的海洋科技园区不仅为科技创新提供了硬件支持，还通过产学研合作模式，促进了科技成果转化与经济发展的结合。例如，韩国在海洋可再生能源领域进行了积极探索，通过开发潮汐能和波浪能等绿色能源技术，不仅提升了海洋经济的科技含量，还为海洋文化产业的发展提供了新的动力。

韩国在海洋文化传承与社区参与方面也展现了独特的优势。韩国政府通过设立海洋文化保护区和文化遗产展示中心，保护了海洋文化的重要遗产。例如，韩国的济州岛被联合国教科文组织列为世界文化遗产，其独特的海洋文化和自然景观吸引了大量游客和研究者。韩国还通过举办海洋文化节庆活动，如"济州海女文化 Festival"，将传统海洋文化与现代艺术相结合，增强了公众的文化认同感和参与度。这些文化活动不仅丰富了民众的精神生活，还为海洋经济的发展注入了新的活力。

韩国的海洋经济与文化融合还特别注重教育与智力支持。韩国的教育体系注重培养学生的海洋意识和实践能力，从基础教育到高等教育，形成了完整的海洋人才培养体系。例如，韩国的高中阶段设置了与海洋相关的实践课程，如航海、潜水等技能课程，以及与海洋科学相关的理论课程，培养了学生的海洋科学知识和实践能力。此外，韩国的大学和研究机构还通过设立海洋相关专业和交叉学科课程，培养了大量高素质的海洋科技人才。这些人才不仅推动了海洋科技的创新发展，还为海洋文化产业的传承与创新提供了智力支持。

韩国的海洋经济与文化协同发展模式表明，通过政策引导、科技创新、文化传承与教育支持相结合，可以实现海洋经济与文化的高度融合。这种模式不仅推动了韩国海洋经济的可持续发展，也为其他国家在海洋经济与文化融合领域的实践提供了重要的借鉴。

（三）东南亚国家的海洋经济文化特色

东南亚国家在海洋经济与文化融合方面展现出了多样化的实践模式，其经验对亚洲乃至全球具有重要的借鉴意义。东南亚国家凭借其优越的地理位置、丰富的海洋资源和独特的文化传统，在海洋经济与文化融合方面形成了各具特色的模式。

东南亚国家通过政策引导和法律保障，推动了海洋经济与文化融合的协同发展。例如，印度尼西亚通过制定《海洋和渔业资源管理法》，明确了海洋资源开发与利用的基本原则，强调了环境保护与文化传承的重要性。菲律宾则通过《国家海洋政策法》，建立了海洋资源管理的综合框架，确保了海洋经济活动与文化传承的和谐统一。这些政策不仅为海洋经济发展提供了法律保障，还为文化传承注入了新的活力。例如，印度尼西亚通过设立海洋保护区，将文化遗产与自然遗产相结合，既保护了海洋生态系统，又传承了沿海地区的传统文化。

在文化传承与社区参与方面，东南亚国家展现了独特的实践模式。印度尼西亚通过举办海洋文化节庆活动，如"海洋遗产周"，将传统渔业、航海文化和现代艺术相结合，增强了公众的文化认同感和保护意识。菲律宾则通过数字化技术，将传统海洋文化以现代形式呈现，例如通过虚拟现实技术展示古代航海历史，既吸引了年轻一代的关注，又推动了文化产业的创新发展。此外，东南亚国家还特别注重通过社区参与促进海洋经济与文化的深度融合。例如，马来西亚通过建立"海洋社区"，将沿海居民、企业、科研机构和政府多方联动，共同参与海洋经济与文化活动的策划与实施。这种社区参与模式不仅增强了地方文化凝聚力，还促进了经济活动的多元化发展。

在教育与智力支持方面，东南亚国家通过完善海洋教育体系，为海洋经济与文化融合提供了人才支撑。例如，泰国通过在学校课程中融入海洋文化元素，培养青少年的海洋意识和环保理念，为海洋经济的可持续发展提供了人才基础。越南则通过设立海洋科技研究中心和教育机构，推动了海洋科技的研究与应用，为海洋经济的创新发展提供了智力支持。

东南亚国家在海洋经济与文化融合中还展现了高度的国际合作精神。例如，印度尼西亚、菲律宾和马来西亚等国家通过参与东盟框架下的"蓝色经济"计划，推动了区域内海洋经济与文化的协同合作。这些国家通过共享海洋资源开发经验、文化交流与科技创新，不仅提升了自身的海洋经济发展水平，还通过区域合作促进了海洋文化的传播与发展。

东南亚国家的海洋经济与文化融合经验表明，通过政策引导、文化传承、社区参与、教育支撑和国际合作相结合，可以实现海洋经济与文化的深度协同。这种模式不仅推动了东南亚国家海洋经济的高质量发展，还为全球海洋经济与文化融合提供了重要的参考和借鉴。

第二节　国内海洋经济文化融合经验

一、东部沿海地区的海洋经济文化融合

（一）山东半岛的海洋经济与文化融合模式

山东半岛作为我国海洋经济发展的重点区域，近年来在海洋经济与文化融合方面形成了独具特色的模式，为我国海洋经济文化融合提供了重要的实践经验。山东半岛的海洋经济与文化融合模式主要体现在政策引导、区域协同发展、文化传承与创新、教育与智力支持等方面，通过这些措施实现了海洋经济的高质量发展与文化的深层次融合。

山东半岛在政策引导方面表现出了鲜明的区域特色。山东省政府通过制定《山东省"十四五"海洋经济发展规划》等政策文件，明确了海洋经济发展的战略方向和实施路径，强调了海洋经济与文化融合的重要性。例如，山东省通过设立"海洋经济示范区"，将海洋产业与文化产业相结合，形成了以海洋科技、海洋旅游和海洋文化产业为核心的经济体系。这些政策不仅为海洋经济发展提供了保障，还为文化传承与创新注入了新的活力。例如，山东省通过设立海洋文化保护区，将文化遗产与自然遗产相结合，既保护了海洋生态系统，又传承了沿海地区的传统文化。

在区域协同发展方面，山东半岛形成了以港口经济和临港经济为核心的发展模式。青岛市作为山东半岛的重要港口城市，通过发展海洋旅游业，将历史遗迹、海滨文化与现代旅游相结合，打造了多个世界级的海洋文化旅游目的地。烟台市则通过发展海洋渔业和海洋科技产业，将海洋文化元素融入社区建设和产业规划，形成了经济与文化相互促进的良性循环。通过区域协同发展，山东半岛不仅提升了海洋产业的经济效益，还增强了区域文化的认同感和影响力。

山东半岛在文化传承与创新方面也展现了独特的优势。山东省通过举办海洋文化节庆活动，如"青岛海洋节"，将传统渔业、航海文化和现代艺术相结合，增强了公众的文化认同感和参与度。此外，山东省还通过数字化技术，将传统海洋文化以现代形式呈现，例如通过虚拟现实技术展示古代航海历史，吸引了年轻一代的关注，推动了文化产业的创新发展。这些文化活动不仅丰富了民众的精神生活，还为海洋经济的发展注入了新的

活力。

在教育与智力支持方面，山东半岛通过完善海洋教育体系，为海洋经济与文化融合提供了人才支撑。例如，山东省的高校和研究机构通过设立海洋相关专业和交叉学科课程，培养了大量高素质的海洋科技人才。这些人才不仅推动了海洋科技的创新发展，还为海洋文化产业的传承与创新提供了智力支持。例如，山东大学通过设立海洋学院，培养了大量海洋科学和海洋法律人才，为山东半岛的海洋经济发展提供了重要的智力保障。

山东半岛的海洋经济与文化融合模式表明，通过政策引导、区域协同发展、文化传承与创新、教育与智力支持相结合，可以实现海洋经济与文化的高度融合。这种模式不仅推动了山东半岛海洋经济的可持续发展，也为我国其他地区在海洋经济与文化融合领域的实践提供了重要的借鉴。然而，山东半岛在发展过程中也面临一些挑战，如区域发展不平衡、文化认同不足等问题，需要通过进一步的政策创新和文化传承来加以解决。

（二）长三角地区的海洋文化与经济协同发展

长三角地区作为我国经济最为活跃的区域之一，近年来在海洋经济与文化融合方面取得了显著成效，形成了独具特色的协同发展模式。这一模式以政策引导为核心，以区域协同为纽带，以产业链整合为支撑，以文化创新为驱动，通过多维度的实践探索，实现了海洋经济与文化的高度融合。

长三角地区在政策引导方面表现出了鲜明的区域特色。上海、江苏、浙江和安徽等地通过制定《海洋经济发展规划》等政策文件，明确了海洋经济发展的战略方向和实施路径，强调了海洋经济与文化融合的重要性。例如，上海临港新片区的设立，不仅为海洋科技和文化产业的发展提供了政策支持，还通过设立"海洋经济示范区"，将海洋产业与文化产业相结合，形成了以海洋科技、海洋旅游和海洋文化产业为核心的经济体系。这些政策不仅为海洋经济发展提供了法律保障，还为文化传承与创新注入了新的活力。

在区域协同发展方面，长三角地区形成了以港口经济和临港经济为核心的发展模式。以上海港、宁波舟山港等为代表的港口经济，通过发展海洋旅游业，将历史遗迹、海滨文化与现代旅游相结合，打造了多个世界级的海洋文化旅游目的地。例如，宁波通过发展海洋渔业和海洋科技产业，将海洋文化元素融入社区建设和产业规划，形成了经济与文化相互促进的良性循环。通过区域协同发展，长三角地区不仅提升了海洋产业的经济效益，还增强了区域文化的认同感和影响力。

长三角地区在文化创新与传承方面展现了独特的优势。上海通过举办国际海洋文化节，将传统渔业、航海文化和现代艺术相结合，增强了公众的文化认同感和参与度。此外，长三角地区还通过数字化技术，将传统海洋文化以现代形式呈现，例如通过虚拟现实技术展示古代航海历史，吸引了年轻一代的关注，推动了文化产业的创新发展。这些文化活动不仅丰富了民众的精神生活，还为海洋经济的发展注入了新的活力。

在产业链整合方面，长三角地区通过推动海洋科技、海洋装备、港口物流和海洋旅游等产业链的协同发展，形成了完整的经济体系。例如，南通通过发展海洋装备制造业，将海洋文化元素融入产品设计与品牌建设，形成了独特的文化品牌。舟山则通过发展海洋渔业和海洋旅游，将海洋文化与生态保护相结合，推动了经济与环境的可持续发展。这种产业链整合不仅提升了海洋资源的利用效率，还通过文化元素的融入，增强了区域经济的竞争力和吸引力。

长三角地区在教育与智力支持方面也表现出了显著的优势。区域内高校和研究机构通过设立海洋相关专业和交叉学科课程，培养了大量高素质的海洋科技人才。例如，上海交通大学通过设立海洋学院，培养了大量海洋科学和海洋法律人才，为长三角地区的海洋经济发展提供了重要的智力保障。这些人才不仅推动了海洋科技的创新发展，还为海洋文化产业的传承与创新提供了智力支持。

长三角地区的海洋经济与文化协同发展模式表明，通过政策引导、区域协同、产业链整合、文化创新和教育支持相结合，可以实现海洋经济与文化的深度融合。这种模式不仅推动了长三角地区海洋经济的高质量发展，也为我国其他地区在海洋经济与文化融合领域的实践提供了重要的借鉴。然而，长三角地区在发展过程中也面临一些挑战，如区域发展不平衡、文化认同不足等问题，需要通过进一步的政策创新和文化传承来加以解决。

（三）珠三角地区的海洋经济文化特色

珠三角地区作为我国海洋经济发展的前沿阵地，近年来在海洋经济与文化融合方面取得了显著成效，形成了独具特色的实践模式。这一模式以政策引导为核心，以产业链整合为支撑，以文化创新为驱动，以教育与智力支持为保障，通过多维度的实践探索，实现了海洋经济与文化的深度融合与协同发展。

珠三角地区在政策引导方面表现出了鲜明的区域特色。广东省政府通过制定《广东省海洋经济发展规划》等政策文件，明确了海洋经济发展的战略方向和实施路径，强调了海洋经济与文化融合的重要性。例如，深圳市通过设立"全球海洋中心城市"建设目标，将海洋产业与文化产业相结合，形成了以海洋科技、海洋旅游和海洋文化产业为核心的经济体系。这些政策不仅为海洋经济发展提供了法律保障，还为文化传承与创新注入了新的活力。例如，珠海市通过设立海洋文化保护区，将文化遗产与自然遗产相结合，既保护了海洋生态系统，又传承了沿海地区的传统文化。

在产业链整合方面，珠三角地区通过推动海洋科技、高端制造业、现代服务业和海洋旅游等产业链的协同发展，形成了完整的经济体系。例如，广州市通过发展海洋装备制造业，将海洋文化元素融入产品设计与品牌建设，形成了独特的文化品牌。珠海市则通过发展海洋渔业和海洋旅游，将海洋文化与生态保护相结合，推动了经济与环境的可持续发展。这种产业链整合不仅提升了海洋资源的利用效率，还通过文化元素的融入，增强了区域经济的竞争力和吸引力。

珠三角地区在文化创新与社区参与方面展现了独特的优势。深圳市通过举办"国际海洋文化节"，将传统渔业、航海文化和现代艺术相结合，增强了公众的文化认同感和参与度。此外，珠三角地区还通过数字化技术，将传统海洋文化以现代形式呈现，例如通过虚拟现实技术展示古代航海历史，吸引了年轻一代的关注，推动了文化产业的创新发展。这些文化活动不仅丰富了民众的精神生活，还为海洋经济的发展注入了新的活力。例如，珠海市通过设立"渔人码头文化区"，将传统渔业文化与现代商业相结合，既保护了传统文化，又推动了经济活动的多元化发展。

在教育与智力支持方面，珠三角地区通过完善海洋教育体系，为海洋经济与文化融合提供了人才支撑。例如，中山大学、南方科技大学等高校通过设立海洋相关专业和交叉学科课程，培养了大量高素质的海洋科技人才。这些人才不仅推动了海洋科技的创新发展，还为海洋文化产业的传承与创新提供了智力支持。例如，深圳市通过设立"海洋科技博物馆"，将海洋科学知识与文化展示相结合，既提升了公众的海洋意识，又为海洋经济的发展提供了重要的社会基础。

　　珠三角地区的海洋经济与文化融合模式表明，通过政策引导、产业链整合、文化创新与社区参与、教育与智力支持相结合，可以实现海洋经济与文化的深度融合。这种模式不仅推动了珠三角地区海洋经济的高质量发展，也为我国其他地区在海洋经济与文化融合领域的实践提供了重要的借鉴。珠三角地区的经验表明，海洋经济与文化融合需要以政策保障为引领，以产业链整合为支撑，以文化创新为驱动，以教育与智力支持为保障，通过多维度的协同创新，实现经济与文化的共同发展。

二、海岛地区的海洋经济文化融合

（一）海南岛的海洋经济与文化融合经验

　　海南岛作为中国最大的岛屿和国际旅游岛，在海洋经济与文化融合方面展现了独特的实践经验。海南岛凭借其丰富的海洋资源、优越的地理位置和独特的文化传统，在海洋经济与文化融合方面形成了独具特色的模式。海南岛的经验主要体现在政策引导、产业融合、文化传承与生态保护等方面，通过这些措施实现了海洋经济的高质量发展与文化的深层次融合。

　　在政策引导方面，海南省政府高度重视海洋经济与文化融合的协同发展，通过制定和完善相关法律法规，为海洋经济的发展提供了坚实的政策保障。海南省通过《海南省海洋经济发展规划》等政策文件，明确了海洋经济发展的战略方向和实施路径，强调了海洋经济与文化融合的重要性。例如，海南省通过设立"海南国际旅游岛"，将海洋产业与文化产业相结合，形成了以海洋旅游、海洋科技和海洋文化产业为核心的经济体系。这些政策不仅为海洋经济发展提供了法律保障，还为文化传承与创新注入了新的活力。例如，海南省通过设立海洋文化保护区，将文化遗产与自然遗产相结合，既保护了海洋生态系统，又传承了沿海地区的传统文化。

　　在产业融合方面，海南岛通过推动海洋旅游与文化产业的深度融合，形成了独具特色的经济模式。海南岛以其优越的海滩、丰富的海洋生物和独特的历史文化吸引了大量游客，成为国内外知名的海洋旅游目的地。例如，三亚通过发展滨海旅游业，将海洋文化元素融入旅游产品设计与服务中，打造了多个具有地方特色的海洋文化旅游项目。此外，海南岛还通过发展海洋科技产业，推动了海洋资源的高效利用与创新发展。例如，海南文昌航天发射中心的建设不仅推动了航天科技的发展，也为海洋科技产业注入了新的动力。

在文化传承与生态保护方面，海南岛展现了独特的实践模式。海南岛拥有丰富的海洋文化遗产，如疍家文化、南海渔民文化等，这些文化是海洋文化的重要组成部分。海南省通过举办海洋文化节庆活动，如"三亚国际海洋节"，将传统渔业、航海文化和现代艺术相结合，增强了公众的文化认同感和参与度。此外，海南省还通过设立海洋生态保护区，严格控制海洋资源的开发和利用，保护海洋生态环境。例如，三亚湾通过实施海洋生态保护计划，不仅保护了海洋生态系统，还为海洋文化传承提供了良好的自然环境。

在教育与智力支持方面，海南岛通过完善海洋教育体系，为海洋经济与文化融合提供了人才支撑。海南省的高校和研究机构通过设立海洋相关专业和交叉学科课程，培养了大量高素质的海洋科技人才。例如，海南大学通过设立海洋学院，培养了大量海洋科学和海洋法律人才，为海南岛的海洋经济发展提供了重要的智力保障。

海南岛的海洋经济与文化融合经验表明，通过政策引导、产业融合、文化传承与生态保护相结合，可以实现海洋经济与文化的高度融合。这种模式不仅推动了海南岛海洋经济的可持续发展，也为我国其他地区在海洋经济与文化融合领域的实践提供了重要的借鉴。然而，海南岛在发展过程中也面临一些挑战，如区域发展不平衡、文化认同不足等问题，需要通过进一步的政策创新和文化传承来加以解决。

（二）舟山群岛的海洋文化与经济协同发展

舟山群岛作为中国重要的海岛地区，近年来在海洋经济与文化融合方面取得了显著成效，形成了独具特色的协同发展模式。这种模式以区域特色为基础，以政策引导为核心，以产业链整合为支撑，以文化传承与创新为驱动，通过多维度的实践探索，实现了海洋经济与文化的深度融合与可持续发展。

舟山群岛凭借其优越的地理位置和丰富的海洋资源，在海洋经济与文化融合方面展现出独特的优势。舟山群岛拥有中国最大的渔场——舟山渔场，其渔业资源禀赋为海洋经济的发展奠定了坚实基础。同时，舟山群岛还拥有悠久的海洋文化历史，如渔民文化、海洋节庆等，这些文化元素为海洋经济与文化的融合提供了丰富的素材和灵感。近年来，舟山群岛通过政策引导和市场机制的结合，推动了海洋经济与文化的协同发展。例如，舟山市通过制定《舟山市海洋经济发展规划》，明确了海洋经济发展的战略方向和实施路径，强调了海洋经济与文化融合的重要性。这一政策不仅为海洋经济发展提供了法律保障，还为文化传承与创新注入了新的活力。

在文化传承与创新方面，舟山群岛展现了独特的实践模式。舟山群岛通过举办海洋文化节庆活动，如"舟山渔都文化节"，将传统渔业、航海文化和现代艺术相结合，增强了公众的文化认同感和参与度。这些节庆活动不仅丰富了民众的精神生活，还为海洋经济的发展注入了新的活力。例如，舟山群岛通过将传统渔业文化与现代旅游相结合，打造了多个具有地方特色的海洋文化旅游项目，吸引了大量游客和研究者。此外，舟山群岛还通过数字化技术，将传统海洋文化以现代形式呈现，例如通过虚拟现实技术展示古代航海历史，既吸引了年轻一代的关注，又推动了文化产业的创新发展。

在产业协同发展方面，舟山群岛通过推动海洋渔业、海洋旅游业和海洋科技产业的深度融合，形成了完整的经济体系。例如，舟山群岛通过发展海洋牧场和水产加工产业，将海洋文化元素融入产品设计与品牌建设，形成了独特的文化品牌。同时，舟山群岛还通过发展冷链物流和海洋装备制造业，推动了产业链的延伸与整合，提升了海洋资源的利用效率。这些产业协同发展不仅提升了海洋经济的经济效益，还通过文化元素的融入，增强了区域经济的竞争力和吸引力。

在政策引导与管理机制方面，舟山群岛通过设立海洋生态保护区和文化遗产保护区，保护了海洋生物和海洋文化的重要遗产。例如，舟山群岛通过实施海洋生态保护计划，严格控制海洋资源的开发和利用，确保了海洋生态系统的可持续发展。此外，舟山群岛还通过制定《舟山市海洋文化保护与发展规划》，明确了海洋文化保护与发展的具体措施，为海洋经济与文化的融合提供了政策保障。

在教育与智力支持方面，舟山群岛通过完善海洋教育体系，为海洋经济与文化融合提供了人才支持。例如，舟山海洋职业技术学院通过设立海洋相关专业和交叉学科课程，培养了大量高素质的海洋科技人才。这些人才不仅推动了海洋科技的创新发展，还为海洋文化产业的传承与创新提供了智力支持。此外，舟山群岛还通过设立"海洋科技博物馆"，将海洋科学知识与文化展示相结合，提升了公众的海洋意识和参与度，为海洋经济的可持续发展提供了重要的社会基础。

舟山群岛的海洋文化与经济协同发展模式表明，通过政策引导、文化传承与创新、产业协同、生态保护与教育支持相结合，可以实现海洋经济与文化的深度融合。这种模式不仅推动了舟山群岛海洋经济的高质量发展，也为我国其他海岛地区在海洋经济与文化融合领域的实践提供了重要的借鉴。然而，舟山群岛在发展过程中也面临一些挑战，如资源过度开发、文化认同不足等问题，需要通过进一步的政策创新和文化传承来加以解决。

（三）其他海岛地区的海洋经济文化特色

除了海南岛和舟山群岛，我国其他海岛地区在海洋经济与文化融合方面也展现出了各具特色的实践模式，为我国海岛经济的全面发展提供了重要参考。这些海岛地区结合自身的地理特征、资源禀赋和文化传统，探索出了一条适合自身发展的特色路径，形成了经济与文化协同发展的良好局面。

台湾是我国不可分割的一部分，在海洋经济与文化融合方面展现了独特的实践经验。台湾地区拥有丰富的海洋资源和独特的历史文化，通过政策引导和市场机制相结合，推动了海洋经济与文化的深度融合发展。台湾地区通过设立海洋保护区和文化遗产展示区，将海洋文化与生态保护相结合，既保护了海洋生态系统，又传承了沿海地区的传统文化。例如，台湾的"渔村文化体验"项目，通过将传统渔业文化与现代旅游相结合，打造了多个具有地方特色的文化旅游目的地。游客可以参与渔村的传统捕捞活动，体验渔民的生活方式，感受海洋文化的独特魅力。同时，台湾地区还通过发展海洋科技产业，推动了海洋资源的高效利用与创新发展。例如，台湾地区在海洋生物技术、海洋能源开发等领域进行了积极探索，通过科技创新推动了海洋经济的可持续发展。

香港地区作为我国的特别行政区，虽然海域面积有限，但在海洋经济与文化融合方面也展现出了独特的实践模式。香港地区通过发展海洋旅游业和现代服务业，将海洋文化与城市文化相结合，形成了独具特色的经济模式。例如，香港的"维多利亚港夜景"和"太平山顶观景"等海洋旅游项目，不仅吸引了大量游客，还通过展示海洋与城市的结合，增强了公众对海洋文化的认同感。此外，香港地区还通过举办海洋文化节庆活动，如"海洋嘉年华"，将传统渔业文化与现代艺术相结合，增强了公众的文化参与度。香港地区在海洋经济与文化融合方面还特别注重教育与智力支持，通过设立海洋科技研究中心和教育机构，推动了海洋科技的研究与应用，为海洋经济的创新发展提供了智力保障。

澳门地区作为我国另一个特别行政区，虽然地理面积狭小，但在海洋经济与文化融合方面也展现出了独特的优势。澳门地区通过发展海洋旅游业和博彩业，将海洋文化与娱乐文化相结合，形成了独具特色的经济模式。例如，澳门的"海洋主题公园"和"海上娱乐项目"等，不仅丰富了游客的娱乐体验，还通过展示海洋文化的独特魅力，增强了公众的文化认同感。此外，澳门地区还通过举办海洋文化节庆活动，如"澳门国际海洋节"，将传统渔业文化与现代艺术相结合，增强了公众的文化参与度。澳门地区在海洋经济与文化融合方面还特别注重生态保护与可持续发展，通过设立海洋生态保护区和文化遗产保护区，保护了海洋生物和海洋文化的重要遗产。

除了台湾地区、香港地区和澳门地区，我国其他海岛地区如嵊泗群岛、长山群岛等也展现了海洋经济与文化融合的特色模式。嵊泗群岛通过发展生态旅游和渔文化体验项目，将海洋文化与生态保护相结合，形成了独具特色的经济模式。例如，嵊泗群岛通过设立"海洋生态保护区"，保护了海洋生物和海洋生态系统的完整性，同时通过举办"渔文化体验节"，将传统渔业文化与现代旅游相结合，增强了公众的文化认同感和参与度。长山群岛则通过发展海洋渔业和海洋科技产业，将海洋文化元素融入社区建设和产业规划，形成了经济与文化相互促进的良性循环。

其他海岛地区在海洋经济与文化融合中还特别注重政策引导和教育支持。例如，嵊泗群岛通过制定《嵊泗群岛海洋经济发展规划》，明确了海洋经济发展的战略方向和实施路径，强调了海洋经济与文化融合的重要性。这一政策不仅为海洋经济发展提供了依据，还为文化传承与创新注入了新的活力。此外，嵊泗群岛还通过设立海洋科技研究中心和教育机构，培养了大量高素质的海洋科技人才，为海洋经济与文化融合提供了智力支持。

这些海岛地区的海洋经济与文化融合经验表明，通过政策引导、产业特色、文化传承、生态保护和教育支持相结合，可以实现海洋经济与文化的深度融合。这种模式不仅推动了海岛地区海洋经济的高质量发展，也为我国其他海岛地区在海洋经济与文化融合领域的实践提供了重要的借鉴。

第三节 海洋经济文化融合的机制与模式

一、政策支持与市场驱动的融合机制

（一）政策支持在海洋经济文化融合中的作用

政策支持在海洋经济文化融合中发挥着至关重要的作用，是推动海洋经济与文化协同发展的核心机制。通过政策引导和法律保障，海洋经济文化融合得以在国家或地区层面上系统性地推进，从而实现经济价值与文化价值的共同提升。政策支持的作用主要体现在法律保障、资金投入、战略规划和市场机制等方面，这些措施为海洋经济文化融合提供了坚实的基础和持续的动力。

法律保障是政策支持的重要组成部分。通过制定和实施一系列海洋相关的法律法规，国家或地区能够为海洋经济文化融合提供明确的法律依据和规范。例如，澳大利亚通过《海洋法》等法律体系，明确了海洋资源开发与利用的基本原则，强调了海洋环境保护与文化传承的重要性。这种法律保障不仅为海洋经济活动提供了合法性，还为文化传承与创新注入了新的活力。在国内，山东省通过《山东省海洋经济发展规划》，明确了海洋经济发展的战略方向和实施路径，强调了海洋经济与文化融合的重要性。这些法律和政策文件为海洋经济文化融合提供了坚实的制度保障，确保了相关活动的合法性和可持续性。

政策支持还体现在资金投入和财政激励方面。政府通过设立专项资金、税收优惠政策和政策性融资等措施，为海洋经济文化融合提供了必要的资金支持。例如，日本政府通过制定税收优惠政策和提供政策性融资，鼓励企业进行海洋废弃物处理和资源再利用，推动了循环经济的发展。在国内，珠三角地区通过设立"全球海洋中心城市"建设目标，吸引了大量的资金投入，推动了海洋科技、海洋旅游和文化产业的协同发展。这些财政激励措施不仅为海洋经济活动提供了资金保障，还通过文化元素的融入，推动了经济与文化的深度融合。

政策支持还表现在战略规划和区域协同发展方面。通过制定海洋经济发展规划和区域发展战略，政府能够统筹协调各地区的优势资源，推动海洋经济与文化的协同发展。例如，美国通过《海洋行动计划》等政策文件，明确了海洋经济发展的战略方向和实施路径，推动了海洋科技与文化产业的结合。在国内，长三角地区通过《海洋经济发展规划》，推动了海洋科技、海洋装备、港口物流和海洋旅游等产业链的整合，形成了完整的经济体系。这些战略规划不仅为海洋经济活动提供了明确的指导，还通过区域协同和产业链整合，增强了经济与文化的互动效应。

政策支持还体现在市场机制的引导和规范方面。通过建立市场化的激励机制和监管体系，政府能够引导市场资源向海洋经济文化融合领域倾斜。例如，加拿大通过《海洋法》提出海洋开发与环境管理的预防性方法和基于生态系统的管理原则，推动了海洋经济的可持续发展。在国内，舟山群岛通过设立海洋生态保护区和文化遗产保护区，保护了海洋生物和海洋文化的重要遗产，为海洋经济文化融合提供了良好的自然和社会环境。

政策支持在海洋经济文化融合中具有不可替代的作用。通过法律保障、资金投入、战略规划和市场机制等多方面的政策引导，政府能够为海洋经济与文化的融合提供坚实的基础和持续的动力。然而，政策执行过程中也面临着机制不完善、区域发展不平衡等挑战，需要通过进一步的政策创新和文化传承来加以解决。通过借鉴国际经验，中国可以采取一系列具体措施，如加强执法力度、创新宣传手段、建立生态保护区等，以促进海洋经济文化融合的全面发展和可持续发展。

（二）市场驱动在海洋经济文化融合中的作用

市场驱动是海洋经济文化融合中不可或缺的重要力量，其作用主要体现在市场需求的引导、产业链的整合、市场机制的优化以及企业创新的推动等方面。市场驱动通过发挥市场的资源配置作用，推动了海洋经济与文化的深度融合，为海洋经济的可持续发展注入了活力。

市场需求的引导作用是市场驱动的核心内容。随着全球经济的不断发展和消费者对文化体验需求的增加，海洋文化产业的市场需求不断增长。例如，美国通过发展海洋科技园区，将海洋科技与文化体验相结合，满足了消费者对高科技与文化融合的多元需求。国内的长三角地区通过发展海洋旅游和文化体验项目，如"渔人码头文化区"，将传统渔业文化与现代商业相结合，既满足了游客的文化体验需求，又推动了经济活动的多元化。

产业链的整合是市场驱动推动海洋经济文化融合的重要途径。通过产业链的延伸与整合，海洋经济与文化可以实现协同发展。例如，日本通过建立近海产业集聚区，将海洋产业与陆地产业紧密结合，形成了完整的经济体系。国内的珠三角地区通过推动海洋科技、高端制造业、现代服务业和海洋旅游等产业链的协同发展，形成了一个完整的经济体系，提升了海洋资源的利用效率。

市场机制的优化也是市场驱动的重要体现。通过建立市场化激励机制和监管体系，市场能够引导资源向海洋经济文化融合领域倾斜。例如，加拿大通过《海洋法》提出海洋开发与环境管理的预防性方法和基于生态系统的管理原则，推动了海洋经济的可持续发展。国内的舟山群岛通过设立海洋生态保护区和文化遗产保护区，保护了海洋生物和海洋文化的重要遗产，为海洋经济文化融合提供了良好的自然和社会环境。

企业创新是市场驱动推动海洋经济文化融合的重要动力。企业通过技术创新和管理创新，推动了海洋经济与文化的深度融合。例如，美国通过设立海洋科技园区，推动了高科技与海洋资源的结合，提升了海洋科技的创新能力。国内的长三角地区通过推动海洋装备制造业的发展，将海洋文化元素融入产品设计与品牌建设，形成了独特的文化品牌，增强了区域经济的竞争力和吸引力。

市场驱动在海洋经济文化融合中具有重要作用，其通过市场需求的引导、产业链的整合、市场机制的优化以及企业创新的推动，为海洋经济与文化的深度融合提供了坚实的基础和持续的动力。市场驱动与政策支持相结合，能够更好地推动海洋经济文化融合的可持续发展，为实现海洋经济的高质量发展提供了重要保障。

（三）政策与市场协同作用的典型案例

在海洋经济文化融合实践中，政策与市场协同作用的成功案例不胜枚举，这些案例充分体现了政策引导与市场机制相结合的强大力量。以下将从国际与国内两个维度，选取具有代表性的典型案例，深入分析政策与市场协同作用在海洋经济文化融合中的实践效果。

美国在海洋经济发展中展现了政策与市场协同作用的典范。美国政府通过制定《海洋资源和工程发展法令》等法律法规，为海洋资源的开发和利用提供了法律保障，同时通过设立海洋科技园区，如密西西比河口科技园区和夏威夷科技园区，推动了高科技与海洋资源的结合。这些政策不仅为海洋经济发展提供了法律保障，还通过市场机制引导企业加大科技创新投入，推动了海洋经济的可持续发展。例如，美国通过实施"热带海洋全球大气计划"等国际合作项目，不仅促进了海洋科技的发展，还通过市场机制吸引全球资源和资本，推动了海洋经济的全球化进程。

在国内，山东半岛的海洋经济文化融合模式也充分体现了政策与市场协同作用的成功实践。山东省政府通过制定《山东省海洋经济发展规划》，明确了海洋经济发展的战略方向，同时通过设立"海洋经济示范区"，引导市场资源向海洋科技、海洋旅游和文化产业等领域倾斜。这种政策引导与市场机制的结合，不仅推动了海洋经济的高质量发展，还通过文化元素的融入，增强了区域经济的竞争力和吸引力。例如，青岛市通过发展海洋旅游业，将历史遗迹、海滨文化与现代旅游相结合，打造了多个世界级的海洋文化旅游目的地，实现了政策引导与市场驱动的良性互动。

日本在海洋经济发展中采取的产业集聚与循环经济模式，也为政策与市场协同作用提供了重要参考。日本政府通过制定《海洋基本法》等法律法规，为海洋经济的发展提供了法律保障，同时通过金融政策支持海洋循环经济的发展，如制定税收优惠政策和提供政策性融资，鼓励企业进行海洋废弃物处理和资源再利用。这种政策引导与市场机制的结合，不仅推动了海洋经济的可持续发展，还通过市场机制的优化，促进了资源的高效利用和环境保护。

在国内，珠三角地区在海洋经济文化融合中的实践也充分体现了政策与市场协同作用的重要性。广东省政府通过设立"全球海洋中心城市"建设目标，为海洋经济发展提供了政策指引，同时通过市场机制引导企业加大投资，推动了海洋科技、海洋旅游和文化产业的协同发展。例如，深圳市通过发展海洋装备制造业，将海洋文化元素融入产品设计与品牌建设，形成了独特的文化品牌，实现了政策引导与市场驱动的协同效应。

加拿大在海洋综合管理与预防性原则的应用中，也为政策与市场协同作用提供了重要经验。加拿大通过制定《海洋法》等法律体系，明确了海洋开发与环境管理的预防性方法和基于生态系统的管理原则，同时通过市场机制引导企业参与海洋生态保护和资源利用，推动了海洋经济的可持续发展。这种政策引导与市场机制的结合，不仅保护了海洋生态环境，还通过市场机制的优化，促进了海洋经济与文化的深度融合。

国际与国内的典型案例表明，政策与市场协同作用是推动海洋经济文化融合的关键机制。通过法律保障、资金投入、战略规划和市场机制等多方面的政策引导，结合市场需求的引导、产业链的整合、市场机制的优化以及企业创新的推动，可以实现海洋经济与文化的深度融合与协同发展。
这些典型案例不仅为海洋经济文化融合提供了重要的实践参考，也为未来
相关研究和实践提供了理论支持和实践指导。

二、文化传承与经济发展的融合模式

（一）传统文化在海洋经济中的创新应用

传统文化于海洋经济中的创新性融合，构成了经济文化交融的关键途
径之一。将传统海洋文化精髓与现代经济实践相结合，既能有效捍卫并延
续文化传统，又能为海洋经济领域注入新鲜活力与竞争优势。此创新融合
具体展现在以下维度：

在教育培育与人才发展层面，传统文化的嵌入为海洋经济进步提供了
智力滋养与文化认同感。譬如，澳大利亚于中小学教育体系中普及海洋知
识，将传统海洋文化精髓纳入课程，培育学生的海洋观念及实操技能。而
我国长三角区域，则通过开设海洋专业及跨学科课程，将传统文化要素融
入教学，孕育出众多高素质的海洋科技精英。这些人才不仅加速了海洋科
技的革新步伐，也为传统文化的承续与创新构筑了智力基石。

在产业链条整合层面，传统文化的创新运用为海洋经济的多元拓展提
供了坚实依托。以日本为例，其将传统渔业文化与现代旅游融合，打造出
独具地方风情的海洋文化旅游项目。而我国舟山群岛，则通过海洋渔业与
旅游业的协同发展，将传统海洋文化元素渗透于产品设计与品牌塑造，铸
就了独特的文化标识。此类产业链条整合，不仅优化了海洋资源的利用效
率，还借助文化元素的融入，增强了区域经济的竞争力与魅力。

在市场需求驱动层面，传统文化的创新应用满足了消费者对文化体验
的多元诉求，助推海洋经济的可持续增长。美国通过建立海洋科技园区，
将海洋科技与文化体验相融，回应了市场对高科技与文化交融的多元需
求。而我国珠三角地区，则通过举办国际海洋文化节，将传统渔业、航海
文化与当代艺术交融，提升了公众的文化归属感与参与度。这些文化活动
不仅丰富了民众的精神世界，也为海洋经济注入了新的生机。

在政策导向与支持层面，传统文化的创新应用需依托法律保障与资金
扶持得以实现。英国通过构建如《海洋法》等法律体系，明确了海洋资源
开发利用的基本原则，强调了海洋生态保护与文化传承的重要性。而我国
海南岛，则通过设立海洋文化保护区，将文化遗产与自然遗产相融合，既

维护了海洋生态，又承续了沿海地区的传统文化。这些政策举措，不仅为海洋经济发展提供了法律支撑，也为文化传承与创新注入了新动力。

传统文化在海洋经济中的创新性融合，是达成经济与文化协同发展的核心路径。通过教育培育、产业链整合、市场需求驱动及政策导向等多维度的协同创新，可将传统文化要素与现代经济活动紧密结合，促进海洋经济的高质量发展，同时守护并传承传统文化的精髓。此创新融合不仅为海洋经济增添了新活力，也为文化的承续与发展构建了重要保障。

（二）现代文化与海洋经济的协同发展

现代文化与海洋经济的协同发展是海洋经济文化融合的重要路径之一，通过将现代文化元素与海洋经济活动相结合，不仅能够推动海洋经济的创新发展，还能提升文化与经济的协同效应。这种协同发展模式注重现代科技、文化创意与海洋资源的深度融合，旨在实现经济价值与文化价值的共同提升。

在现代科技的推动下，海洋经济与文化产业的融合呈现出新的发展趋势。美国在海洋经济发展中注重科技创新与文化融合，通过设立海洋科技园区，将高科技与海洋资源相结合，推动了海洋经济的可持续发展。例如，美国通过发展海洋探测技术与虚拟现实技术，将海洋文化以现代科技的形式呈现，如虚拟海洋生态展示和沉浸式海洋体验项目，吸引了大量游客和研究者。国内的长三角地区也通过科技创新推动了海洋经济与现代文化的融合，例如，上海市通过发展海洋装备制造业，将现代设计理念与海洋文化元素相结合，打造了多个具有国际竞争力的海洋文化品牌。

文化创意产业的融入为海洋经济的多元化发展提供了重要支撑。文化创意产业通过将现代艺术、设计与海洋资源相结合，推动了海洋经济的创新发展。例如，日本通过发展海洋文化创意产业，将传统渔业文化与现代艺术设计相结合，形成了独特的海洋文化产业模式。国内的珠三角地区也通过举办国际海洋文化节，将现代艺术与传统渔业文化相结合，打造了多个具有地方特色的海洋文化旅游项目。这些文化创意产业不仅丰富了海洋经济的内涵，还通过现代文化元素的融入，增强了区域经济的吸引力和竞争力。

数字化技术的应用为现代文化与海洋经济的协同发展提供了新的机遇。数字化技术通过虚拟现实、增强现实和大数据等手段，将现代文化与海洋经济活动相结合，推动了海洋文化的创新传播与经济价值的提升。例如，澳大利亚通过数字化技术将海洋文化遗产以虚拟形式呈现，吸引了大量年轻一代的关注。国内的海南岛也通过数字化技术，将传统海洋文化以现代形式展示，如通过虚拟现实技术再现古代航海历史，增强了公众的文化认同感和参与度。

国际合作与交流是现代文化与海洋经济协同发展的另一重要途径。通过国际合作，各国可以共享现代文化与海洋经济融合的经验与资源，推动全球范围内海洋经济与文化的创新发展。例如，加拿大通过参与国际海洋研究计划，推动了现代科技与海洋资源的结合，促进了海洋经济的可持续发展。国内的舟山群岛也通过国际合作，引入现代文化与科技元素，推动了海洋经济的多元化发展。

现代文化与海洋经济的协同发展模式表明，通过现代科技的推动、文化创意产业的融合、数字化技术的应用以及国际合作与交流，可以实现现代文化与海洋经济的深度融合。这种模式不仅推动了海洋经济的创新发展，还通过现代文化元素的融入，增强了经济与文化的协同效应，为海洋经济的可持续发展提供了重要保障。

（三）文化传承与经济发展的融合案例分析

在海洋经济文化融合的实践中，文化传承与经济发展的融合模式通过具体案例得以生动体现。这些案例展示了如何将传统文化元素与现代经济活动相结合，实现经济价值与文化价值的共同提升，同时也为文化传承提供了新的路径和动力。

澳大利亚在海洋经济文化融合中的实践是一个典型案例。澳大利亚通过全面的教育体系和综合管理机制，将传统文化与现代经济发展紧密结合。例如，澳大利亚政府通过在中小学阶段普及海洋教育，将传统海洋文化知识融入课程体系，培养学生的海洋意识和实践技能。与此同时，澳大利亚大学中与海洋相关的专业及课程设置也较为全面，涵盖了海洋动植物、海洋法、海洋与气候变化、海洋资源管理等研究领域。这种教育模式不仅传承了海洋文化，还为海洋经济发展培养了大量高素质人才。通过教育与经济发展的协同创新，澳大利亚实现了传统文化的现代转化，推动了海洋经济的可持续发展。

日本的海洋产业集聚与循环经济模式也为文化传承与经济发展的融合提供了重要参考。日本政府通过建立近海产业集聚区，将海洋产业与陆地产业紧密结合，形成了完整的经济体系。与此同时，日本还通过金融政策支持海洋循环经济的发展，如制定税收优惠政策和提供政策性融资，鼓励企业进行海洋废弃物处理和资源再利用。日本的海洋经济发展模式不仅注重资源的高效利用，还通过循环经济的实践，保护了海洋生态环境。这种模式将传统文化中的可持续发展思想与现代经济发展相结合，实现了经济与文化的协同效应。

在国内，海南岛和舟山群岛等海岛地区也展现了文化传承与经济发展的融合实践。海南岛通过政策引导和市场机制相结合，将传统文化元素融入海洋旅游、海洋科技和文化产业中，形成了独具特色的经济模式。例如，海南岛通过发展滨海旅游业，将海洋文化元素融入旅游产品设计与服务中，打造了多个具有地方特色的海洋文化旅游项目。同时，海南岛还通过举办海洋文化节庆活动，如"三亚国际海洋节"，将传统渔业文化与现代艺术相结合，增强了公众的文化认同感和参与度。舟山群岛则通过推动海洋渔业、海洋旅游业和海洋科技产业的深度融合，将传统文化元素融入产业链整合中，形成了完整的经济体系。

这些案例表明，文化传承与经济发展的融合模式通过传统文化的现代转化、现代科技的推动以及政策与市场的协同作用，实现了经济与文化的深度互动。这种融合模式不仅为文化传承提供了新的路径和动力，还为海洋经济的可持续发展注入了活力。通过借鉴国际经验，中国可以在传统文化创新应用、现代科技推动、产业链整合和政策引导等方面，进一步探索文化传承与经济发展的融合路径，推动海洋经济与文化的共同繁荣。

第四节　国内外海洋经济文化融合的典型案例分析

一、国内典型案例分析

（一）浙江海洋经济文化融合案例

浙江省作为中国东部沿海的重要省份，其海洋经济文化融合实践在国内具有重要的参考价值。浙江的海洋经济文化融合案例展现了政策引导、市场驱动、文化传承与生态保护相结合的发展模式，为国内其他地区提供了宝贵的经验。浙江省在政策引导方面展现了显著成效。浙江省政府通过制定《浙江省海洋经济发展规划》，明确了海洋经济发展的战略方向，提出了以海洋经济示范区为核心的发展目标。这一政策不仅为海洋经济发展提供了法律保障，还通过设立"海洋经济示范区"，引导市场资源向海洋科技、海洋旅游和文化产业等领域倾斜。例如，舟山群岛作为浙江省海洋经济发展的核心区域，通过政策引导，推动了海洋渔业、海洋旅游业和海洋科技产业的协同发展。舟山群岛的"海洋经济示范区"通过整合海洋资源，形成了完整的经济体系，提升了海洋资源的利用效率，为区域经济的高质量发展提供了重要支撑。

市场驱动在浙江的海洋经济文化融合中发挥了重要作用。浙江省通过推动产业链的整合，实现了海洋经济与文化的深度融合。例如，浙江省通过发展海洋旅游业，将传统渔业文化与现代商业相结合，形成了多个具有地方特色的文化旅游项目。以"渔人码头文化区"为例，这一项目通过展示传统渔业文化，结合现代商业元素，吸引了大量游客，不仅提升了区域经济的活力，还增强了公众的文化认同感和参与度。同时，浙江省还通过设立海洋科技园区，推动了海洋科技与文化体验的结合，满足了消费者对高科技与文化融合的多元需求。

在文化传承与创新方面，浙江省通过教育与社区参与相结合的方式，推动了传统文化的现代转化。例如，浙江省在基础教育阶段普及海洋教育，将传统海洋文化知识融入课程体系，培养学生的海洋意识和实践技能。同时，浙江省还通过举办海洋文化节庆活动，将传统文化元素融入现代艺术和科技展示中，增强了公众的文化认同感和参与度。例如，宁波市通过举办"海洋文化节"，将传统渔业文化与现代艺术相结合，打造了多个具有地方特色的海洋文化旅游项目，既丰富了民众的精神生活，又为海洋经济注入了新的活力。

生态保护与可持续发展也是浙江海洋经济文化融合的重要组成部分。浙江省通过设立海洋生态保护区，严格控制海洋资源的开发和利用，保护了海洋生态环境。例如，浙江省通过建立"舟山群岛海洋生态保护区"，保护了海洋生物的多样性，同时通过展示海洋生态系统的独特魅力，增强了公众的海洋意识和参与度。此外，浙江省还通过金融政策支持海洋循环经济的发展，鼓励企业进行海洋废弃物处理和资源再利用，推动了资源的高效利用和环境保护。

总体来看，浙江省在海洋经济文化融合方面的实践，通过政策引导、市场驱动、文化传承与生态保护的协同作用，实现了经济与文化的深度互动。这种模式不仅为浙江省的海洋经济发展提供了重要支撑，也为国内其他地区在海洋经济文化融合领域提供了可借鉴的经验。通过进一步探索传统文化的现代转化、现代科技的推动以及政策与市场的协同作用，浙江省可以在未来继续推动海洋经济与文化的共同繁荣，为实现海洋经济的高质量发展提供重要保障。

（二）福建海洋经济文化融合案例

福建省在海洋经济与文化融合的探索中，生动展现出政策引导与市场驱动协同共进的蓬勃态势。福建坐拥得天独厚的地理位置，漫长的海岸线蜿蜒伸展，丰富的海洋资源星罗棋布，这些天然优势为海洋经济的茁壮成长筑牢根基。作为海上丝绸之路的关键节点，福建源远流长的海洋文化传统，宛如一座底蕴深厚的宝库，为经济与文化的交融汇聚源源不断的养分。

政策引导犹如强劲的东风，助力福建海洋经济破浪前行。福建省精心制定《福建省海洋经济发展规划》，精准锚定海洋经济发展的战略航向，确立以海洋经济示范区为核心的发展目标。这一政策不仅为海洋经济发展撑起法律保护伞，还借由设立"海洋经济示范区"，巧妙引导市场资源流向海洋科技、海洋旅游和文化产业等领域。比如，"蓝色海湾整治行动"在政策的有力牵引下，成功推动海洋环境保护与经济发展齐头并进。福建省还设立"海洋文化保护与发展专项资金"，全力支持海洋文化遗产的守护与传承，为海洋文化与经济的融合提供坚实政策后盾。

市场驱动同样在福建海洋经济文化融合进程中扮演关键角色。福建大力推动产业链整合，促使海洋经济与文化深度交织。以海洋旅游业发展为例，福建巧妙将传统渔业文化与现代商业紧密结合，催生出众多独具地方特色的文化旅游项目。厦门鼓浪屿便是典型范例，通过展示传统渔业文化，融入现代商业元素，吸引八方游客纷至沓来，不仅让区域经济活力四射，还极大增强了公众的文化认同感与参与热情。此外，福建设立海洋科技园区，推动海洋科技与文化体验完美邂逅，满足消费者对高科技与文化融合的多元需求。福州的"海洋科技体验中心"借助数字化技术，以现代方式展现海洋文化，吸引大量游客和研究者前来探索。

在文化传承与创新方面，福建别出心裁，采用教育与社区参与相结合的方式，推动传统文化华丽转身。在基础教育阶段，福建大力普及海洋教育，将传统海洋文化知识巧妙融入课程体系，着力培养学生的海洋意识与实践技能。同时，福建举办丰富多彩的海洋文化节庆活动，把传统文化元素巧妙融入现代艺术和科技展示之中，让公众在参与中加深对海洋文化的认同。泉州的"妈祖文化 Festival"便是成功实践，通过展示传统渔业文化与现代艺术的融合，打造多个独具特色的海洋文化旅游项目，既丰富民众的精神世界，又为海洋经济注入新鲜活力。

生态保护与可持续发展是福建海洋经济文化融合不可或缺的一环。福建设立海洋生态保护区，严格把控海洋资源开发利用尺度，精心守护海洋生态环境。"福建平潭海洋生态保护区"的建立，有效保护海洋生物多样性，同时通过展示海洋生态系统独特魅力，唤起公众对海洋的关注与热爱。此外，福建运用金融政策支持海洋循环经济发展，鼓励企业积极投身海洋废弃物处理和资源再利用，实现资源高效利用与环境保护的双赢。

福建省在海洋经济文化融合的实践中，通过政策引导、市场驱动、文化传承与生态保护的协同发力，实现经济与文化的深度互动。这一模式为福建海洋经济发展提供强大支撑，也为国内其他地区在海洋经济文化融合领域提供宝贵借鉴。未来，福建若能进一步深挖传统文化的现代转化潜力，借助现代科技的强大推力，持续优化政策与市场的协同作用，必将继续推动海洋经济与文化的共同繁荣，为海洋经济高质量发展保驾护航。

(三) 其他地区的典型案例分析

除了浙江和福建，中国其他地区在海洋经济与文化融合的探索之路上也各展神通，纷纷开创出独具特色的实践模式。一个个鲜活的案例，彰显出不同区域在政策引导、市场驱动、文化传承以及生态保护等维度的创新实践，为全国海洋经济文化融合发展积累了丰富的经验，提供了宝贵的借鉴。

山东，作为中国北方举足轻重的海洋经济大省，在海洋经济与文化融合领域，走出了一条以产业链整合和新兴产业培育为核心的发展之路。山东省政府精心谋划，制定《山东省海洋经济发展规划》，明确将海洋新兴产业作为重点方向，力促文化与经济协同共进。就拿海洋装备制造业来说，山东积极推动其与文化产业深度交融，成功打造出"海洋装备+文化体验"的全新模式。在威海，海洋装备制造业牵手文化旅游业，催生出多个集科技展示、文化体验与工业旅游于一体的综合性项目，"威海海洋装备科技馆"便是其中的典型代表。在这里，人们既能领略海洋装备技术的创新成果，又能通过互动体验项目，深入了解海洋文化知识。此外，山东在发展海洋生物医药产业时，巧妙融入传统海洋文化元素，打造出独具特色的海洋生物医药文化品牌。这种产业链整合模式，不仅提高了海洋资源的利用效率，更凭借文化元素的融入，让区域经济的吸引力与竞争力大幅提升。

在南方，广东省作为沿海经济强省，在海洋经济文化融合方面另辟蹊径，以数字化技术与文化产业融合为核心，走出一条创新发展路径。广东大力推动数字化技术在海洋文化产业中的深度应用，构建起"数字+文化+经济"的创新发展模式。深圳设立"海洋数字创意产业园"，将虚拟现实、增强现实等数字化技术广泛应用于海洋文化展示。"深圳海洋数字博物馆"便是这一模式下的成功范例，它借助数字化技术，以沉浸式的方式呈现海洋文化遗产，吸引了大批游客和研究者前来参观。与此同时，广东大力发展海洋文化创意产业，把传统海洋文化元素与现代艺术设计完美结合，打造出多个极具地方特色的海洋文化品牌。珠海举办"国际海洋文化设计大赛"，鼓励设计师将传统渔业文化与现代设计理念相融合，众多具有市场潜力的文化产品应运而生。这种数字化技术与文化产业融合的模式，为海洋经济发展注入创新活力，也通过融入现代文化元素，让区域经济更具吸引力与竞争力。

海南，作为我国唯一的热带海岛省份，在海洋经济文化融合方面，探索出一条以政策引导和生态保护为核心的发展模式。海南省政府制定《海南省海洋经济发展规划》，确立以生态保护为基石、文化与经济协同发展的战略方向。海南举办"海南国际海洋文化节"，把传统渔业文化与现代艺术巧妙融合，打造出一系列极具地方特色的海洋文化旅游项目。海南大力发展海洋生态旅游业，将生态保护与文化体验有机结合，开创"生态+文化+旅游"的全新模式。三亚的"海洋生态保护区"便是这一模式的生动实践，它在保护海洋生物多样性的同时，凭借独特的海洋生态系统魅力吸引大量游客，有效增强了公众的海洋保护意识与参与热情。海南还借助金融政策，大力支持海洋循环经济发展，鼓励企业积极开展海洋废弃物处理和资源再利用，推动资源高效利用与环境保护双丰收。

这些典型案例有力证明，中国其他地区在海洋经济文化融合实践中，通过政策引导、产业链整合、数字化技术应用以及生态保护的协同发力，成功实现经济与文化的深度互动。这一模式不仅为区域经济发展筑牢根基，更为全国海洋经济文化融合发展提供了可资借鉴的宝贵经验。展望未来，其他地区若能持续深入挖掘传统文化的现代价值，充分发挥现代科技的推动作用，不断优化政策与市场的协同机制，必将进一步推动海洋经济与文化的共同繁荣，为实现海洋经济高质量发展提供坚实保障。

二、国外典型案例分析

（一）挪威的海洋文化与经济融合案例

挪威，这个北欧国家在海洋经济与文化融合的探索中，走出了一条独具特色的成功之路，其积累的宝贵经验犹如一座灯塔，为全球提供了重要的参考与指引。挪威打造的海洋经济文化融合模式，以政策引导为核心动力，以科技创新为驱动引擎，以生态保护为坚实根基，以文化传承为有力支撑，从而构建起经济与文化协同发展的良性循环。挪威独特的地理特征、丰富的资源禀赋以及深厚的文化传统，不仅为自身的融合模式筑牢了根基，也为其他国家提供了难得的借鉴样本。

挪威在海洋经济与文化融合的实践成果，首先显著地体现在渔业与文化传统的有机结合方面。作为全球渔业大国之一，挪威得天独厚的渔业资源，为其海洋经济发展奠定了坚实基础。挪威政府积极发挥引领作用，制定《海洋法》等一系列法律法规，清晰明确了海洋资源开发与利用的基本原则，着重强调海洋环境保护与文化传承的重要意义。这些法律保障措施，不仅赋予海洋经济活动合法地位，还为文化传承与创新注入源源不断的活力。挪威的渔业文化源远流长，渔民文化、航海文化等传统元素，被巧妙地融入现代经济活动之中。比如，挪威举办的"海洋文化节庆活动"，成功地将传统渔业文化与现代旅游紧密相连，打造出多个极具地方特色的海洋文化旅游项目。游客可以亲身参与渔业体验活动，近距离了解渔民的生活方式和文化传统，这一举措不仅丰富了民众的精神世界，更为海洋经济发展注入全新活力。

在海洋能源与可持续发展的融合方面，挪威同样表现卓越。在海洋能源开发领域，挪威处于世界领先地位，尤其是北海的石油和天然气资源开发。挪威政府高度重视环境保护，制定严格的环境保护法规，并实施海洋保护区计划，全力保护海洋生物和生态环境。像《北海石油与天然气：海岸规划指导方针》，明确规定北海石油和天然气开发的区域限制；"全面保护挪威海洋生物计划"则为海洋生物营造了更适宜的栖息环境。挪威还设立海洋管理局，定期对海域进行评估，确保海洋资源得到合理利用与保护。挪威的海洋能源开发模式，既注重经济效益，又凭借科技创新推动海洋经济可持续发展。在海洋能源开发中，挪威引入循环经济理念，借助技术创新实现资源高效利用和废弃物再利用。

挪威在海洋科技与创新的融合实践上也成绩斐然。在海洋科技领域，挪威的研发和创新能力处于世界前沿水平，其先进的海洋探测技术、海洋资源管理技术等，为全球提供了关键的技术支持。挪威政府大力支持海洋科技发展，设立众多海洋科技研究中心和教育机构，推动海洋科技的研究与应用，为海洋经济创新发展提供强大的智力保障。挪威的海洋科技研究机构积极与国际合作伙伴开展联合研究项目，有力推动海洋科技的国际合作与共享。同时，挪威巧妙运用数字化技术，以现代形式呈现海洋文化遗产，比如通过虚拟现实技术展示古代航海历史，这既吸引年轻一代关注，又推动文化产业创新发展。

挪威还致力于生态保护与文化传承的融合。通过设立海洋生态保护区和文化遗产保护区，挪威精心守护海洋生物和海洋文化的珍贵遗产。"海洋生态保护区"不仅有效保护海洋生物多样性，还通过展示海洋生态系统的独特魅力，增强公众的海洋保护意识和参与热情。挪威举办的国际海洋文化节庆活动，将传统渔业文化与现代艺术完美融合，进一步增强公众的文化认同感和参与度。

挪威的海洋经济文化融合实践充分证明，将政策引导、科技创新、生态保护和文化传承紧密结合，能够实现海洋经济与文化的深度融合。这种成功模式不仅有力推动挪威海洋经济高质量发展，也为其他国家在海洋经济与文化融合领域的实践提供了重要借鉴。挪威的经验启示我们，海洋经济文化融合需要注重法律保障、科技创新、生态保护和文化传承的协同效应，以此实现经济价值与文化价值的共同提升。中国可以借鉴挪威的经验，在海洋经济文化融合实践中，深入探索适合自身国情的发展模式，推动海洋经济可持续发展。

（二）澳大利亚的海洋经济文化融合案例

澳大利亚，在海洋经济与文化融合的探索之路上，走出了一条独树一帜的道路，其成功经验宛如闪耀的灯塔，为全球提供了极具价值的参考范例。澳大利亚构建的海洋经济文化融合模式，以完善的教育体系为核心枢纽，以坚实的政策支持为稳固保障，以强劲的科技创新为有力驱动，以广泛的社区参与为重要支撑，成功营造出文化与经济协同共进、蓬勃发展的良好局面。

澳大利亚的教育体系，在海洋经济与文化融合进程中扮演着举足轻重的角色。从基础教育阶段起，澳大利亚便极具前瞻性地将培养学生的海洋意识与相关技能纳入教育重点。在中小学时期，海洋教育课程广泛涵盖海洋生态、海洋资源管理以及海洋环境保护等多元内容，助力学生深入理解海洋文化蕴含的独特价值与深远意义。步入高中阶段，课程设置更为丰富多元，不仅开设海洋生物学、海洋化学等理论课程，还精心安排航海、潜水等实践课程，全方位培养学生的实际操作能力。如此全面且系统的教育体系，不仅让海洋文化得以代代传承，更为海洋经济发展源源不断地输送大量高素质专业人才。像澳大利亚海洋学院、悉尼大学以及詹姆斯·库克大学等教育科研机构，通过设立一系列与海洋紧密相关的专业和课程，大力推动海洋科技的研究与应用，为海洋经济的创新发展提供了不可或缺的智力支持。

政策支持，无疑是澳大利亚海洋经济文化融合得以稳步推进的重要保障。澳大利亚通过精心制定《海洋法》等一系列完善的法律体系，清晰明确地界定了海洋资源开发与利用的基本原则，着重强调海洋环境保护与文化传承的关键意义。澳大利亚政府设立多个海洋保护区，切实保护海洋生物和生态系统的完整性；还通过举办各类海洋知识讲座，搭建海洋环保网站等方式，有效提高公众的海洋意识和参与热情。这些政策举措，既赋予海洋经济活动合法合规的地位，又为文化传承与创新注入全新活力。

科技创新，则是澳大利亚海洋经济文化融合的关键驱动力。在海洋科技领域，澳大利亚的研发与创新能力位居世界前列，其先进的海洋探测技术、海洋资源管理技术等，为全球海洋事业发展提供了重要的技术支撑。澳大利亚积极设立海洋科技研究中心，大力促进海洋科技的研究与实际应用，为海洋经济的创新发展筑牢智力根基。同时，澳大利亚巧妙运用数字化技术，以现代新颖的形式展现海洋文化遗产，例如借助虚拟现实技术生动展示古代航海历史，这一举措不仅成功吸引年轻一代的目光，还极大地推动文化产业的创新发展。

社区参与，同样是澳大利亚海洋经济文化融合的重要支撑力量。澳大利亚通过举办丰富多彩的海洋文化节庆活动，将传统渔业文化与现代艺术完美融合，极大地增强公众的文化认同感和参与积极性。以澳大利亚的"海洋文化节"为例，该活动不仅全方位展示传统海洋文化元素，还巧妙运用现代艺术和科技手段，将海洋文化以全新的面貌呈现给大众，吸引大批游客和参与者。这种社区参与模式，既极大地丰富民众的精神文化生活，又为海洋经济发展注入新鲜活力。

澳大利亚在海洋经济文化融合方面的成功案例充分表明，通过完善教育体系、强化政策支持、推动科技创新以及鼓励社区参与，能够实现海洋经济与文化的深度融合。这一模式不仅有力推动澳大利亚海洋经济迈向高质量发展之路，也为其他国家在海洋经济与文化融合领域的实践提供了宝贵的借鉴经验。中国可借鉴澳大利亚的经验，在完善教育体系、制定政策法规、推动科技创新以及建立社区参与机制等方面深入探索，走出一条契合自身国情的发展道路，推动海洋经济与文化共同繁荣。

（三）其他国家的典型案例分析

在全球海洋经济与文化融合的浪潮中，众多国家纷纷展现出多样化且独具特色的实践模式。这些丰富的案例，深深烙印着不同国家的地域特色与文化背景，宛如一座宝库，为全球海洋经济文化的协同发展贡献出宝贵的经验，成为各国相互学习与借鉴的重要源泉。接下来，我们将深入剖析美国、英国、日本和加拿大等国家的典型范例，从政策支持、科技创新、生态保护以及文化传承等多个维度，全面且细致地探究它们的实践经验。

1. 美国：以科技创新和国际合作为引擎的发展模式

美国在海洋经济文化融合的征程中，走出了一条以科技创新和国际合作为核心驱动力的发展之路。美国政府高瞻远瞩，制定了一系列涵盖海洋资源合理开发与利用的海洋保护法律，其中《海洋资源和工程发展法令》以及《海洋哺乳动物保护法》等，为海洋经济活动筑牢了坚实的法律根基，确保各项开发利用活动在合法合规的框架内有序开展。

在科技创新层面，美国大力投入海洋科技发展。通过精心设立密西西比河口科技园区和夏威夷科技园区等海洋科技园区，搭建起高科技与海洋资源深度融合的创新平台。这些科技园区宛如璀璨的明珠，成为海洋科技创新的前沿阵地，不断涌现出前沿的科技成果。同时，科技与文化在这里碰撞出绚丽的火花，通过深度融合，为海洋经济发展注入源源不断的新活力。

在国际合作方面，美国积极投身国际海洋合作项目，其中"热带海洋全球大气计划"极具代表性。通过参与此类项目，美国不仅在海洋科技领域取得长足进步，实现技术的突破与创新，还巧妙借助市场机制，吸引全球范围内的资源和资本汇聚，有力推动了海洋经济的全球化进程，让美国在全球海洋经济格局中占据重要地位。

美国高度重视海洋人才培养，在高等教育领域精心布局。开设众多海洋专业以及交叉学科课程，构建起完善的人才培养体系，为海洋经济文化融合源源不断地输送大量高素质的专业人才，为海洋事业的持续发展提供了坚实的智力支撑。

2. 英国：以政策引导和生态保护为基石的发展模式

英国在海洋经济文化融合方面，构建了以政策引导和生态保护为核心的发展模式。英国政府成立国内海洋科学技术委员会（IACMST），通过这一机构实现对海洋科技政策的全方位综合管理。该委员会肩负重任，负责制定涵盖海洋各产业管理与发展的海洋科技产业战略政策，从宏观层面为海洋经济发展指明方向。

在生态保护方面，英国不遗余力。制定一系列严格的法律法规，同时积极实施海洋保护区计划，双管齐下保护海洋生物和生态环境。《北海石油与天然气：海岸规划指导方针》对北海石油和天然气开发区域进行严格限制，避免过度开发对海洋生态造成破坏；"全面保护英国海洋生物计划"则为海洋生物营造了更为适宜的栖息环境，助力海洋生物的繁衍生息。

英国还设立海洋管理局，定期对海域进行全面评估，依据评估结果及时调整管理策略，确保海洋资源得到合理利用和有效保护。此外，英国政府制定多项海洋科技预测计划，如"英国2025海洋计划"和"英国海洋战略2010—2025"，这些计划旨在提升民众对海洋环境的认知水平，促进海洋科学研究与产业发展紧密协同合作，形成良性互动。通过这一系列综合管理机制，英国确保了海洋经济发展的可持续性和稳定性，为其他国家提供了极具价值的参考经验。

3. 日本：以产业集聚和循环经济为特色的发展模式

日本在海洋经济文化融合进程中，探索出以产业集聚和循环经济为核心特色的发展模式。日本政府通过精心规划和建设近海产业集聚区，打破海洋产业与陆地产业之间的壁垒，实现两者紧密结合，构建起完整且高效的经济体系，充分发挥产业集聚带来的规模效应和协同效应。

在法律保障方面，日本政府高度重视海洋法律制度建设，制定《海洋基本法》等法律法规，为海洋经济的稳健发展提供坚实的法律后盾，确保各项海洋经济活动有法可依。

在推动海洋循环经济发展上，日本政府积极运用金融政策工具。制定税收优惠政策，减轻企业在海洋废弃物处理和资源再利用方面的成本负担；提供政策性融资，为企业开展相关业务提供资金支持，鼓励企业积极投身海洋废弃物处理和资源再利用领域，实现资源的高效循环利用。

日本政府还设立多个海洋生态保护区，严格管控海洋资源的开发和利用强度，切实保护海洋生态环境。这种将产业集聚与循环经济相结合的发展模式，不仅显著提高了海洋产业的经济效益，还实现了资源的高效利用和环境保护的双赢局面，为其他国家提供了有益的借鉴思路。

4. 加拿大：以综合管理与预防性原则为核心的发展模式

加拿大在海洋经济文化融合方面，秉持以综合管理与预防性原则为核心的发展理念。加拿大是世界上率先建立综合性海洋立法的国家，其《海洋法》开创性地提出海洋开发与环境管理的预防性方法和基于生态系统的管理原则，为海洋管理提供了科学的理论指导和法律依据。

加拿大政府制定《加拿大海洋战略》和《海洋行动计划》等政策文件，明确海洋经济发展的战略方向和具体实施路径，使海洋经济发展目标清晰、步骤有序。加拿大通过设立海洋保护区和生态保护区，对海洋资源的开发和利用进行严格控制，从源头上保护海洋生态环境，维护海洋生态平衡。同时，加拿大积极参与国际合作，在国际海洋事务中发挥重要作用，坚定维护国家海洋权益和海洋生态安全。通过实施综合管理机制和预防性原则，加拿大成功实现海洋经济的可持续发展，其丰富的实践经验为其他国家提供了重要的参考和借鉴。

美国、英国、日本和加拿大等国家在海洋经济文化融合方面的多样化实践模式，各具特色且成效显著。美国凭借科技创新和国际合作，引领海洋经济迈向全球化发展的新高度；英国通过综合管理机制和生态保护，确保海洋经济稳健、可持续前行；日本依靠产业集聚和循环经济，实现资源的高效利用与经济、环境的协调发展；加拿大运用预防性原则和综合管理，推动海洋经济协同发展。

这些国家的成功经验充分表明，实现海洋经济文化融合，需要全面统筹政策引导、科技创新、生态保护和文化传承等多方面因素，发挥它们之间的协同作用，从而实现经济价值与文化价值的共同提升。对于中国而言，借鉴这些国家的先进经验，具有重要的现实意义。在未来的发展中，中国可在法律保障方面进一步完善海洋法律法规体系，为海洋经济文化融合提供坚实的法治基础；在资金投入上加大力度，支持海洋科技创新、生态保护和文化传承等项目；制定科学合理的战略规划，明确海洋经济文化融合的发展方向和重点任务；充分发挥市场机制的作用，激发各类市场主体的积极性和创造性。通过这些具体措施，中国有望推动海洋经济文化融合实现全面、可持续发展，为实现中华民族伟大复兴的中国梦提供强大的海洋动力。

第九章 盐城海洋经济文化的 未来展望与战略规划

第一节 盐城海洋经济文化的机遇洞察

盐城，这座依傍黄海之滨的城市，拥有着源远流长且底蕴深厚的海洋文化，自古代起便凭借得天独厚的海洋资源，在海盐生产、海上贸易等方面蓬勃发展，可谓因海而兴。在当下日新月异的时代发展进程中，盐城正稳稳站在海洋经济文化发展的全新机遇期，迎来了前所未有的历史性发展契机。随着国家海洋战略如"海洋强国"战略的深度实施，从政策扶持到资金投入，全方位为海洋经济发展保驾护航；加之区域经济一体化进程如长三角一体化的加速推进，盐城与周边城市在资源共享、产业协同等方面联系愈发紧密，各类利好因素如同紧密交织的纽带。这些机遇不仅为盐城海洋经济文化发展在产业规模拓展、文化传播范围等方面打开了广阔空间，蕴藏着巨大的经济增长潜力与文化传承创新潜力，更为盐城在海洋经济文化领域的探索与创新，从技术研发到模式构建，奠定了坚实基础，提供了更多突破传统、实现跨越式发展的可能性。

一、政策扶持：盐城海洋经济文化发展的强劲引擎

在国家海洋强国战略与江苏沿海地区发展规划的宏大且极具前瞻性的宏观布局之下，盐城这座位于黄海之滨的城市，凭借其得天独厚的地理位置——处于长三角经济区与环渤海经济圈的交会地带，同时坐拥广袤的海岸线与丰富多样的海洋资源，在海洋经济发展的版图中占据着极为关键且无可替代的战略地位。近年来，随着全球对海洋资源开发利用的关注度不

断攀升，国家对海洋经济的重视程度更是达到了前所未有的高度，这无疑为盐城带来了一系列含金量极高的政策利好。从力度颇大的财政补贴，到极具吸引力的税收优惠政策，再到项目审批流程的大幅简化以及资源配置的科学优化，每一项政策都犹如强劲的东风，为盐城海洋经济文化事业的蓬勃发展提供了源源不断的强大助力。

以海洋新能源领域这一极具潜力与活力的板块为例，国家对海上风电项目给予了全方位、深层次的大力支持。在政策层面，出台了一系列鼓励海上风电发展的专项政策，从项目规划到建设标准都进行了明确且细致的指导；在资金扶持方面，设立专项基金，为海上风电项目提供低息贷款、补贴建设成本等多形式的资金支持；在技术研发上，组织顶尖科研力量，攻克海上风电技术难题，为项目建设提供坚实的技术保障。盐城紧紧抓住这一历史机遇，凭借其得天独厚、储量丰富的海上风能资源，积极响应国家政策号召。通过持续优化营商环境，打造高效便捷的政务服务体系，简化企业办事流程，提高服务效率；同时出台一系列配套优惠政策，如土地使用优惠、电价补贴等，成功吸引了国家能源集团、华能集团等行业内极具影响力的大型风电企业入驻。这些实力雄厚的企业不仅带来了国际领先的先进技术、海量的雄厚资金，还带来了成熟高效的管理经验，在盐城这片充满希望的土地上掀起了海上风电项目建设的热潮。短短数年，盐城海上风电装机容量不断攀升，产业链逐步完善，海上风电产业迅速发展壮大，逐渐成为盐城海洋经济的重要支柱产业之一，为盐城的经济增长注入了强劲动力。

江苏省同样高度重视盐城海洋经济发展，将其视为全省经济转型升级、实现高质量发展的重要突破口，出台了一系列极具针对性的政策。在海洋产业升级方面，积极引导盐城淘汰高耗能、低效益的落后产能，通过政策引导、资金扶持等手段，大力引入高端装备制造、海洋生物制药等新兴产业。鼓励企业加大研发投入，提升产品附加值，推动海洋产业向高端化、智能化、绿色化方向发展。在海洋科技创新方面，全力支持盐城建设海洋科研平台，促进盐城与高校、科研机构开展深度产学研合作。不仅为高校和科研机构在盐城设立研发中心、实验室等提供便利条件，还出台人才优惠政策，吸引海洋科技人才扎根盐城。通过这些政策从产业结构调整、科技创新驱动等多个维度为盐城打造海洋经济新高地提供了坚实可靠的政策保障，推动盐城在海洋经济发展道路上稳步前行，向着更高的目标迈进。

二、资源优势：盐城海洋经济文化发展的天然根基

盐城，作为江苏沿海的重要城市，拥有江苏省最长海岸线、最大海域面积以及最广袤的沿海滩涂，其海洋资源丰富多样且独具特色，在资源禀赋方面相较于省内其他地区具有显著优势。盐城的海岸线蜿蜒漫长，长达582千米，犹如一条天然纽带嵌入海陆之间，这种独特的地理条件为港口建设提供了极为有利的条件。盐城港通过精心布局"一港四区"，即大丰港区、滨海港区、射阳港区和响水港区，凭借科学规划与持续投入，不断完善港口的基础设施建设。如今，这四个港区均已建成国家一类开放口岸，具备了开展国际航运业务的能力。随着时间推移，万吨级以上码头泊位数量持续增加，从初期的寥寥无几，到如今已发展至数十个，颇具规模；航线网络日益密集，不仅开通了连接国内各大港口城市的航线，还开辟了通往东南亚、欧洲、美洲等地区的国际航线，将盐城与国内外重要市场紧密相连，成为联结国内外市场、促进贸易往来与经济交流的关键枢纽。

广袤的沿海滩涂，面积达4 553平方千米，既是珍贵的土地后备资源，承载着城市未来发展的潜力，也是天然的生态宝库，为海洋生物提供了适宜的栖息与繁衍空间。在这片滩涂上，生活着众多海洋生物，如弹涂鱼、文蛤、泥螺等，它们共同构成了和谐的生态系统。这得天独厚的生态环境，有力推动了盐城海洋渔业与滩涂农业的发展。盐城的海洋渔业从传统渔业捕捞向现代化渔业养殖转变，采用了先进的养殖技术和设备，如工厂化循环水养殖、深海网箱养殖等，提高了渔业的产量和质量；滩涂农业从粗放滩涂种植向精细化特色农业转型，种植了耐盐碱的作物，如盐蒿、碱蓬等，还发展了滩涂养殖与种植相结合的生态农业模式，盐城的海洋渔业与滩涂农业不断升级，焕发出新的活力。

此外，盐城在海洋生物资源、可再生能源资源等方面同样丰富。在海洋生物资源领域，丰富的海洋生物种类不仅为渔业提供保障，也为海洋生物医药产业提供了原材料。科研人员深入研究海洋生物的药用价值，致力于开发创新药物。例如，从海洋微生物中提取活性物质，用于研发抗癌、抗菌等药物。在可再生能源资源方面，盐城凭借优越的地理位置和自然条件，具备巨大的开发潜力。以海上风电为例，盐城的海上风电可开发容量

近 3 269 万千瓦,占江苏省总容量的 70% 以上。在海风作用下,海上风力发电机将风能转化为电能,不仅满足本地用电需求,还通过特高压输电线路将多余的电能输送到华东地区,为华东地区能源供应做出重要贡献。盐城已建成多个大型海上风电场,成为全球海上风电装机规模领先的地区之一,吸引了全球的目光,众多国际知名的风电企业纷纷在此投资兴业。

三、市场需求:盐城海洋经济文化发展的澎湃动力

随着全球经济的蓬勃发展以及社会大众生活水平的显著提升,社会对海洋产品和海洋文化的需求呈现出快速增长的态势。在海洋经济领域,鉴于环保意识的增强以及传统能源的日益紧张,清洁能源的需求日益高涨。盐城凭借其得天独厚的地理优势,海上风电、太阳能等新能源产业迅速崛起,精准契合了这一广阔的市场趋势。盐城海上风电场规模持续扩大,先进的风力发电设备高效运行,持续不断地将风能转化为电能,所生产的绿色电能在华东地区能源供应体系中占据重要地位,产品市场需求旺盛。海洋渔业产品,因其具备绿色、健康、营养丰富的特点,受到消费者的广泛青睐。盐城作为渔业大市,拥有完备的渔业产业链,从深海捕捞到近海养殖,从海产品加工到冷链物流,各个环节紧密协作。其海产品种类丰富,如鲜嫩肥美的大黄鱼、肉质紧实的对虾、营养丰富的贝类等,在国内外市场均占据重要份额,不仅满足了国内市场对高品质海产品的需求,还远销日本、韩国、东南亚等国家和地区。

在海洋文化领域,滨海旅游逐渐成为热门的旅游形态。在繁忙的现代生活中,人们渴望探寻一片宁静的海洋空间,感受大海的浩瀚与包容。盐城拥有丰富的海洋文化资源,例如条子泥湿地,这片广袤的湿地是世界自然遗产地,每年吸引大量候鸟在此栖息、繁衍,形成了壮观的生态景观。游客漫步其中,能够近距离观察到各种珍稀鸟类,体悟大自然的神奇;黄海森林公园,森林与海洋相互交融,清新的空气、茂密的树林,使游客在亲近自然的同时,也能领略到海洋与森林交织的独特韵味;珍禽保护区,作为丹顶鹤等珍稀鸟类的栖息地,游客可以欣赏到丹顶鹤优雅的姿态,了解其生活习性,感受生命的奇迹。这些独特的海洋文化资源吸引了大量游客前来观光旅游,体验海洋文化的独特魅力。此外,海洋文化创意产品不断创新发展,以海洋生物、海洋传说为灵感设计的精美饰品、手工艺品

等，深受游客喜爱；海洋主题演艺，如大型海洋风情舞台剧，通过精彩的舞蹈、动人的音乐和奇幻的灯光，生动呈现了海洋文化的内涵，也受到市场的热烈欢迎，为盐城海洋文化产业的发展注入了强劲动力。

四、技术进步：盐城海洋经济文化发展升级的创新引擎

科学技术作为第一生产力，在海洋经济文化领域发挥着举足轻重的作用。近年来，全球海洋科技发展迅猛，从深海探测技术不断突破，像新型的深海探测器能够下潜到更深的海域，获取更精准的海底地形、地质数据，为海洋资源勘探和海洋工程建设提供关键依据；到海洋资源开发技术的持续精进，例如高效的海水淡化技术，采用先进的膜分离工艺和热法蒸馏结合，极大提高了淡水产出率，降低了成本，一系列前沿技术不断涌现，为盐城海洋经济文化发展奠定了坚实的技术基础。

在海洋新能源领域，风电技术的持续创新是一大亮点。早期，风机单机容量有限，发电效率欠佳，一台小型风机可能仅能满足周边少数区域的用电需求。随着科研人员的深入研究，当前风机单机容量稳步增长，叶片设计更加科学合理，从早期简单的直板叶片，发展到如今具有独特空气动力学外形的扭曲叶片，风能捕获效率显著提高，发电效率大幅提升，一台大型风机便能为盐城大片区域稳定供电，为盐城绿色能源供应提供了强大动力。与此同时，光伏技术也取得显著进展，从材料研发创新，如研发出新型的高效光伏电池材料，提升了光电转化的极限，到生产工艺优化，引入自动化、智能化生产线，减少生产过程中的损耗，每次突破都有效降低了光伏发电成本，提高了能源转换效率，使太阳能在盐城海洋能源布局中占据重要地位。

在海洋渔业领域，智能化养殖设备、远程监控技术等的应用推动了渔业养殖模式的变革。传统渔业养殖多依赖人工经验，管理较为粗放，产量和质量难以保障，养殖户需要每天花费大量时间在池塘边观察水质、投喂饲料，一旦遭遇恶劣天气或突发疾病，损失惨重。如今，智能化养殖设备能够精确调控水质、水温、饲料投喂量等关键参数，通过传感器实时监测水体的酸碱度、溶解氧等指标，自动调节设备运行；远程监控技术使养殖户可实时掌握养殖状况，无论身处何地，通过手机或电脑就能查看养殖现场画面。通过这些先进技术的应用，实现了渔业养殖的精细化管理，不仅

提高了养殖产量，水产品质量也得到显著提升，产出的鱼虾更加肥美、健康，为盐城海洋渔业可持续发展提供了有力支撑。

在海洋文化领域，数字化技术、虚拟现实技术等的应用为海洋文化传播与展示开辟了新路径，提供了全新体验模式。以盐城部分海洋文化场馆为例，在引入虚拟现实技术之前，游客对海洋文化的认知多停留在静态展品和文字介绍层面，难以产生深刻感受，只是走马观花地参观，很难真正领略海洋文化的内涵。如今，借助虚拟现实技术，游客佩戴特制设备即可沉浸式体验神秘海底世界，仿佛置身于真实的海洋环境中，与海洋生物近距离互动，触摸游动的鱼群，感受海洋文化的独特魅力。这一创新举措吸引了大量游客参与，周末和节假日时，场馆内常常人满为患，有效促进了盐城海洋文化的广泛传播。

第二节　盐城海洋经济文化的挑战剖析

在盐城海洋经济文化的发展进程中，机遇与挑战如影随形、共生并存。盐城凭借其得天独厚的沿海区位优势，地处长三角经济圈与东部沿海经济带的关键节点，连接南北、沟通内外，为海洋经济的外向型发展奠定了坚实基础；坐拥丰富多样的海洋资源，从广袤的滩涂湿地蕴含的生物资源，到近海海域蕴藏的油气资源，皆是盐城海洋经济发展的宝贵财富；加之政府持续优化的政策环境，一系列鼓励海洋产业发展、支持海洋文化建设的政策相继出台，使得盐城在海洋经济领域大步迈进，海洋生产总值逐年攀升，产业规模不断扩大，取得了令人瞩目的显著进展。在海洋文化方面，古老的海盐文化、独特的渔家民俗等在传承的基础上，借助现代科技与创意手段，实现了创新性转化，呈现出蓬勃的新活力。

然而，不可忽视的是，诸多挑战宛如隐匿于发展航道深处的暗礁，稍不留意便可能使发展之船触礁受损；又似横亘于前行道路上难以逾越的壁垒，阻碍着发展的步伐。若不能及时敏锐地识别并采取行之有效的应对策略，将会对盐城海洋经济文化的可持续发展产生多方面的不利影响。在经济层面，可能致使经济增长缺乏后劲，新的经济增长点难以培育，传统产业增长乏力，陷入动力匮乏的困境；产业结构方面，容易引发产业结构失衡，过度依赖少数传统海洋产业，新兴海洋产业发展滞后，难以形成协同共进的产业格局。海洋文化传承上，会遭遇重重阻碍，古老的海洋文化记忆逐渐淡化，传承链条出现断裂。长此以往，盐城在激烈的区域竞争中，将难以脱颖而出，错失发展的黄金机遇，在区域经济文化版图中的地位也将岌岌可危。

一、盐城海洋经济发展面临的瓶颈制约

（一）总体水平亟待提升

盐城在海洋经济领域已取得一定成果，像是海洋养殖规模以较为稳定的态势逐年扩张，无论是贝类养殖区域的拓展，还是鱼虾养殖技术的改进，都彰显出其在传统海洋养殖产业的持续投入与发展。在海洋新能源项目方面，海上风电项目正有序推进，从前期的风电场规划设计，到风电机组的安装调试，每一个环节都在按照科学合理的进度进行，并且在海洋资源开发利用方面进行了积极探索与实践，尝试了诸如海洋矿产资源的初步勘探等工作。然而，与浙江、广东等海洋经济发达地区相比，盐城仍存在显著差距。从经济数据来看，盐城海洋经济规模相对较小，总量偏低，在全市经济发展中的占比和贡献率有待提升，在过去几年中，盐城海洋经济占全市 GDP 的比重一直在个位数徘徊，远低于发达地区，尚未充分发挥对地方经济的引领和支撑作用，这表明盐城海洋经济发展的质量和效益亟需进一步提高，例如在海洋产业的科技投入产出比上，与先进地区存在较大落差。

在产业集聚方面，盐城沿海产业集聚程度较低，多数海洋主要产业尚处于起步和初级发展阶段，尚未形成高附加值的完整产业链。以盐城的海洋渔业为例，作为渔业大市，盐城海洋渔业存在"大而不强"的问题。盐城拥有丰富的渔业资源，如东台条子泥湿地周边海域，这片海域生态环境独特，是众多渔业资源的栖息地，每年渔业捕捞量可观，仅鱼类的捕捞量就可达数十万吨。但目前渔业产业多以初级水产品售卖为主，缺乏深加工和高附加值产品。在当地的水产市场，大部分渔民只是将捕捞上来的鱼虾直接售卖，很少进行二次加工。相比浙江舟山等地，舟山通过将渔业与旅游、食品加工深度融合，打造出如舟山海鲜美食节、各类海鲜加工品等成熟产业模式，盐城在这方面的融合发展尚显不足，产业竞争力较弱，难以

在全国乃至国际市场上占据有利地位。

此外，盐城海洋经济领域骨干龙头企业数量较少，带动能力有限，难以形成产业集群效应。全市规模以上海洋企业数量有限，且缺乏年营收超百亿的领军企业。以广东惠州大亚湾为例，中海油惠州石化等龙头企业凭借其强大的资金实力和技术优势，带动了上下游众多配套企业协同发展，从石化原料的开采运输，到石化产品的精细加工，形成了完整的石化产业集群。而盐城由于缺乏类似的龙头企业带动，海洋经济各产业之间协同发展不足，各产业如同散兵游勇，各自为政，极大地制约了海洋经济的整体发展，无法形成强大的产业合力。

（二）布局缺乏合理性

当前，盐城海洋产业布局呈现出显著的集中特征，主要集中于以海港、渔港及临海开发区为重要依托的沿海区域。海港凭借其得天独厚的地理位置，承担着大量货物的吞吐任务，成为海洋贸易的关键枢纽；渔港作为渔业资源的汇聚与分发中心，带动了渔业及相关加工产业的发展；临海开发区吸引了众多海洋产业企业入驻，形成了一定规模的产业集群。然而，在港产城一体化建设进程中，取得的成效尚不尽如人意。从港城规模来看，目前盐城的港城规模普遍较小，诸多港城在基础设施建设方面存在短板。以市政设施为例，部分港城道路规划狭窄，每逢运输高峰期便拥堵严重，给排水系统也时常出现故障，对居民生活与产业运营造成了严重影响；公共服务覆盖范围有限，教育资源匮乏，优质学校数量稀缺，医疗设施陈旧，难以满足居民日常就医需求等问题较为突出。综合服务水平普遍处于较低状态，在金融服务方面，银行网点较少，金融产品种类单一，企业融资渠道狭窄，手续烦琐，严重制约了海洋产业的资金周转与扩张；在信息服务方面，网络覆盖存在盲区，信息更新滞后，企业难以及时获取国际海洋市场的动态与需求，这使得港城对港口海洋经济的支撑能力明显不足。

与此同时，盐城市沿海与内陆地区之间的联系不够紧密，市内全域一体化程度有待进一步提高。在沿海发展战略的规划与实施过程中，未能充分从全市沿海与内陆联动发展的宏观视角出发进行全面谋划。这种发展思路的局限性，直接导致港口对内地的辐射影响力较为有限，海陆分割现象较为突出。例如，在交通运输方面，连接沿海与内陆的交通线路存在运力不足、线路规划不合理等问题，部分道路等级较低，无法满足日益增长的货物运输需求。一些连接线路仅有双向两车道，大型货车通行困难，且弯道多、坡度大，运输效率低下；部分铁路线路车次较少，无法满足货物快速运输的要求。在物流配套设施方面，内陆地区缺乏现代化的物流仓储中心，物流信息化水平较低，难以与沿海地区高效对接。内陆仓储多为传统仓库，缺乏智能化管理系统，货物存储与调配效率低下，信息传递不及时，导致货物在中转过程中常常出现延误。由于港口与内陆地区的交通、物流等配套设施不完善，沿海地区的海洋产业难以与内陆相关产业实现有效协同发展。内陆地区丰富的农产品、矿产资源等无法顺畅地输送至沿海地区进行深加工和出口，而沿海地区的海洋产业产品如海产品、海洋工艺品等也难以便捷地运往内陆市场销售，这无疑极大地限制了海洋经济的辐射范围和发展空间。

（三）科技支撑能力薄弱

海洋科技作为驱动海洋经济发展的核心要素，于盐城海洋经济发展进程中暴露出一系列短板。当前，全市范围内海洋科技园区数量稀缺，且多数规模偏小，基础设施建设尚不完善，难以营造规模化的科技研发与成果转化环境。海洋公共创新平台不仅数量有限，且层次偏低，在研发投入、技术水平及创新能力等维度，与国内先进地区同类平台相比存在显著差距，致使这些平台在整合海洋科技资源、促进产学研协同合作等方面效能发挥受限。科技孵化器功能亦有待提升，在为海洋科技初创企业提供资金支持、技术指导与市场拓展等服务时，难以契合企业实际需求，致使诸多具备潜力的海洋科技项目难以顺利孵化成长。此外，科技成果转化率处于较低水平，大量海洋科技成果仅停留在实验室阶段，未能有效转化为现实生产力。

具体而言，涉海企业在科技研发投入方面存在严重不足。诸多企业过于侧重短期经济效益，对科技研发的长期战略价值认知不足，导致研发资金投入占营业收入的比例远低于行业平均水平。这直接致使企业发明专利拥有量偏低，在市场竞争中缺乏核心技术优势。同时，企业对新技术的引进、消化、吸收与再创新能力较为有限，面对国际先进的海洋科技成果时，往往难以迅速将其转化为自身竞争力，进而限制了企业的技术升级与产品创新。

在沿海经济区内，涉海企业间缺乏紧密的分工协作机制。各企业多各自为战，专注于自身业务领域，忽视与周边企业的协同发展。这种分散式发展模式使得企业无法充分发挥自身优势，难以构建完整的产业链条，集群效应与协同效应难以有效彰显。以海洋装备制造领域为例，零部件生产企业与整机制造企业之间缺乏有效的沟通协作，导致产品配套能力不足，生产效率低下，增加了企业生产成本与市场风险。

海洋科技人才短缺亦是制约盐城海洋经济发展的关键因素。尤其是高水平的海洋科技团队，在盐城更是极为稀缺。因缺乏完善的人才吸引与培养机制，以及相对落后的科研环境与生活条件，诸多优秀海洋科技人才倾向于前往经济发达地区发展。这使得盐城在海洋科技研发、创新与应用等方面缺乏充足的智力支撑，海洋科技支撑体系较为薄弱。

上述问题相互交织，严重制约了海洋科技创新及产业化水平的提升。以海洋新能源领域为例，盐城拥有丰富的海上风能资源，具备大力发展海上风电产业的天然优势。然而，由于核心技术与高端人才匮乏，在海上风电设备的研发、制造与运维等关键环节，盐城企业往往力不从心。部分关键设备与技术，如大容量海上风电机组的设计制造技术、海上风电基础施工技术等，仍依赖进口。这不仅增加了产业发展成本，还使企业在国际市场竞争中面临诸多风险，如技术受制于人、供应链不稳定等问题，严重阻碍了盐城海洋新能源产业的健康快速发展。

二、盐城海洋文化传承与保护的现实困境

(一) 文化认同感降低

在现代化浪潮以前所未有的速度推进，以及外来文化持续涌入的时代背景下，盐城本地居民对海洋文化的认同感呈现出显著下降趋势。在信息爆炸时代，年轻一代更多地被流行文化、互联网文化所吸引，他们日常沉浸于虚拟世界与多元的外来文化元素中，对生于斯长于斯的本土海洋文化了解极为有限，认知仅停留在较为浅层次。他们甚少主动探究海洋文化背后的深厚内涵与独特魅力，缺乏对本土海洋文化应有的自豪感，传承意识亦较为淡薄。

诸多承载盐城海洋文化记忆的传统习俗与技艺，正面临严峻的失传风险。以古老的海盐生产技艺为例，其作为盐城历史上盐业发展的智慧结

晶，每一道工序均凝聚着先辈们千百年的经验与心血，从海水的引入、蒸发、结晶，再到盐的提纯等环节，均有着独特且严谨的流程。然而，当下掌握这门技艺的老工匠们年事已高，而年轻人因认为其生产过程烦琐、经济效益不高，不愿学习继承。同样，渔民们的传统祭祀仪式，这一蕴含着对海洋敬畏之心、对渔业丰收祈愿的文化活动，也逐渐被淡化。曾经，在出海前和丰收后，渔民们会郑重举行祭祀，摆上丰盛祭品，举行庄重仪式，祈求海神庇佑。但如今，这种仪式在很多地方已简化甚至不再举行，知晓其中门道和意义的人也日益减少。

与此同时，在城市化和工业化快速发展的进程中，一些与海洋文化紧密相连的历史建筑和文化遗址遭受了严重破坏，这无疑进一步削弱了海洋文化的物质载体。例如，具有极高历史价值的盐场旧址，其见证了盐城盐业的兴衰变迁，是海洋经济文化发展的重要见证。盐场里的厂房、晒盐池、运盐通道等建筑和设施，均有着独特的建筑风格和历史意义。然而，在城市扩张和经济发展需求下，这些盐场旧址被拆除，用于房地产开发或其他建设项目。随着这些建筑的消失，海洋文化的历史记忆也在人们脑海中逐渐模糊，曾经的辉煌与故事，正慢慢被岁月尘封。

（二）资源开发利用不充分

盐城，地处黄海之滨，拥有深厚且多元的海洋文化资源。从古老海盐文化的传承，到独特渔家民俗风情，再到神秘的海洋传说，皆展现出海洋文化的独特魅力。然而，在当前开发利用过程中，暴露出一系列亟须解决的问题。目前，对海洋文化资源的挖掘尚处于浅层次，缺乏深入探究与系统性梳理。未构建完善的文化资源数据库，亦未组建专业研究团队开展深度分析，致使诸多极具价值的文化瑰宝，如古老海盐生产技艺、沿海渔村特有的节庆仪式等，未能得到充分展示与利用，逐渐在历史长河中被淡忘。

在海洋文化旅游开发方面，盐城坐拥迷人的海洋自然风光，如广袤的滩涂湿地、壮阔的大海景观，以及承载历史记忆的文化景观，如古老海堤、废弃灯塔等。但现有旅游产品较为单一，多局限于传统观光游览模式，缺乏创新理念与特色塑造。仅安排游客走马观花式地欣赏景色，提供同质化的导游讲解，难以满足当下游客对个性化、多样化旅游体验的需求。同时，海洋文化产业发展相对滞后。文化创意产品开发力度严重不足，市场上相关产品不仅种类稀缺，且设计缺乏创意，难以吸引消费者关注。文化市场活跃度不高，缺乏活力与竞争力，难以形成良好的产业发展生态。例如，盐城部分海洋文化旅游景区，仅满足于让游客观赏海景、参观简单展览，停留在基础观光层面。景区内缺乏游客可深度参与的体验项目，如海洋文化主题手工制作、模拟渔家生活的互动活动等，导致游客难以真正融入其中，无法切实感受海洋文化的独特魅力。此外，海洋文化与其他产业，如制造业、服务业等的融合程度较低，未能充分发挥海洋文化在推动产业升级、促进经济发展、提升城市形象等方面的重要作用，错失诸多协同发展的良机。

结　语

第十章　盐城海洋经济文化的
共生共荣新纪元

浩瀚黄海潮涌东方，千年盐渎文脉绵长。在"两个一百年"奋斗目标的历史交汇点上，盐城这座镶嵌在长三角北翼的璀璨明珠，正以昂扬之姿奏响向海发展的时代强音。习近平总书记提出的"海洋命运共同体"理念与"海洋强国"战略，如同璀璨星辰指引航程，国务院《全国海洋经济发展规划（2016—2020年）》与江苏省"沿海高质量发展示范区"定位，为盐城赋予了前所未有的历史机遇。在这片承载着千年海盐文明、见证过近代红色抗争、孕育着现代海洋产业的热土上，一幅陆海统筹、人海和谐的壮美画卷正徐徐展开。

一、理论坐标：经略海洋的时代宣言

当全球海洋经济规模突破3万亿美元大关，当《联合国海洋法公约》迎来40周年纪念，中国智慧为全球海洋治理体系变革注入了东方力量。"海洋命运共同体"理念以其深邃的历史视野和哲学思考，重构了人类与海洋的关系图谱。这一理念不仅传承了"道法自然""天人合一"的中华文明精髓，更创造性地将习近平生态文明思想融入海洋发展实践，提出"共同维护海洋安全、共同开发海洋资源、共同保护海洋环境、共同推进海洋科技合作"的行动纲领，为破解海洋治理赤字提供了中国方案。在"海洋强国"战略框架下，国务院《关于促进海洋经济发展指导意见》明确提出建设"海洋经济强国"的战略目标。江苏省委、省政府立足国家战略全局，将盐城定位为"江苏沿海高质量发展示范区"，在《江苏省海洋经济高质量发展行动计划（2023—2025年）》中赋予其"打造世界级海上风电产业基地""建设国际湿地城市"等核心使命。这些顶层设计犹如精

密齿轮,将国家战略转化为地方实践的清晰路径。

二、现实观照:盐渎大地的生动实践

黄海之滨,风车林立,千兆瓦级海上风电集群如同巨龙盘踞海面。盐城以占全国 6.4%的海岸线,贡献了全国 1/4 的海上风电装机容量,中车电机、金风科技等龙头企业在此布局研发中心,带动海工装备制造、海洋工程服务等产业协同发展,形成全产业链产值超千亿元的产业集群。这不仅是产业升级的缩影,更是绿色转型的典范——每台风机年发电量可满足 2 万户家庭用电需求,每年减少碳排放约 400 万吨。

在滩涂深处,紫菜养殖方阵如同碧玉棋盘延展至天际。盐城建成全球最大条斑紫菜养殖基地,运用物联网技术实现水温、盐度实时监测,单产提升 30%以上。国家级海洋牧场示范区内,深水网箱星罗棋布,智能化投喂系统精准投放饵料,昔日的"捕捞时代"已跃进"耕海牧渔"新纪元。2022 年,全市海洋渔业总产值突破 500 亿元,走出了一条资源节约型、环境友好型的现代渔业发展之路。

黄海湿地,这片被联合国教科文组织列为世界自然遗产的生态宝库,正演绎着人与自然和谐共生的传奇。盐城建立亚洲最大麋鹿保护区,实施百万亩湿地修复工程,打造出"潮汐森林"景观带。每年冬季,全球 60%的丹顶鹤在此越冬,黑脸琵鹭种群数量较十年前增长 3 倍。生态旅游蓬勃发展,"黄海湿地国际观鸟周"吸引着来自 50 个国家的鸟类学家,生态价值转化为经济价值的路径愈发清晰。

三、未来图景:向海而兴的壮阔征程

站在"十四五"规划的新起点,盐城将以更开放的姿态拥抱海洋,以更创新的思维开拓未来。根据《盐城市海洋经济高质量发展三年行动计划》,到 2025 年将实现"三个翻番":海洋生产总值突破 4 000 亿元,海上风电装机容量超 1 500 万千瓦,海洋文旅产业收入突破 500 亿元。这一目标的实现,需要构建"三大体系"支撑:

在产业体系中,打造"风光水储一体化"新能源集群。规划建设千万千瓦级海上风电大基地,推动单机容量 15MW 以上风机研发应用,建设国内首个深远海漂浮式风电示范项目。同步发展光伏发电、氢能储能产业,打造长三角清洁能源走廊。在海工装备领域,重点突破 10MW 级海上风电机组制造技术，培育 3~5 家具有全球竞争力的海工装备企业。

在文化体系中，构建"四位一体"传承创新格局。建设盐运文化数字体验馆，运用 VR 技术复原古代运盐河道与盐仓风貌；打造非遗传承创新中心，设立"祭海仪式"研学基地，开发沉浸式实景演出《黄海长歌》。规划建设海洋文化创意产业园，推出《盐渎春秋》系列文创产品，举办国际海洋文化设计大赛。在生态教育领域，建设国家级海洋意识教育基地，开发"黄海湿地研学旅行课程"，让青少年在自然课堂中感悟生命哲理。

在开放体系中，深化"四个维度"国际合作。依托中韩（盐城）产业园，建设东亚海上合作枢纽港，打造"一带一路"冷链物流中心。参与RCEP 框架下海洋产业合作，建立东南亚海水养殖技术培训中心。在生态治理领域，与荷兰共建"黄海生态联合实验室"，共同研发海岸带修复技术。在文化交流层面，策划"黄海之约"国际艺术节，设立"盐城海洋文学奖"，推动《湿地公约》缔约方大会永久会址落户盐城。

四、制度创新：护航发展的坚实保障

高效完备的制度供给是海洋经济高质量发展的根本保障。盐城将重点推进"三项改革"：一是海域管理体制改革，探索"海域立体确权""用海审批负面清单"等创新举措，提高资源配置效率；二是科技创新体制改革，设立 20 亿元海洋科技专项基金，建设国家级海洋产业创新中心，推行"揭榜挂帅"机制；三是投融资体制改革，创新"海洋产业收益权证券化"融资模式，发行全国首单蓝色债券。

在人才支撑方面，实施"海洋英才计划"，引进海内外高层次人才团队 50 个，培育本土海洋专业人才 2 000 名。建立江苏沿海高校联盟，开设"海洋经济管理"交叉学科，打造产学研用协同创新平台。在基础设施方面，建设大丰港 LNG 接收站扩建工程，打造区域性能源交易中心。推动盐城港、大丰港、射阳港协同发展，构建"一核心三支点"港口体系。

五、文明之光：永续发展的精神密码

在盐城的海岸线上，每一道潮痕都镌刻着文明印记。从西汉置盐渎县至今，两千多年的建城史孕育了独特的海盐文化基因。那些散落在滩涂深处的古盐井遗址，那些仍在使用的传统晒盐技艺，都是农耕文明与海洋文明交融的活化石。今天的盐城，正以创造性转化激活文化生命力——渔民

画登上国家博物馆展厅，非遗传承人走进现代企业研发团队，古老盐田变身生态公园，潮汐能源点亮智慧城市，千年运盐古道化作文旅走廊，国际海洋文化节架起文明对话之桥。每处文化基因都在与时代脉搏共振，每次历史回响都在为未来积蓄力量。

面向未来，盐城将坚持"以文塑旅、以旅彰文"，打造"世界级滨海生态旅游目的地"。建设黄海湿地世界公园，开发"数字孪生+AR 导览"系统，让游客穿越时空感受生态变迁。创建"中国海盐文化之乡"文旅IP，举办国际海盐美食节，推出《寻味盐都》美食纪录片。在长三角文旅一体化框架下，共建沪苏沿海旅游廊道，打造"水乡古镇-湿地景观-风电矩阵"复合型旅游产品体系。

站在新的历史方位回望，盐城始终在与海的对话中寻找发展密码。从古代"煮海为盐"的生存智慧，到现代"向海图强"的发展战略，这座城市始终保持着对海洋的敬畏与热忱。在习近平新时代中国特色社会主义思想指引下，盐城必将以更加开放的胸襟拥抱蓝色未来，以更加务实的举措践行发展使命，在构建海洋命运共同体的伟大实践中书写新的传奇！

参考文献

李欣，2024. 构建海洋命运共同体：思想意蕴与中国实践 [J]. 国际问题研究（6）：18-31，128.

陈彪，曹晗，2024. 从乡土到海洋：中国人类学海洋研究的发展与反思 [J]. 东南学术（6）：100-112.

王伯承，陈薇，2024. 中国式现代化视域下海洋强国的文化意涵探究 [J]. 北部湾大学学报，39（5）：1-6.

王泽宇，唐秋香，张红艳，等，2024. 海洋命运共同体视域下中国参与全球海洋污染治理的现实基础和路径选择 [J]. 辽宁师范大学学报（自然科学版），47（3）：394-405.

余敏友，倪瑶，2024. 新时代中国海洋外交：政策内涵与实践路径 [J]. 国际问题研究（1）：37-52，131.

周芳，2023. 海洋命运共同体理念的丰富内涵与价值旨归 [J]. 人民论坛（23）：55-57.

聂弯，黄靖，夏炎，等，2023. 海洋蓝碳生态系统服务价值评估：以盐城市海洋蓝碳为例 [J]. 生态经济，39（12）：41-48.

宋伟，2023. 海洋命运共同体构建与新的海洋文明 [J]. 人民论坛（20）：30-35.

杨震，蔡亮，2023. "海洋命运共同体"理念视野下的当代中国海权功能 [J]. 世界地理研究，32（4）：41-49.

戴瑛，2023. 习近平海洋命运共同体理念的理论渊源、现实意义及实践路径 [J]. 内蒙古社会科学，44（2）：1-6.

杨威，2022. 新时代推进海洋命运共同体理念对外传播的内在逻辑与实践路径 [J]. 湖湘论坛，35（6）：12-19.

249

廖民生，刘洋，2022. 新时代我国海洋观的演化：走向"海洋强国"和构建"海洋命运共同体"的路径探索 [J]. 太平洋学报，30（10）：91-102.

夏立平，2022. 中国特色海洋文化建设与软实力提升 [J]. 人民论坛·学术前沿（17）：78-87.

刘波，2011. 江苏沿海地区海洋特色产业选择与发展对策研究：以盐城市为例 [J]. 资源与产业，13（1）：71-77.